普通高等学校
电类规划教材

Arduino 程序设计实例教程

◎芦关山 王绍锋 主编
◎李慧 郑灿香 副主编

人民邮电出版社
北京

图书在版编目（CIP）数据

Arduino程序设计实例教程 / 芦关山，王绍锋主编
. -- 北京 ： 人民邮电出版社，2017.10（2022.1重印）
普通高等学校电类规划教材
ISBN 978-7-115-46691-4

Ⅰ. ①A… Ⅱ. ①芦… ②王… Ⅲ. ①单片微型计算机
－程序设计－高等学校－教材 Ⅳ. ①TP368.1

中国版本图书馆CIP数据核字(2017)第229807号

内 容 提 要

Arduino是目前世界上应用广泛的开源电子平台，因其开放性、便捷性、易用性以及丰富的第三方资源而受到广大电子科技爱好者的欢迎。

本书以基于问题的学习和项目创新为主要撰写思路，结合应用型本科高校学生的基本情况，注重基础理论，着重于对学生实践创新能力的培养。本书的项目实训内容采用循序渐进、逐步提升的方式进行设计，逐步开启学生的创新思维，培养学生的创新意识，锻炼学生的创新能力。书中的实训案例 3D 打印机、仿生机器人、智能小车等都是目前各类科技竞赛较为关注的热点，能够极大地激发学习者的学习热情。

本书可作为机器人、机械、电气、电子、通信、计算机等工科相关专业的创新实践类教材，也可作为相关专业师生、电子爱好者和技术人员的参考书。

◆ 主　　编　芦关山　王绍锋
副 主 编　李　慧　郑灿香
责任编辑　张　斌
责任印制　陈　犇

◆ 人民邮电出版社出版发行　　北京市丰台区成寿寺路 11 号
邮编　100164　　电子邮件　315@ptpress.com.cn
网址　http://www.ptpress.com.cn
北京天宇星印刷厂印刷

◆ 开本：787×1092　1/16
印张：14　　　　　　2017 年 10 月第 1 版
字数：339 千字　　　　2022 年 1 月北京第 7 次印刷

定价：39.80 元

读者服务热线：(010) 81055256　印装质量热线：(010) 81055316
反盗版热线：(010) 81055315
广告经营许可证：京东市监广登字 20170147 号

前言

电子项目、机器人项目开发近年逐渐走入了大众视野。之前，类似于制作一款无人机或仿生机器人这样的想法，还仅仅存在于专业的科研机构的实验室中。现在随着开源时代的到来，这些曾经遥不可及的事物已经被推广到普通人的生活。以前要做电子设计，大多数人受困于单片机中的各种复杂寄存器，需要耗费大量时间在单片机底层开发和设计。Arduino 的诞生改变了这一局面，其封装了各种寄存器，有方便的接口和简洁的操作界面，支持 C/C++ 编程以及强大的第三方函数库，适用于电子项目开发和创新。目前，很多基于 Arduino 的传感器、控制模块、专用舵机、通信模块已经大量出现。本书将这些元器件贯穿于每个实践项目中，让读者全面了解 Arduino 的项目开发，引导读者从多学科交叉的角度去思考，提升读者的创新能力和思维。

本书共 9 章，前 3 章是 Arduino 的基础部分，详细介绍了 Arduino 的内部原理、结构，讲授了 Arduino 的编程思想和语法规则，给出了几种实践项目中常用的通信调试方法。第 4 章、第 5 章是 Arduino 入门实验和简单项目制作，使读者学会如何运用传感器，并学会使用 Arduino 的相关接口，为后续的项目实践打下基础。第 6~9 章是项目实践，结合了一个个来源于生活和工程实践的具体案例，从具体的模型设计、电路搭建到程序调试，都给出了详实的实验方案，对于培养读者综合设计应用能力起到了重要作用。

本书编写分工如下：芦关山编写第 1 章、第 6 章、第 7 章；王绍锋编写第 3 章、第 8 章、第 9 章；李慧编写第 2 章、第 4 章；郑灿香编写第 5 章。另外，傅文军、王天阔、闫东旭、张鹏、韩宇皓、梁慧、王安琪也参与了部分内容的编写，其中傅文军、王天阔完成了各项实验的设计和实验数据验证；张鹏、韩宇皓完成了各项目实验中的 3D 模型的设计创建；梁慧、王安琪协助完成了本书的图片和表格的编辑工作。本书相关资料可登录人邮教育（www.ryjiaoyu.com）网站下载。

由于编者水平有限，加之编写时间仓促，本书难免有不足之处，欢迎广大读者批评指正。

编　者

2017 年 7 月

目录

第 1 章　概述……1

1.1　Arduino 简介……1

1.1.1　Arduino Uno……1

1.1.2　Arduino Mega 2560……3

1.1.3　Arduino Nano……4

1.1.4　Arduino Leonardo……6

1.1.5　Arduino 扩展板……8

1.2　Arduino 内部结构……10

1.2.1　内部机理……10

1.2.2　AVR 微控制器……11

1.2.3　Atmega 328……11

1.2.4　Atmega 2560……11

1.2.5　AT91SAM3X8E……11

1.3　Arduino 的发展趋势……11

1.3.1　为什么要使用 Arduino……11

1.3.2　发展前景……12

第 2 章　Arduino 编程……13

2.1　Arduino 开发环境……13

2.1.1　IDE 安装……13

2.1.2　使用 IDE……15

2.2　Arduino 语言概述……16

2.2.1　标识符……16

2.2.2　关键字……17

2.2.3　运算符……18

2.2.4　语言控制语句……21

2.2.5　语法结构……27

2.3　Arduino 基本函数……34

2.3.1　I/O 操作函数……34

2.3.2　模拟 I/O 操作函数……36

2.3.3　高级 I/O……38

2.3.4　shiftOut(dataPin,clockPin,bitOrder,val)……40

2.3.5　pulseIn(pin,state,timeout)……41

2.3.6　时间函数……41

2.3.7　中断函数……43

2.3.8　串口收发函数……45

第 3 章　Arduino 通信教程……50

3.1　SPI 通信……50

3.1.1　工作原理……50

3.1.2　电路图及应用……50

3.1.3　工作代码……52

3.2　红外通信……54

3.2.1　工作原理……54

3.2.2　元件选型……54

3.2.3　调试代码……55

3.3　WiFi 通信……56

3.3.1　工作原理……56

3.3.2　元件选型……57

3.3.3　调试代码……57

3.3.4　实验背景……59

3.3.5　材料清单及数据手册……59

3.3.6　电路连接及通信初始化……61

3.3.7 程序设计……62
3.3.8 程序调试……62
3.3.9 技术小贴士……62
3.4 蓝牙通信……63
3.4.1 工作原理……63
3.4.2 调试代码……64
3.4.3 实验背景……65
3.4.4 材料清单及数据手册……65
3.4.5 硬件连接……66
3.4.6 程序设计……67
3.4.7 调试及实验现象……67
3.4.8 技术小贴士……68

第 4 章 Arduino 简单实验……71

4.1 LED 灯实验……71
4.1.1 材料清单……71
4.1.2 调试代码……72
4.1.3 拓展训练……73
4.2 开关按键实验……76
4.2.1 材料清单……76
4.2.2 实验原理……77
4.2.3 硬件调试……78
4.2.4 程序设计……79
4.2.5 拓展训练……80
4.3 电机控制实验……81
4.3.1 材料清单……81
4.3.2 实验原理……82
4.3.3 硬件调试……83
4.3.4 程序设计……83
4.3.5 拓展训练……84
4.4 LCD 显示实验……86
4.4.1 材料清单……86
4.4.2 实验原理……86
4.4.3 硬件调试……87
4.4.4 程序设计……87
4.4.5 拓展训练……90
4.5 设计游戏 Jumping Pong……90
4.5.1 功能构思……90
4.5.2 设计原理……91
4.5.3 参考代码……93
4.6 打地鼠游戏机……94
4.6.1 功能构思……94
4.6.2 设计原理……94
4.6.3 参考代码……95

第 5 章 智能小车设计……98

5.1 制作智能小车……98
5.1.1 直流电机……98
5.1.2 直流无刷电机的控制原理……98
5.1.3 直流电机的控制……99
5.2 采用驱动模块进行控制……100
5.3 材料清单……104
5.4 机械零件设计……107
5.5 实物拼装……108
5.5.1 电路设计……108
5.5.2 语音识别模块连接……110
5.6 成品实物图……115
5.7 项目拓展——智能巡线避障小车……115

第 6 章 六足仿生机器人项目设计……121

6.1 设计思想……121
6.2 材料清单……121
6.3 机械零件设计……125
6.4 组装流程……127
6.4.1 六足组装……127
6.4.2 身体部分组装……129
6.5 电路设计……130
6.5.1 机器人硬件系统框图……130
6.5.2 主板连接……131
6.5.3 视觉模块连接……131
6.5.4 语音识别模块连接……135
6.6 步态设计……136
6.7 红外控制设计……139
6.8 成品实物图……142

第 7 章　基于 Arduino 控制的 3D 打印机项目……143

7.1　设计思想……143
7.2　材料清单……143
7.3　安装过程……149
7.3.1　机架安装……149
7.3.2　平台安装……151
7.3.3　控制板安装及布线……154
7.4　固件详解……155
7.4.1　概述……155
7.4.2　Marlin 固件特点……155
7.4.3　基本配置……157
7.5　打印过程的注意事项……163
7.5.1　翘边的处理方法……163
7.5.2　打印时耗材无挤出……165
7.5.3　打印时耗材无法粘到平台上……166
7.5.4　出料不足……167
7.5.5　出料偏多……169
7.5.6　顶层出现孔洞或缝隙……169
7.5.7　拉丝或垂料……170
7.5.8　过热……172
7.5.9　层错位……173
7.5.10　层开裂或断开……174
7.5.11　刨料……175
7.5.12　喷头堵塞……176
7.5.13　打印中途，挤出停止……177
7.5.14　填充不牢……178
7.5.15　斑点和疤痕……179
7.5.16　填充与轮廓之间的间隙……181
7.5.17　边角卷曲和毛糙……182
7.5.18　顶层表面疤痕……182
7.5.19　底面边角上的孔洞和间隙……183
7.5.20　侧面线性纹理……184

第 8 章　解魔方机器人项目设计……186

8.1　设计思想……186
8.2　材料清单……186
8.3　机械零件设计……191
8.4　电路设计……193
8.4.1　硬件框图……193
8.4.2　魔方算法……195
8.4.3　Kociemba 算法的优化……196
8.4.4　魔方复原指令的优化……197
8.4.5　硬件系统连接……197

第 9 章　Arduino WiFi 与手机通信相关项目……205

9.1　利用 WiFi 上传温度数据至服务器……205
9.1.1　设计思想……205
9.1.2　材料清单……205
9.1.3　利用 Arduino 和 WiFi 将温度数据传送至云端……205
9.2　Arduino 与手机通信调试项目……209
9.2.1　设计思想……209
9.2.2　材料清单……210
9.2.3　Arduino 与手机通信……210

第1章 概述

1.1 Arduino 简介

Arduino 是一款便捷灵活、方便上手的开源电子原型平台，包含硬件（各种型号的 Arduino 板）和软件（Arduino IDE）。它适用于艺术家、设计师、爱好者和对于“互动”有兴趣的朋友们。Arduino 能通过各种各样的传感器来感知环境，通过控制灯光、电动机和其他的装置来反馈、影响环境。下面就让我们学习以下几个较典型的开发板。

1.1.1 Arduino Uno

Arduino Uno 是 Arduino USB 接口系列的最新版本，作为 Arduino 平台的参考标准模板，如图 1-1 所示。Uno 的处理器核心是 ATmega328，同时具有 14 路数字输入/输出口（其中 6 路可作为 PWM 输出）、6 路模拟输入、一个 16MHz 晶体振荡器、一个 USB 接口、一个电源插座、一个 ICSP header 和一个复位按钮。目前已经发布 Uno 第三版，第三版与前两版相比有以下特点：在 AREF 处增加了两个管脚 SDA 和 SCL，支持 I2C 接口；增加 IOREF 和一个预留管脚，将来扩展板将能兼容 5V 和 3.3V 核心板。改进了复位电路设计，USB 接口芯片由 ATmega16U2 替代了 ATmega8U2。

图 1-1 Arduino Uno 实物图

1. 主要特征

（1）处理器：ATmega 328。
（2）工作电压：5V。
（3）输入电压（推荐）：7~12V。
（4）输入电压（范围）：6~20V。
（5）数字 I/O 引脚：14 路（其中 6 路作为 PWM 输出）。
（6）模拟输入引脚：6 个。
（7）I/O 引脚直流电流：40mA。
（8）3.3V 引脚直流电流：50mA。

2．引脚说明

（1）14 路数字输入/输出口：工作电压为 5V，每一路能输出和接入最大电流为 40mA。每一路配置了 20kΩ~50kΩ 内部上拉电阻（默认不连接）。除此之外，有些引脚有特定的功能。

（2）串口信号 RX（0 号）、TX（1 号）：与内部 ATmega8U2 USB-to-TTL 芯片相连，提供 TTL 电压水平的串口接收信号。

（3）外部中断（2 号和 3 号）：触发中断引脚，可设成上升沿、下降沿或同时触发。

（4）脉冲宽度调制 PWM（3、5、6、9、10、11）：提供 6 路 8 位 PWM 输出。

（5）SPI（10(SS)，11(MOSI)，12(MISO)，13(SCK)）：SPI 通信接口。

（6）LED（13 号）：Arduino 专门用于测试 LED 的保留接口，输出为高时点亮 LED，反之输出为低时 LED 熄灭。

（7）A0~A5：6 路模拟输入，每一路具有 10 位的分辨率（即输入有 1024 个不同值），默认输入信号范围为 0~5V，可以通过 AREF 调整输入上限。除此之外，有些引脚有特定功能。

（8）TWI 接口（SDA A4 和 SCL A5）：支持通信接口（兼容 I2C 总线）。

（9）AREF：模拟输入信号的参考电压。

（10）RESET：信号为低时复位单片机芯片。

上述特征和引脚可用图 1-2 概述。

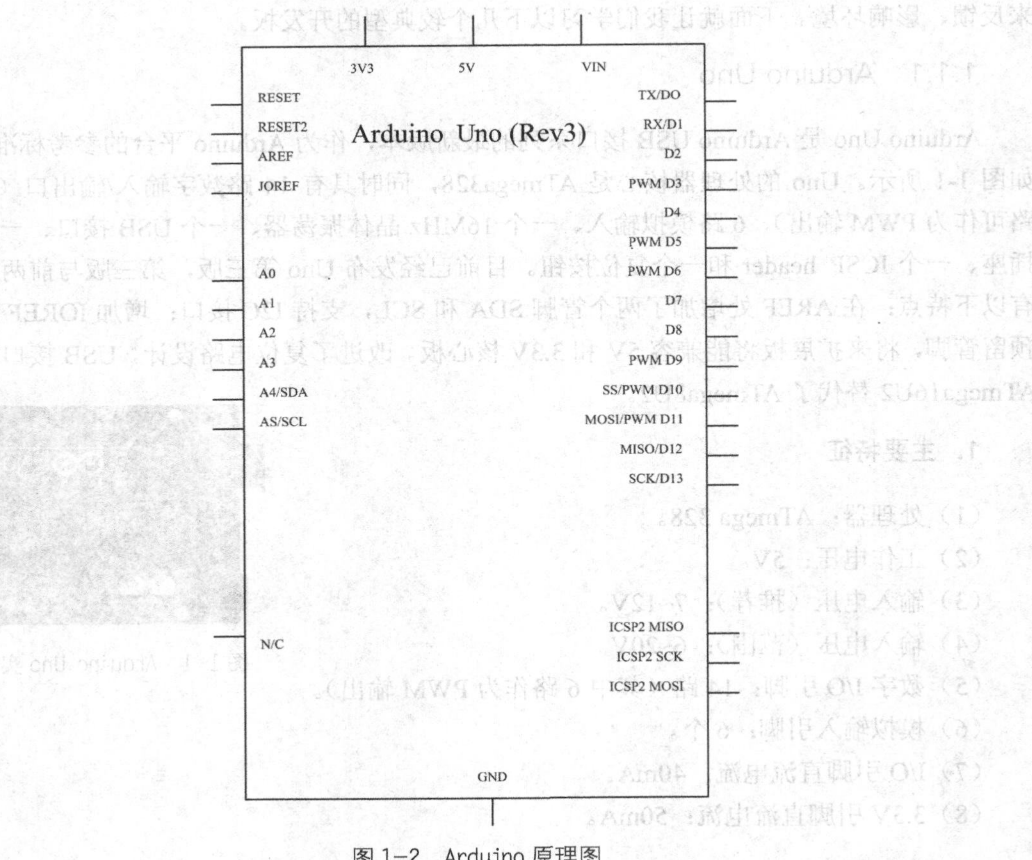

图 1-2　Arduino 原理图

1.1.2 Arduino Mega 2560

Arduino Mega 2560 是采用 USB 接口的核心电路板，具有 54 路数字输入/输出，适合需要大量 I/O 接口的设计，如图 1-3 所示。处理器核心是 ATmega 2560，同时具有 54 路数字输入 / 输出口（其中 16 路可作为 PWM 输出）、16 路模拟输入、4 路 UART 接口、一个 16MHz 晶体振荡器、一个 USB 接口、一个电源插座、一个 ICSP header 和一个复位按钮。Arduino Mega 2560 也能兼容为 Arduino Uno 设计的扩展板。目前，Arduino Mega 2560 发布了第三版，第三版的特点如下。

（1）在 AREF 处增加了两个管脚 SDA 和 SCL。

（2）支持 I2C 接口。

（3）增加 IOREF 和一个预留管脚，将来扩展板能兼容 5V 和 3.3V 核心板。改进了复位电路设计。

（4）USB 接口芯片由 ATmega16U2 替代了 ATmega8U2。

（5）Arduino Mega 2560 可以通过 3 种方式供电，而且能自动选择供电方式。

（6）外部直流电源通过电源插座供电。

（7）电池连接电源连接器的 GND 和 VIN 引脚。

（8）USB 接口直接供电。

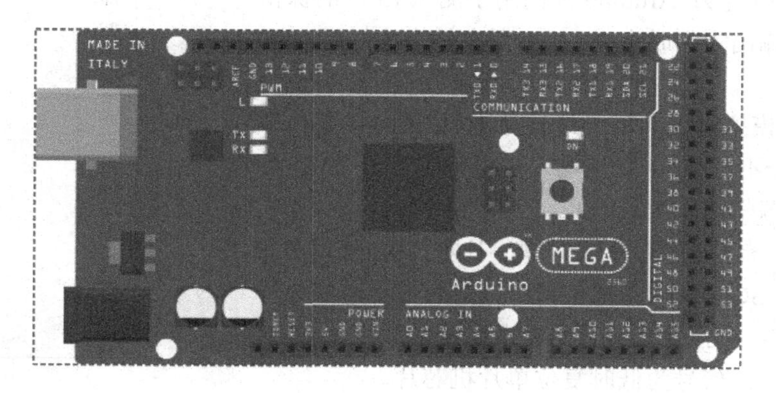

图 1-3 Arduino Mega 2560 实物图

1. 电源引脚说明

（1）VIN：当外部直流电源接入电源插座时，可以通过 VIN 向外部供电，也可以通过此引脚向 Mega 2560 直接供电。VIN 有电时将忽略从 USB 或者其他引脚接入的电源。

（2）5V：通过稳压器或 USB 的 5V 电压，为 Uno 上的 5V 芯片供电。

（3）3.3V：通过稳压器产生的 3.3V 电压，最大驱动电流 50mA。

（4）GND：地脚。

2. 输入 / 输出

（1）14 路数字输入 / 输出口：工作电压为 5V，每一路能通过的最大电流为 40mA。每一路配置了 20kΩ~50kΩ 内部上拉电阻。

除此之外，有些引脚有特定的功能。

- 4 路串口信号：串口 0~0(RX)和 1(TX)；串口 1~19(RX)和 18(TX)；串口 2~17(RX)和 16(TX)；串口 3~15(RX)和 14(TX)。其中串口 0 与内部 ATmega8U2 USB-to-TTL 芯片相连，提供 TTL 电压水平的串口接收信号。
- 6 路外部中断：2（中断 0），3（中断 1），18（中断 5），19（中断），20（中断 3），21（中断 2）。触发中断引脚，可设成上升沿、下降沿或同时触发。
- 14 路脉冲宽度调制 PWM（0~13）：提供 14 路 8 位 PWM 输出。
- SPI[53(SS)，51(主机输出从机输入，MOSI)，50(主机输入从机输出，MISO)，52(SCK)]：SPI 通信接口。
- LED（13 号）：Arduino 专门用于测试 LED 的保留接口，输出为高时点亮 LED，反之输出为低时 LED 熄灭。

（2）16 路模拟输入：每一路具有 10 位的分辨率（即输入有 1024 个不同值），默认输入信号范围为 0~5V，可以通过 AREF 调整输入上限。

除此之外，有些引脚有特定功能，比如 TWI 接口（20（SDA）和 21（SCL））支持通信接口（兼容 I2C 总线）。

（3）AREF：模拟输入信号的参考电压。

（4）RESET：信号为低时复位单片机芯片。

综上，Arduino Mega 2560 的构造原理图如图 1-4 所示。

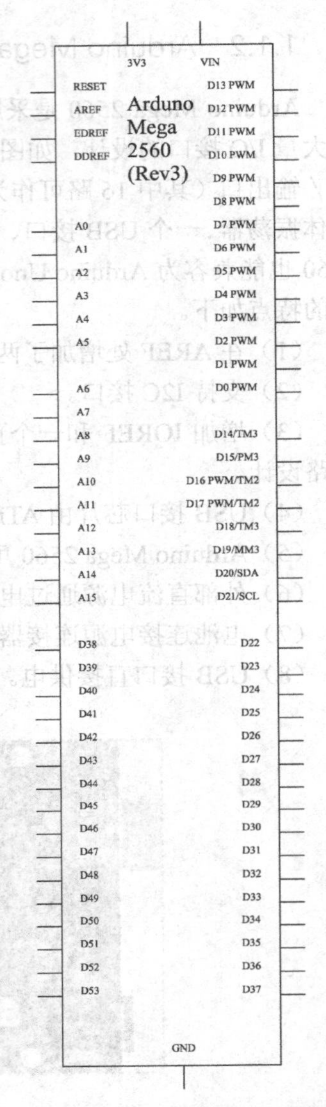

图 1-4 Arduino Mega 2560 原理图

1.1.3 Arduino Nano

Arduino Nano 是 Arduino USB 接口的微型版本，最大的不同是没有电源插座且 USB 接口是 Mini-B 型插座，如图 1-5 所示。Arduino Nano 的尺寸极小，而且可以插在面包板上使用，其处理器核心是 Atmega 168（Nano2.x）和 Atmega 328（Nano3.0），同时具有 14 路数字输入 / 输出口（其中 6 路可作为 PWM 输出）、8 路模拟输入、一个 16MHz 晶体振荡器、一个 Mini-B USB 接口、一个 ICSP header 和一个复位按钮。

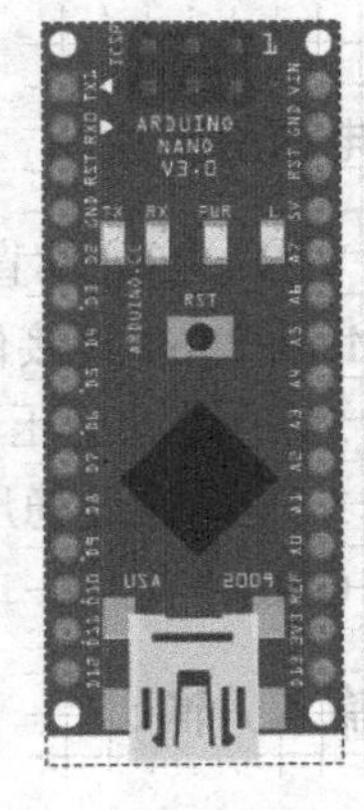

图1-5 Arduino Nano 实物图

1. 主要特征

- 处理器：Atmega 168 或 Atmega 328。
- 工作电压：5V 输入电压（推荐）；7~12V 输入电压（范围）。
- 数字 I/O 引脚：14 路（其中 6 路作为 PWM 输出）。
- 模拟输入引脚：6 个。
- I/O 引脚直流电流：40 mA。
- Flash Memory 16KB 或者 32KB（其中 2KB 用于引导程序）。
- SRAM 1 KB 或者 2KB。
- EEPROM 0.5 KB 或者 1KB（ATmega328）。
- FT232RL FTDI USB 接口芯片。
- 工作时钟：16 MHz。

2. 电源

- Arduino Nano 供电方式。
- Mini-B USB 接口供电。
- pin27 +5V 接外部直流 5V 电源。

注意：只有通过 USB 接口供电时 FT232RL 才工作。

3. 输入 / 输出

14 路数字输入 / 输出口的工作电压为 5V，每一路能通过的最大电流为 40mA。每一路配置了 20kΩ~50kΩ 内部上拉电阻（默认不连接）。除此之外，有些引脚有特定的功能。

- 串口信号 RX（0 号）、TX（1 号）：提供 TTL 电压水平的串口接收信号与 FT232Rl 所相应的引脚相连。
- 外部中断（2 号和 3 号）：触发中断引脚，可设成上升沿、下降沿或同时触发。
- 脉冲宽度调制 PWM（3、5、6、9、10、11）：提供 6 路 8 位 PWM 输出。
- SPI（10(SS)，11(MOSI)，12(MISO)，13(SCK)）：SPI 通信接口。
- LED（13 号）：Arduino 专门用于测试 LED 的保留接口，输出为高时点亮 LED，反之输出为低时 LED 熄灭。
- 6 路模拟输入 A0~A5：每一路具有 10 位的分辨率（即输入有 1024 个不同值），默认输入信号范围为 0~5V，可以通过 AREF 调整输入上限。除此之外，有些引脚有特定功能。
- TWI 接口（SDA A4 和 SCL A5）：支持通信接口（兼容 I2C 总线）。
- AREF：模拟输入信号的参考电压。
- RESET：信号为低时复位单片机芯片。

综上，Arduino Nano 原理图如图 1-6 所示。

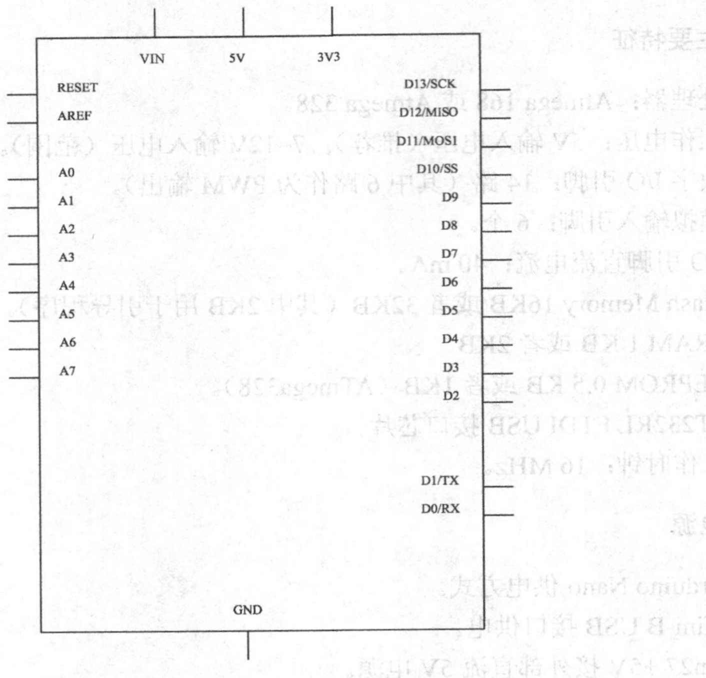

图 1-6　Arduino Nano 原理图

1.1.4　Arduino Leonardo

Arduino Leonardo 是基于 ATmega32U4 的一个微控制器板。它有 20 个数字输入/输出引脚（其中 7 个可用于 PWM 输出、12 个可用于模拟输入）、一个 16 MHz 的晶体振荡器、一个 Micro USB 接口、一个 DC 接口、一个 ICSP 接口以及一个复位按钮，如图 1-7 所示。它包含了支持微控制器所需的一切，可以简单地通过连接到计算机的 USB 接口，或者使用 AC-DC 适配器，或者用电池来驱动它。

Leonardo 不同于之前所有的 Arduino 控制器，它直接使用了 ATmega32U4 的 USB 通信功能，取消了 USB 转 UART 芯片。这使得 Leonardo 不仅可以作为一个虚拟的（CDC）串行/COM 端口，还可以作为鼠标或者键盘连接到计算机。

图 1-7　Arduino Leonardo 实物图

1. 主要特征

- 微控制器：ATmega32U4。
- 工作电压：5V。
- 输入电压（推荐）：7~12V。
- 输入电压（限制）：6~20V。
- 数字 I/O 引脚：20。
- PWM 通道：7。
- 模拟输入引脚：12。
- 每个 I/O 直流输出能力：40mA。
- 3.3V 端口输出能力：50mA。
- Flash：32 KB（ATmega32U4），其中 4KB 由引导程序使用。
- SRAM：2.5 KB（ATmega32U4）。
- EEPROM：1 KB（ATmega32U4）。
- 时钟速度：16MHz。

2. 输入／输出

通过使用 pinMode()、digitalWrite()和 digitalRead()函数，Leonardo 上的 20 个 I/O 引脚中的每一个都可以作为输入/输出端口。每个引脚都有一个 20kΩ~50kΩ 的内部上拉电阻（默认断开），可以通过最大 40mA 的电流。此外，部分引脚还有专用功能。

- UART：0（RX）和 1（TX）使用 ATmega32U4 硬件串口，用于接收（RX）和发送（TX）的 TTL 串行数据。需要注意的是，Leonardo 的 Serial 类是指 USB（CDC）的通信，而引脚 0 和 1 的 TTL 串口使用 Serial1 类。
- TWI：2（SDA）和 3（SCL）通过使用 Wire 库来支持 TWI 通信。外部中断为 2 和 3，这些引脚可以被配置。
- PWM：（3、5、6、9、10、11、13）能使用 analogWrite()函数支持 8 位的 PWM 输出。
- SPI：ICSP 引脚。能通过使用 SPI 库支持 SPI 通信。需要注意的是，SPI 引脚没有像 Uno 连接到任何的数字 I/O 引脚上，它们只能在 ICSP 端口上工作。这意味着，如果扩展板没有连接 6 脚的 ICSP 引脚，那它将无法工作。
- LED（13）：有一个内置的 LED 在数字引脚 13 上，当引脚是高电平时，LED 点亮，引脚为低电平时，LED 不亮。
- 模拟输入：A0~A5，A6~A11（数字引脚 4，6，8，9，10，12），Leonardo 有 12 个模拟输入，A0~A11，都可以作为数字 I / O 口。引脚 A0~A5 的位置与 Uno 相同；A6~A11 分别是数字 I/O 引脚 4，6，8，9，10 和 12。每个模拟输入都有 10 位分辨率（即 1024 个不同的值）。默认情况下，模拟输入量为 0~5V，也可以通过 AREF 引脚改变这个上限。
- AREF：模拟输入信号参考电压通过 analogReference()函数。

综上，Arduino leonardo 的原理图如图 1-8 所示。

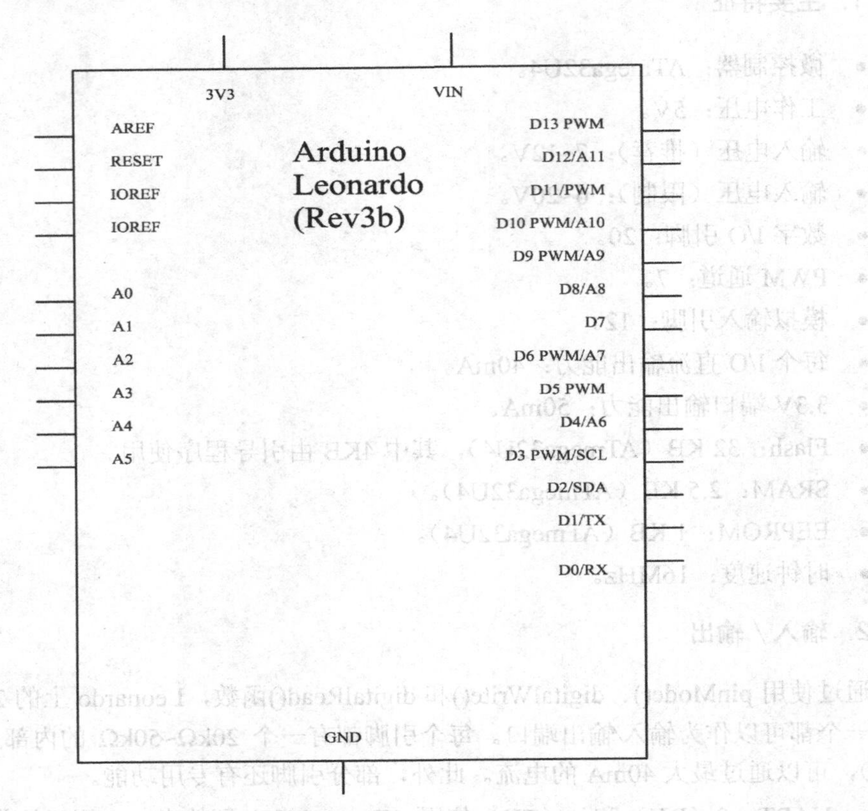

图 1-8 Arduino Leonardo 原理图

1.1.5 Arduino 扩展板

Arduino 扩展板通常具有和 Arduino 开发板一样的引脚位置，可以堆叠接插到 Arduino 上，进而实现特定功能的扩展。Arduino 有许多扩展板，其中较典型的是 Proto Shield 原型扩展板、GPRS Shield 扩展板、Arduino Ethernet W5100 R3 Shield 网络扩展板、WizFi210 扩展板、Arduino L298N 电机驱动扩展板、Arduino 传感器扩展板等。由于扩展板非常多，所以我们下面就从中选取 Arduino 传感器扩展板进行简单介绍。

在面包板上接插元件固然方便，但需要有一定的电子知识来搭建各种电路。而使用传感器扩展板，只需要用通过连接线，把各种元件接插到扩展板上即可。使用传感器扩展板，可以更快速地搭建出所需的项目传感器扩展板，如图 1-9 所示。它是最常用的 Arduino 外围硬件之一。

在扩展板上，数字引脚和模拟输入引脚边有红黑两排排针，以“+”“-”标示，其中，“+”表示 VCC，“-”表示 GND。在一些厂家的扩展板上，VCC 和 GND 可能也会以“V”“G”标示。

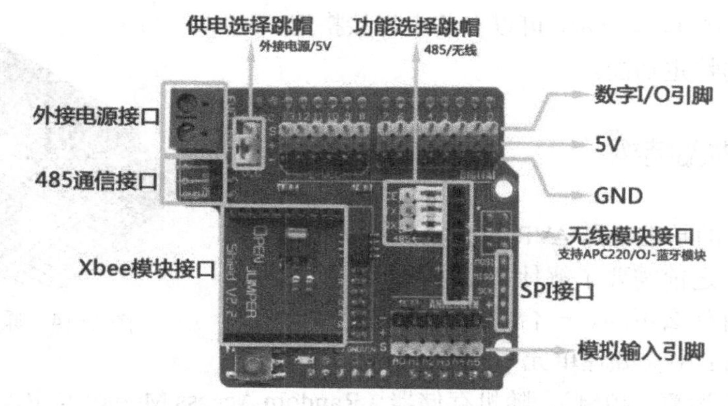

图 1-9 传感器扩展板

通常我们习惯用红色代表电源（VCC），黑色代表地（GND），其他颜色代表信号（Signal），如图 1-10 所示。传感器与扩展板间的连接线也是这样。

如图 1-11 所示，在使用其他模块时，只需要对应颜色，将模块插到相应的引脚即可使用。

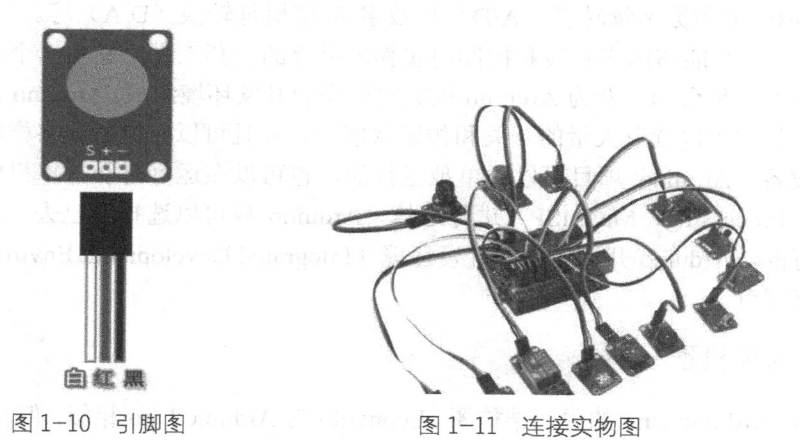

图 1-10 引脚图 图 1-11 连接实物图

扩展板如图 1-12 所示，其 L298 电机驱动芯片可以驱动两路直流电机，常用于制作 Arduino 智能小车。

网络扩展板如图 1-13 所示，其基于 Wiznet W5100 设计，使用它即可让 Genuino 101 接入网络，进而访问互联网上的数据，或与远程服务器通信。

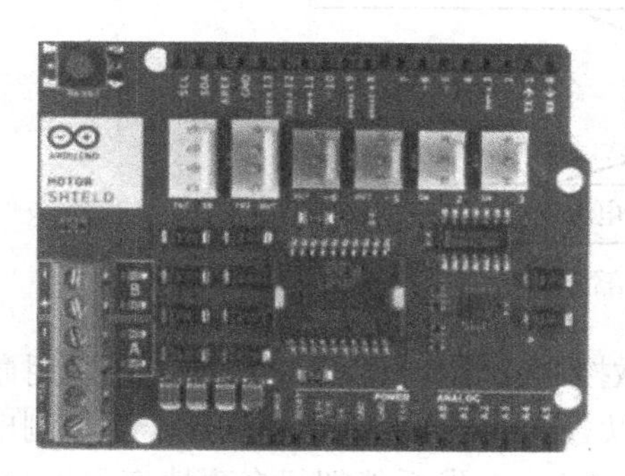

图 1-12 扩展板

图 1-13 网络扩展板

原型扩展板如图 1-14 所示，可以在其上焊接搭建电路，实现需要的特定功能。

图 1-14　原型扩展板

1.2　Arduino 内部结构

Arduino 平台的基础就是 AVR 指令集的单片机，因此认清 Arduino 之前需要了解什么是单片机，以及它与个人计算机有什么不同。一台能够工作的计算机要有这样几个部分：中央处理单元（Central Processing Unit，CPU）（进行运算、控制）、随机存储器（Random Access Memory，RAM）（数据存储）、只读存储器（Read Only Memory Image，ROM）（程序存储）、输入/输出设备 I/O（串行口、并行输出口等）。在个人计算机（Personal Computer，PC）中，这些部分被分成若干块芯片，安装在一个被称之为主板的印制线路板上。而在单片机中，这些部分全部被做到一块集成电路芯片中了，所以就称为单片（单芯片）机。有一些单片机中除了上述部分外，还集成了其他部分，如模拟量/数字量转换（A/D）和数字量/模拟量转换（D/A）等。

Arduino 是一个能够用来感应和控制现实物理世界的一套工具。它由一个基于单片机并且开放源码的硬件平台和一套为 Arduino 板编写程序的开发环境组成。Arduino 可以用来开发交互产品，例如它可以读取大量的开关和传感器信号，并且可以控制各式各样的电灯、电机和其他物理设备。Arduino 项目可以是单独运行的，也可以在运行时和计算机中运行的程序（例如 Flash、Processing、MaxMSP）进行通信。Arduino 板可以选择自己去手动组装或是购买已经组装好的，Arduino 开源的集成开发环境（Integrated Development Environment，IDE）可以免费下载得到。

1.2.1　内部机理

图 1-15 是 Arduino Uno 的内部结构图。Leonardo 与 Arduino Uno 相似，但其 USB 接口均已集成到微控制器芯片中。Due 也类似，而其处理器工作电压为 3.3V，不是 5V。

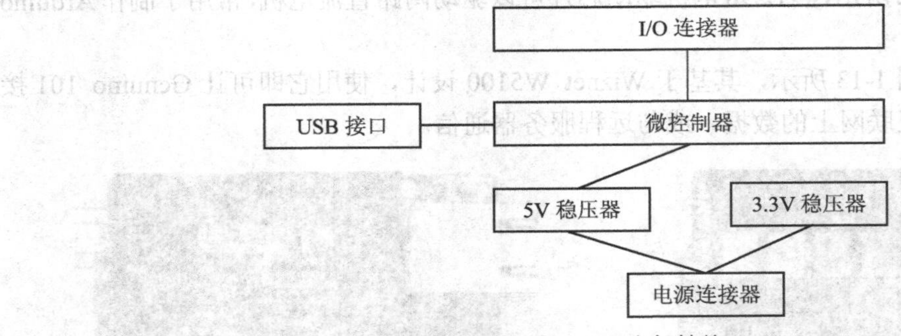

图 1-15　Arduino 内部结构

在许多方面，Arduino 确实比带有支持组件的微控制器芯片小很多。事实上，采用微处理器和一些外设在实验板上建立一台 Arduino，或者以 Arduino 为原型创建设计一个印制电路板（Printed Circuit Board，PCB），都很容易实现。Arduino 开发板能把很多事情变得很简单，最终任何 Arduino 的设计均可以转换成产品，而且要使用必需的微控制器芯片或者一些外设。举例来说，如果某个设计只用于编程目的，那么它可能不需要一个 USB 接口。这样用户可以在 Arduino 上编程，然后再将已经烧录好的芯片部署到 PCD 板的 IC 插座或实验电路板上。

1.2.2 AVR 微控制器

Arduino 家族开发板均使用由 Atmel 公司生产的微控制器。它们都具有类似的硬件设计原理，除了 Due 上的微控制器外，其他的都采用相似的设计。

1.2.3 Atmega 328

Atmaga 328 是使用在 Arduino Uno 上的微控制器，其之前的版本是 Duemilanove。事实上，第一块 Arduino 开发板采用的 Atmega 168 是 Atmega 328 的简化版，Atmega 168 的储存器容量只有 Atmega 328 的一半。下面介绍 Atmega 328 的主要功能。

（1）高性能、低功耗 AVR 8 位微控制器。

（2）先进的 RISC 体系结构。

（3）高耐力非易失性内存段。

（4）微控制器的特殊功能。

（5）上电复位和可编程布朗出检测。

（6）内部校准的振荡器。

（7）外部和内部中断源。

（8）6 个睡眠模式：空闲、模拟数字转换器（Analog to Digital Converter，ADC）降噪、电源保存、关闭、待机状态和待机扩展。

1.2.4 Atmega 2560

Atmega 2560 用在 Arduino Mega 2560 和 Arduino Mega ADK 中。它的速度并不比其他的 ATmega 芯片快，但却拥有更大的储存空间（256KB 内存、8KB SRAM 和 4KB EEPROM）和更多的 I/O 引脚。

1.2.5 AT91SAM3X8E

AT91SAM3X8E 是 Arduino Due 的核心芯片。到目前为止，它比之前讨论过的所有芯片的运行速度都要快，其主频为 84MHz，而非 ATmega 的 16MHz。它拥有 512KB 的内存和 96KB 的 SARM，该微控制器没有 EEPROM。如果要永久保存数据，则需要提供额外的硬件，例如采用 SD 卡插座和 SD 卡，或者采用闪存，或采用 EEPROM 存储芯片。AT91SAM3X8E 芯片本身拥有许多先进的功能，其中包括两个模拟输出，这让它可以使用音频发射器。

1.3 Arduino 的发展趋势

1.3.1 为什么要使用 Arduino

有很多的单片机和单片机平台都适合用做交互式系统的设计。例如，Parallax Basic

Stamp、Netmedia’s BX-24、Phidgets、MIT’s Handyboard 等都可提供类似功能。所有这些工具，用户都不需要去关心单片机编程烦琐的细节，提供给用户的是一套容易使用的工具包。Arduino 同样也简化了同单片机工作的流程，而且同其他系统相比，Arduino 在很多地方更具有优越性，特别适合老师、学生和业余爱好者们使用。

（1）便宜。和其他平台相比，Arduino 板算是相当便宜了。便宜的 Arduino 版本可以自己动手制作，即使是组装好的成品，其价格也不会超过 200 元。

（2）跨平台。Arduino 软件可以运行在 Windows、Macintosh OSX 和 Linux 等不同操作系统上。大部分其他的单片机系统都只能运行在 Windows 上。

（3）简易的编程环境。初学者很容易就能学会使用 Arduino 编程环境，同时它又能为高级用户提供足够多的高级应用。对于老师来说，一般都能很方便地使用 Processing 编程环境，所以如果学生学习过 Processing 编程环境的话，那他们在使用 Arduino 开发环境的时候就会觉得很相似、很熟悉。

（4）软件开源并可扩展。Arduino 软件是开源的，所以有经验的程序员可以对其进行扩展。Arduino 编程语言可以通过 C++库进行扩展，如果想去了解技术上的细节，可以跳过 Arduino 语言而直接使用 AVR C 编程语言（因为 Arduino 语言实际上是基于 AVR C 的）。如果需要的话，也可以直接往 Arduino 程序中添加 AVR C 代码。

（5）硬件开源并可扩展。Arduino 板基于 Atmel 的 ATMEGA8 和 ATMEGA 168/328 单片机。Arduino 基于 Creative Commons 许可协议，所以有经验的电路设计师能够根据需求设计自己的模块，可以对其扩展或改进。甚至是一些没有经验的用户，也可以通过制作试验板来理解 Arduino 的工作原理，省钱又省事。

1.3.2　发展前景

Arduino 不仅是全球最流行的开源硬件之一，也是一个优秀的硬件开发平台，更符合硬件开发的趋势。Arduino 简单的开发方式使得开发者更关注创意与实现，更快地完成自己的项目开发，大大节约了学习的成本，缩短了开发的周期。

因为 Arduino 的种种优势，越来越多的专业硬件开发者已经或开始使用 Arduino 来开发它们的项目、产品，越来越多的软件开发者使用 Arduino 进入硬件、物联网等开发领域，大学里的自动化、软件甚至艺术专业，也纷纷开展了 Arduino 相关课程，如图 1-16 所示。

图 1-16　Arduino 培训班

第2章 Arduino编程

2.1 Arduino 开发环境

Arduino 集成开发环境（IDE）是一个在计算机里运行的软件，可以上传不同的程序，而 Arduino 的编程语言也是由 Processing 语言改编而来的。

2.1.1 IDE 安装

Arduino IDE 是 Arduino 的开放源代码的集成开发环境，其界面友好，语法简单，并能方便地下载程序，使得 Arduino 的程序开发变得非常便捷。作为一款开放源代码的软件，Arduino IDE 也是由 Java、Processing、avr-gcc 等开放源码的软件写成。Arduino IDE 的另一个最大特点是跨平台的兼容性，其适用于 Windows、Max OS X 及 Linux。2011 年 11 月 30 日，Arduino 官方正式发布了 Arduino1.0 版本，可以下载不同系统下的压缩包，也可以在 github 上下载源码重新编译自己的 IDE。到目前为止，Arduino IDE 已经更新到 1.8.5 版本，安装过程如下。

从 Arduino 官网下载适合自己计算机系统的 IDE 安装包，这里以 Windows 7 的 64 位系统安装过程为例。

（1）运行安装程序，同意许可协议。

（2）安装选项，一般保持默认即可，如图 2-1 所示。

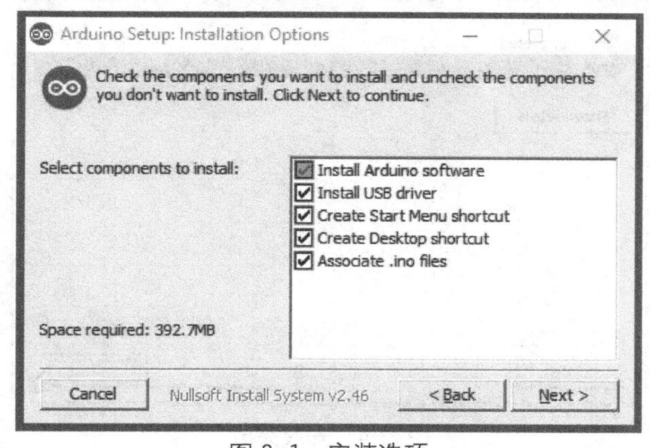

图 2-1　安装选项

（3）选择安装位置，如图 2-2 所示。

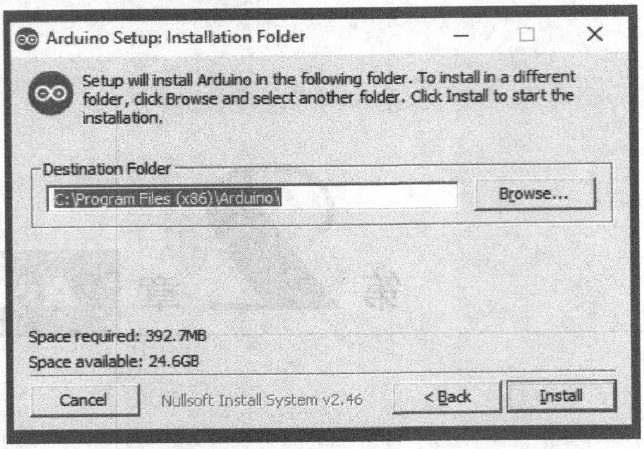

图 2-2　选择安装位置

（4）安装过程，如图 2-3 所示。这个过程将提取并安装所有必需的文件，需一直点击安装。

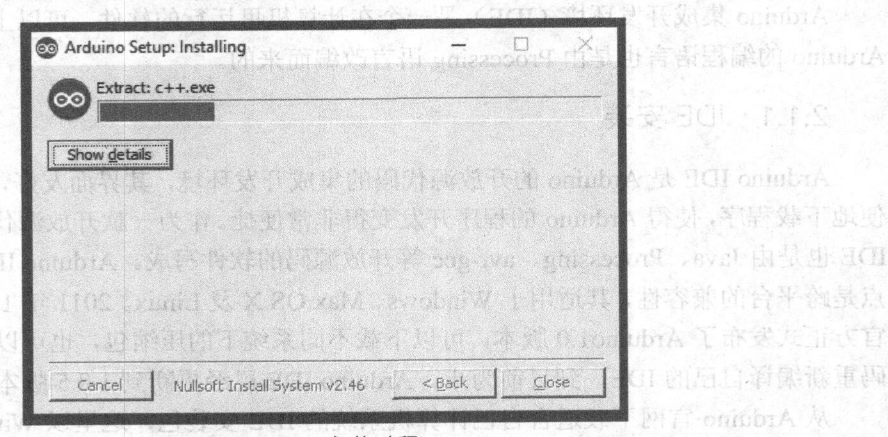

图 2-3　安装过程

（5）安装完成，如图 2-4 所示。

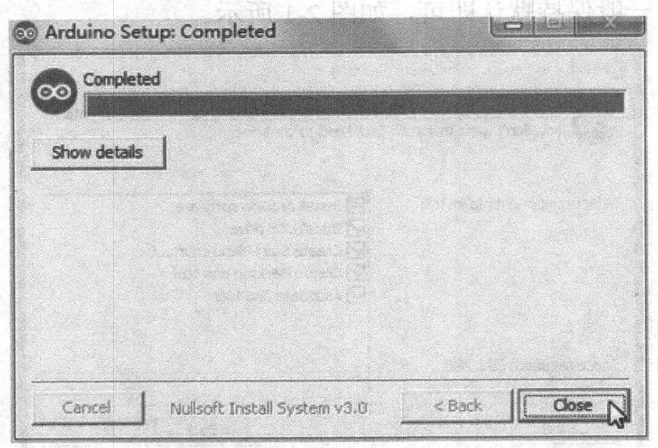

图 2-4　安装完成

（6）IDE 的主界面如图 2-5 所示。

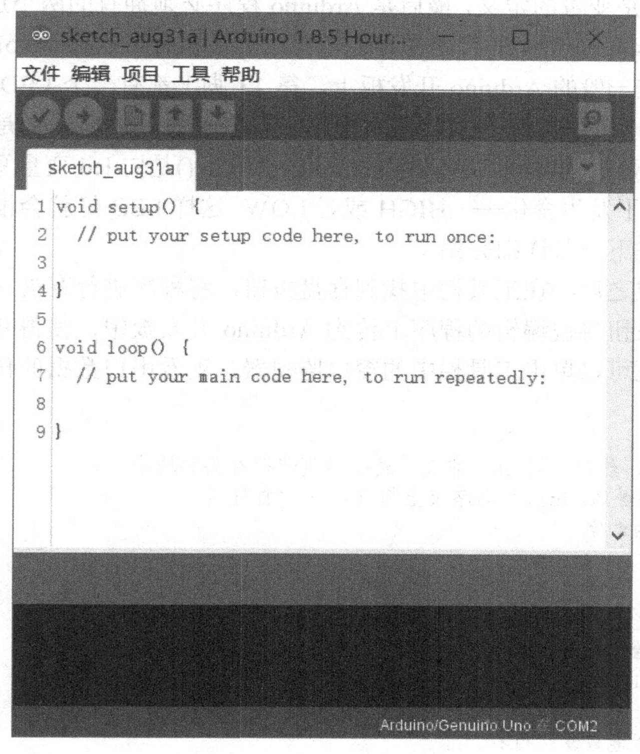

图 2-5 IDE 主界面

2.1.2 使用 IDE

使用 Arduino IDE，需要将 Arduino 开发板通过 USB 线连接到计算机。这样，计算机会为 Arduino 开发板安装驱动程序，并分配相应的 COM 端口，如 COM1、COM2 等。不同的计算机和系统分配的 COM 端口是不一样的。所以，安装完毕，要在计算机的硬件管理中查看 Arduino 开发板被分配到了哪个 COM 端口。这个端口就是计算机与 Arduino 开发板的通信端口。

Arduino 开发板的驱动安装完毕之后，需要在 Arduino IDE 中设置相应的端口和开发板类型。方法如下：在 Arduino 集成开发环境启动后，在菜单栏中打开“工具”/“端口”，进行端口设置，设置为计算机硬件管理中分配的端口；然后，在菜单栏打开“工具”/“开发板”，选择 Arduino 开发板的类型，如 Uno、DUE、YUN 等各种上面介绍的开发板。这样计算机就可以与开发板进行通信了。

在 Arduino IDE 中带有很多种示例，包括基本的、数字的、模拟的、控制的、通信的、传感器的、字符串的、存储卡的、音频的、网络的等。下面介绍一个最简单、最具有代表性的例子 Blink，以便于读者快速熟悉 Arduino IDE，从而开发出新的产品。

在菜单栏打开“文件”/“示例”/01Basic Blin。这时在主编辑窗口会出现可以编辑的程序。这个 Arduino 的 Blink 范例程序，功能是控制 LED 灯的亮灭。在 Arduino 编译环境中，程序是以 C/C++的风格来编写的。例如，下面程序的前面几行是注释行，介绍程序的作用及相关的声明等，然后是变量的定义，最后是 Arduino 程序必须拥有的两个过程——void setup()和 void loop()。void setup()里面的代码在导通电源时会被执行一次，而 void loop()里面的代码会不断执行。由于在一般的 Arduino 开发板上，第 13 脚上都有一个 LED 灯，所以定义整形变量 led=13，用于函数的控制。另外，程序中用了一些函数，pinMode()是设置引脚的输入或者输出；delay()设置延迟的时间，单位为 ms；digitalWrite()是向 led 变量写入相关的值，使得 13 脚的 LED 灯的电平发生变化——HIGH 或者 LOW。这样 LED 灯就会根据延迟的时间交替亮灭。这些函数将在下一节详细介绍。

对程序编辑完成之后，在工具栏中找到存盘按钮，将程序进行存盘。然后，在工具栏中找到上传按钮，该按钮将被编辑的程序上传到 Arduino 开发板中，使得开发板按照修改后的程序运行。同时，还可以单击工具栏中的窗口监视器，观看串口数据的传输情况，是非常直观高效的调试工具。

```
/*闪烁：打开 1s，然后关闭 1s，重复。这个示例代码在公共域中 */
//Pin 13 在大多数 Arduino 电路板上都有一个 LED 连接
//给了一个不同的名字
int led=13;
//当按下重置时，设置程序会运行一个程序：
void setup(){
//将数字管脚初始化为输出信号.
pinMode(led,OUTPUT);
}
//循环程序会不断地重复运行：
void  loop(){
digitalWrite(led,HIGH);              //打开 LED 灯（HIGH 代表高电平）
delay(1000);                         //等待 1s
digitalWrite(led,LOW);               //通过设置低电平 LOW 关闭 LED 灯
delay(1000);                         //等待 1s
}
```

当然，目前还有其他支持 Arduino 的开发环境。例如，由松迅科技开发的集成开发环境 Sonxun Studio，其目前只支持 Windows 系统的 Arduino 系统开发，包括 Windows XP 和 Windows 7，使用方法与 Arduino IDE 大同小异。由于篇幅的关系，这里不再一一赘述。

2.2 Arduino 语言概述

2.2.1 标识符

标识符是用来标识源程序中某个对象的名字。这些对象可以是语句、数字类型、函数、变量、常量和数量等。

C 语言规定，一个标识符由字母、数字和下划线组成，第一个字符必须是字母或者是下划线。通常以下划线开头的标识符是编译系统专用的，所以编写 C 语言程序时，最好不要使用以下划线开头的标识符，但是下划线可以用在第一个字母以后的任何位置。

标识符长度不要超过32个字符，尽管C语言规定标识符的最大长度可达255个字符，但是在实际编译时，只有前32个字符能够被正确识别。对于一般的应用程序来说，32个字符的标识符长度就足够用了。

C语言对于大小写字符敏感，所以在编写长程序的时候要注意大小写字符的区分。例如，对于sec和SEC这两个标识符来说，C语言会认为这是两个完全不同的标识符。

C语言程序中的标识符命名应做到简洁明了、含义清晰，这便于程序的阅读和维护。例如，比较最大值最好用max来定义标识符。

2.2.2 关键字

在C语言编程中，为了定义变量表达语句功能和对一些文件进行预处理，还必须用到一些具体有特殊意义的字符，就是关键字。

C语言的关键字共有32个，根据关键字的作用，可将其分为数据类型关键字、控制语句关键字、储存类型关键字和其他关键字4类。

（1）数据类型关键字12个

① char：声明字符型变量或函数。

② double：声明双精度变量或函数。

③ enum：声明枚举类型。

④ float：声明浮点型变量或函数。

⑤ int：声明整型变量或函数。

⑥ long：声明长整型变量或函数。

⑦ short:声明短整型变量或函数。

⑧ signed：声明有符号类型变量或函数。

⑨ struct：声明结构体变量或函数。

⑩ union：声明共用体（联合）数据类型。

⑪ unsigned：声明无符号类型变量或函数。

⑫ void：声明函数无返回值或无参数，声明无类型指针。

（2）控制语句关键字12个

① 循环语句（5个）：for，是一种循环语句；do，循环语句的循环体；while，循环语句的循环条件；break，跳出当前循环；continue，结束当前循环，开始下一个循环。

② 条件语句（3个）：if，条件语句；else，条件语句否定分支（与if连用）；goto，无条件跳转语句。

③ 开关语句（3个）：switch，用于开关语句；case，开关语句分支；default，开关语句中的“其他”分支。

④ 返回语句（1个）：return，子程序返回语句（可以带参数，也可以不带参数）。

（3）储存类型关键字4个

① auto：声明自动变量，一般不使用。

② extern：声明变量是在其他文件中声明（也可以看作是引用变量）。

③ register：声明寄存器变量。

④ static：声明静态变量。

（4）其他关键字 4 个

① const：声明只读变量。

② sizeof：计算机数据类型长度。

③ typedef：用以给数据类型取别名。

④ volatile：说明变量在程序执行中可被隐含地改变。

2.2.3 运算符

运算符是告诉编译程序执行特定算术或逻辑操作的符号。C 语言的运算范围很宽，一般把除了控制语句和输入 / 输出以外几乎所有的基本操作都作为运算符处理。运算符主要分为三大类：算术运算符、关系运算符与逻辑运算符。除此之外，还有一些用于完成特殊任务的运算符。

无论是加减乘除还是大于小于，都需要用到运算符。C 语言中的运算符和平时用的运算符基本差不多，包括赋值运算符、算术运算符、逻辑运算符、位逻辑运算符、位移运算符、关系运算符、自增自减运算符等。大多数运算符都是二目运算符，即运算符位于两个表达式之间。单目运算符的意思是运算作用于单个表达式。

1．赋值运算符

赋值语句的作用是把某个常量、变量或表达式的值赋给另一个变量。C 语言中，符号为“=”这里并不是等于的意思，只是赋值，等于用“==”表示。

注意：赋值语句左边的变量在程序的其他地方必须声明。

被赋值的变量称为左值，因为它们出现在赋值语句的左边；产生值的表达式称为右值，因为它们出现在赋值语句的右边。常数只能作为右值。

例如，“count=5;total1= total2=0”中，第一个赋值语句大家都能理解，而第二个赋值语句的意思是把 0 同时赋值给两个变量，这是因为赋值语句是从右向左运算的，也就是说从右端开始计算。因此它令“total2=0”，然后“total1=total2”，那么“(total1=total2)=0”行吗？答案是否定的，即不可以。因为要先算括号里面的。这时“total1=total2”是一个表达式，而赋值语句的左边是不允许存在表达式的。

2．算术运算符

在 C 语言中，有两个单目和五个双目运算符，分别为：+正（单目）、–负（单目）、*乘法（双目）、/除法（双目）、%取模（双目）、+加法（双目）、–减法（双目）。

下面是两个赋值语句的例子，在赋值运算符右侧的表达式中就使用了算术运算符。

```
Area=Height*Width;
num=num+num2/num3-num4;
```

运算符有运算顺序问题：先算乘除法再算加减法，单目正和单目负最先运算。

取模运算符（%）用于计算两个整数相除所得的余数。例如，“a=7%4”中，最终 a 的结果是 3，因为“7%4”余数是 3。那么想求它们的商怎么办呢？B=7/4，这样 B 就是它们的商，应该是 1。

也许有人认为 7/4 应该是 1.75，怎么会是 1 呢？这里需要说明的是，当两个整数相除时，所得到的结果仍然是整数，没有小数部分。如果想得到小数部分，可以这样写：7.0/4 或者 7/4.0，即把其中一个数变为非整数。

那么，怎样由一个实数得到它的整数部分呢？这就需要用强制类型转换了。例如，“a=(int)(7.0/4)”，因为 7.0/4 的值为 1.75，如果在前面加上(int)就表示把结果强制转换成整型，那么就得到了 1。那么思考一下“a=(float)(7/4)，最终 a 的结果是多少？

单目减运算符相当于取相反值，若是正值就变为负值，若是负数就变为正值。单目加运算符没有意义，纯粹是和单目减构成一对用的。

3．逻辑运算符

逻辑运算符是根据表达式的值来返回真值或是假值。其实，在 C 语言中没有所谓的真值和假值，只是认为非 0 为真值，0 为假值。

符号功能：&&（逻辑与）||（逻辑或)、!（逻辑非)。

例如，“5!3;0||-2&&5;!4”。当表达式进行“&&”运算时，只要有一个为假，总的表达式就为假，只有当所有都为真时，总的式子才为真。当表达式进行“||”运算时，只要有一个为真，总的值就为真；只有当所有的都为假时，总的式子才为假。逻辑非（!）运算是把相应的变量数据转换为相应的真/假值。若原先为假，则逻辑非以后为真；若原先为真，则逻辑非以后为假。

还有一点很重要，当一个逻辑表达式的后一部分的取值不会影响整个表达式的值时，后一部分就不会进行运算了。例如，“a=2,b=1;a||b-1”中，因为“a=2”为真值，所以不管“b-1”是不是真值，总的表达式一定为真值，这时后面的表达式就不会再计算了。

4．关系运算符

关系运算符是对两个表达式进行比较，各关系返回一个真/假值。各关系运算符及功能如表 2-1 所示。

表 2-1　　关系运算符及其功能

符　号	功　能	符　号	功　能
＞	大于	＜＝	小于等于
＜	小于	＝＝	等于
＞＝	大于等于	！＝	不等于

这些运算符大家都能明白，主要问题就是等于（==）和赋值（=）的区别了。一些刚开始学习 C 语言的人总是弄不明白这两个运算符，经常在一些简单问题上出错，自己检查时还找不出来。例如，“if(Amount=123)”，很多初学者都理解为“Amount 等于 123，这样……”，其实这行代码的意思是“先赋值 Amount=123”，然后判断这个表达式是不是真值，因为结果为 123，是真值，那么就向后进行。如果想让当 Amount 等于 123 才运行，应该是“if(Amount==123)”。

5．自增自减运算符

自增自减运算符是一类特殊的运算符，其中，自增运算符（++）和自减运算符（—）对变量的操作结果是增加 1 和减少 1。例如，以下语句都是正确的：

```
--Couter;
Couter--;
++Amount;
Amount++;
```

在这些例子里，运算符在前面还是在后面对本身的影响都是一样的，都是加 1 或者减 1，但是当把它们作为其他表达式的一部分时，就有区别了。运算符放在变量前面，那么自增自减运算是在变量参加表达式的运算后再运算。

看下面的例子：

```
num1=4;num2=8;a=++num1;b=num2++;
```

其中，“a=++num1”看似一个赋值，即将++num1 的值赋给 a，因为自增运算符在变量的前面，所以 num1 先自增加 1 变为 5，然后赋值给 a，最终 a 也为 5；“b=num2++”是把 num2++的值赋给 b，因为自增运算符在变量的后面，所以先把 num2 赋值给 b，b 应该为 8，然后 num2 自增加 1 变为 9。

那么，如果出现这样的情况我们怎么处理呢？如下的语句会被编译成什么结果呢？

```
c=num1+++num2;
```

计算顺序到底是 c=(num++)+num2，还是 c=num1+(++num2)，要根据编译器来决定，不同的编译器可能有不同的结果。在以后的编程当中，应尽量避免出现上面复杂的情况。

6．复合赋值运算符

在赋值运算符当中，还有一类 C/C++ 独有的复合赋值运算符。它们实际上是一种缩写形式，使得对变量的改变更为简洁，如 Total=Total+3。

乍一看这个表达式，似乎有问题，这是不可能成立的。其实“=”是赋值不是等于。它的意思是本身加 3，然后再赋值给本身。为了简化，上面的表达式也可以写成：Total+=3。复合赋值运算符及其功能如表 2-2 所示。

表 2-2　　复合赋值运算符及其功能

符　号	功　能	符　号	功　能
+=	加法赋值	<<=	左移赋值
-=	减法赋值	>>=	右移赋值
*=	乘法赋值	&=	位逻辑与赋值
/=	除法赋值	|=	位逻辑或赋值
%=	模运算赋值	^=	位逻辑异或赋值

上面的 10 个复合赋值运算符中，后 5 个在位运算时再进一步说明。

看了上面的复合赋值运算符，有人就会问，到底 Total=Total+3 与 Total+=3 有没有区别？

答案是有区别的。A=A+1 中，A 被计算了两次；A+=1 中，表达式 A 仅计算了一次。一般来说，这种区别对于程序的运行没有多大影响，但是当表达式作为函数的返回值时函数就被调用了两次（以后再说明），而且如果使用普通的赋值运算符，也会加大程序的开销，使效率降低。

7．条件运算符

条件运算符（:）是 C 语言中唯一的一个三目运算符。它是对第一个表达式作真/假检测，然后根据结果返回另外两个表达式中的一个，语法格式如下：

```
<表达式 1>?<表达式 2>:<表达式 3>
```

在运算中，首先对表达式 1 进行检验，如果为真，则返回表达式 2 的值；如果为假，则返回表达式 3 的值。例如，表达式（a>b）？ a+b:a–b 所表达的含义为：当 b>0 时，a=b，当 b 不大于 0 时，a=–b。这就是条件表达式。其实上面的意思就是把 b 的绝对值赋值给 a。

8．逗号运算符

在 C 语言中，多个表达式可以用逗号分开，其中用逗号分开的表达式的值分别结算，但整个表达式的值是最后一个表达式的值，相关实例如下。

```
b=2,c=7,d=5,a1=(++b,c--,d+3);
a2=++b,c--,d+3;
```

对于第一行代码，有 3 个表达式，用逗号分开，所以最终的值应该是最后一个表达式的值，也就是 d+3 为 8，所以 a1=8。对于第二行代码，也有 3 个表达式，这时的 3 个表达式为 a2=++b，c––，d+3。因为赋值运算符比逗号运算符优先级高，所以最终表达式的值虽然也为 8，但 a2=3。

2.2.4 语言控制语句

控制语句用于控制程序的流程，以实现程序的各种结构方式。它们由特定的语句定义符组成。C 语言有 9 种控制语句，可分为以下 3 类。

1．条件判断语句

C 语言支持两种选择语句：if 语句和 switch 语句。这些语句允许你在程序运行时并知道其状态的情况下，控制程序的执行过程。首先看一下 if 语句的用法。

if 语句是 C 语言中的条件分支语句，其能将程序的执行路径分为两条。if 语句的完整格式如下。

```
if(condition)statement1;
else statement2;
```

其中，if 和 else 的对象可以是单个语句（statement），也可以是程序块；条件 condition 可以是任何返回布尔值的表达式；else 语句是可选的。

（1）if 语句

if 语句的执行过程如下：如果条件为真，就执行 if 的对象 statement1；否则，执行 else 的对象 statement2。任何时候两条语句都不可能同时执行。具体实例如下。

```
int a,b;
if(a<b)a=0;
else b=0;
```

本例中，如果 a 小于 b，那么 a 被赋值为 0；否则，b 被赋值为 0。任何情况下都不可能使 a 和 b 都被赋值为 0。

记住，直接跟在 if 或 else 语句后的语句只能有一句。如果想包含更多的语句，则需要建一个程序块，具体实例如下。

```
int bytesAvailable;
if (bytesAvailable>0) {
  ProcessData();
  bytesAvailable-=n;
}
else
  waitForMoreData();
```

这里，如果变量 bytesAvailable 大于 0，则 if 块内的所有语句都会执行。

嵌套 if 语句是指该 if 语句为另一个 if 或者 else 语句的对象。在编程时经常要用到嵌套 if 语句。当使用嵌套 if 语句时，需记住的要点就是：一个 else 语句总是对应着和它同一个块中最近的 if 语句，而且该 if 语句没有与其他 else 语句相关联。

具体实例如下。

```
if(i==10){
  if(j<20)a=b;
if(k>100)c=d;   //这个 if 与下面紧跟的 else 相关联
else a=c;
}
else a=d;       //这个 else 与最上面的 if（i==10）相关联
```

如注释所示，最后一个 else 语句没有与 if(j<20)相对应，因为它们不在同一个块。if(j<20)语句也没有与 else 配对。最后一个 else 语句对应 if(i==10)。内部的 else 语句对应着 if(k>100)，因为它是同一个块中最近的 if 语句。

基于嵌套 if 语句的通用编程结构被称为 if-else-if 阶梯。它的语法如下。

```
if(condition 1)
    statement 1;
else if(condition 2)
    statement 2;
else if(condition 3)
    statement 3;
    else
    statement 4;
```

条件表达式从上到下被求值，一旦找到为真的条件，就执行与它关联的语句。该阶梯的其他部分就被忽略了。如果所有的条件都不为真，则执行最后的 else 语句。最后的 else 语句经常被作为默认的条件，即如果所有其他条件测试都失败，那程序就不作任何动作。

（2）switch 语句

if 语句处理两个分支或多个分支时需使用 if-else-if 结构，但如果分支较多，则嵌套的 if 语句层就较多，程序不但庞大而且理解也比较困难。因此，C 语言又提供了一个专门用于处理多分支结构的条件选择语句，称为 switch 语句，又称开关语句。使用 switch 语句可直接处理多个分支（当然包括两个分支），其一般形式如下。

```
switch(表达式)
{
   case 常量表达式 1;
语句 1;
break;
   case 常量表达式 2;
语句 2;
break;
…

   case 常量表达式 n;
语句 n;
break;
…
default:
语句 n+1;
break;
}
```

switch 语句的执行流程是：首先计算 switch 后面圆括号中表达式的值，然后用此值依次与各个 case 的常量表达式比较。若圆括号中表达式的值与某个 case 后面的常量表达式的值相等，就执行此 case 后面的语句，执行后遇 break 语句就退出 switch 语句；若圆括号中表达式的值与所有 case 后面的常量表达式都不等，则执行 default 后面的语句 n+1，然后退出 switch 语句，程序流程转向开关语句的下一个语句。

如下程序可以根据输入的考试成绩等级输出百分制分数段。

```
switch(grade)
{
  case'A':     /*注意，这里是冒号：并不是分号；*/
  printf("85-100\n");
 break;        /*每一个 case 语句后都要跟一个 break 用来退出 switch 语句*/
 case'B':      /*每一个 case 后的常量表达式必须是不同的值以保证分支的唯一性*/
  printf("70-84\n");
 break;
 case'C':
printf("60-69\n");
 break;
 case'D':
  printf("<60\n");
 break;
 default:
  printf("error!\n");
 }
```

如果在 case 后面包含多条执行语句时，也不需要像 if 语句那样加大括号，因为进入某个 case 后，会自动顺序执行本 case 后面的所有执行语句，实例如下。

```
{
…
case 'A':
  if(grade<=100)
printf("85-100\n");
else
printf("error\n");
break;
…
```

default 总是放在最后，这时 default 后不需要 break 语句，并且 default 部分也不是必需的。如果没有这一部分，当 switch 后面圆括号中表达式的值与所有 case 后面的常量表达式的值都不相等时，则不执行任何一个分支，直接退出 switch 语句。此时，switch 语句相当于一个空格句。

例如，将上面例子中 switch 与语句中的 default 部分去掉，则当输入的字符不是 A、B、C 或 D 时，此 switch 语句中的任何一条语句都不被执行。

在 switch-case 语句中，多个 case 可以共用一条执行语句，实例如下。

```
…
case 'A';
case 'B';
case 'C';
printf(">60\n");
break;
…
```

上述语句在 A、B、C 这 3 种情况下，均执行相同的语句，即输出>60。

考试成绩等级输出百分制分数的例子中，如果把每个 case 后的 break 删除掉，则当 break='A'时，程序从 printf("85-100\n")开始执行，输出结果如下。

```
85-100
70-84
60-69
<60
error
```

这是因为 case 后面的常量表达式实际上只起语句标号作用，而不起条件判断作用，即只是开始执行处的入口标号。因此，一旦与 switch 后圆括号中表达式的值匹配，就从此标号处开始执行，而且执行完一个 case 后面的语句后，若没遇到 break 语句，就自动进入下一个 case 继续执行，而不再判断是否与之匹配，直到遇到 break 语句才停止执行，退出 break 语句。因此，若想执行一个 case 分支之后立即跳出 switch 语句，就必须在此分支的最后添加一个 break 语句。

2. 循环执行语句

C++ 循环语句包括 while 语句、do-while 语句和 for 语句等。

（1）while 语句

while 语句实现“当型”循环，其一般格式如下。

```
while(termination){
    body;
}
```

当布尔表达式（termination）的值为 true 时，循环执行大括号中的语句，并且初始化部分和迭代部分是任选的。

while 语句首先计算终止条件，当条件满足时，才去执行循环中的语句。这是“当型”循环的特点。

（2）do-while 语句

do-while 语句实现“直到型”循环，其一般格式如下。

```
do{
    body;
    }while(termination);
```

do-while 语句首先执行循环体，然后计算终止条件：若结果为 true，则循环执行大括号中的语句，直到布尔表达式的结果为 false。

与 while 语句不同的是，do-while 语句的循环体至少执行一次，这是“直到型”循环的特点。

（3）for 语句

for 语句也用来实现“当型”循环，其一般格式如下。

```
for(initialization;termination;iteration){
    body;
}
```

for 语句执行时，首先执行初始化操作，然后判断终止条件是否满足。如果满足，则执行循环体中的语句，最后执行迭代部分。完成一次循环后，重新判断终止条件。

可以在 for 语句的初始化部分声明一个变量。该变量的作用域为一个 for 语句。

for 语句通常用来执行循环次数确定的情况（如对数组元素进行操作），也可以根据循环结束条件执行循环次数不确定的情况。

在初始化部分和迭代部分可以使用逗号语句来进行多个动作。逗号语句是用逗号分隔的语句序列。具体实例如下。

```
for(i=0;j=10;i<j;i++,j--){
    body;
}
```

初始化、终止以及迭代部分都可以为空语句，三者均为空的时候，相当于一个无限循环，实例如下。

```
for(i=0;;i++)
{
    body
}
```

3. 转向语句

转向语句包括 break 语句、continue 语句、return 语句及 goto 语句。此类语句尽量少用，因为这不利于结构化程序设计，滥用它会使程序流程无规律、可读性差。

（1）break 语句

break 语句中断当前循环，和 label 一起使用，中断相关联的语句。一般格式如下。

```
break[label];
```

上述语句中，可选的 label 参数指定断点处语句的标签。

通常在 switch 语句和 while、for、for-in 或 do-while 循环中使用 break 语句。最常见的是在 switch 语句中使用 label 参数，但它可在任何语句中使用，无论是简单语句还是复合语句。

执行 break 语句会退出当前循环或语句，并开始执行脚本紧接着的语句。

下面的示例说明了 break 语句的用法。

```
function BreakTest(breakpoint){
var i=0;
while (i<100)
{
  if(i==breakpoint)
    break;
I++;
}
return(i);
}
```

（2）continue 语句

continue 语句是跳过循环体中剩余的语句而强制执行下一次循环，其作用为结束本次循环，即跳过循环体中下面尚未执行的语句，接着进行下一次是否执行循环的判定。格式如下。

```
While(表达式 1){
    语句组 1
if(表达式 2)continue;
    语句组 2}
```

continue 语句使用时应该注意：其只能用在循环语句中。一般都是与 if 语句一起使用。

程序举例：将 100~200 范围内不能被 3 整除的数输出，代码如下。

```
    main()
{
    int n;
    for(n=100;n<=200;n++)
    {
     if(n%3==0)
    continue;
```

```
    printf("%5d",n);
    }
    }
```

当n能被3整除时，才执行continue语句，结束本次循环；只有n不能被3整除时才执行printf函数。

上述程序中的循环体也可以改用如下语句处理。

```
if(n%3!=0)
printf("%5d",n);
```

这里使用continue语句，只是为了说明continue语句的作用。

continue语句和break语句的区别是：continue语句只结束本次循环，而不是终止整个循环的执行；而break语句则是结束循环，不再进行条件判断。

（3）return语句

return 表示从被调函数返回到主调函数继续执行，返回时可附带一个返回值，由 return 后面的参数指定。

return 通常是必要的，因为函数调用的时候计算结果通常是通过返回值带出的，如果函数执行不需要返回计算结果，也经常需要返回一个状态码来表示函数执行得顺利与否（-1和0就是最常用的状态码），主调函数可以通过返回值判断被调函数的执行情况。

如果实在不需要函数返回什么值，就需要用void声明其类型。

补充：如果函数名前有返回类型定义，如int、double等就必须有返回值，而如果是void型，则可以不写return，但这时即使写了也无法返回数值。

（4）goto语句

goto语句也称为无条件转移语句，其一般格式如下。

```
goto 语句标号;
```

其中，语句标号是按标识符规定书写的符号，放在某一语句行的前面，标号后加冒号(:)。语句标号起标识语句的作用，与goto语句配合使用。实例如下。

```
label: i++;
loop: while(x<7);
```

C语言不限制程序中使用标号的次数，但各标号不得重名。goto语句的语义是改变程序流向，转去执行语句标号所标识的语句。

goto语句通常与条件语句配合使用，可用来实现条件转移，构成循环、跳出循环体等功能。

但是，在结构化程序设计中一般不主张使用goto语句，以免造成程序流程的混乱，使理解和调试程序都产生困难。

2.2.5 语法结构

1. 顺序结构

顺序结构的程序设计是最简单的，只要按照解决问题的顺序写出相应的语句就行。它的执行顺序是自上而下，依次执行。

假设 a=3，b=5，现交换 a、b 的值，这个问题就好像交换两个杯子的水，当然要用到第三个杯子，假如第三个杯子是 c，那么正确的程序为“c=a;a=b;b=c;”，执行结果是 a=5，b=c=3。

如果改变其顺序，写成“a=b；c=a；b=c；”，则执行结果就变成 a=b=c=5，不能达到预期的目的。初学者最容易犯这种错误，顺序结构可以独立使用构成一个简单的完整程序，常见的输入、计算、输出三部曲的程序就是顺序结构。例如计算圆的面积，其程序的语句顺序就是输入圆的半径 r，计算 s=3.14159*r*r，输出圆的面积。不过，大多数情况下，顺序结构都是作为程序的一部分，与其他结构一起构成一个复杂的程序，例如分支结构中的复合语句、循环结构中的循环体等。

2．选择结构

按照给定的条件有选择地执行程序中的语句。

（1）if 单分支结构

该结构的格式如下。

```
if（表达式）语句
```

功能：判断表达式的值，若为 true（真）则执行语句；若为 false（假），则不执行语句。

if 语句执行流程如图 2-6 所示。

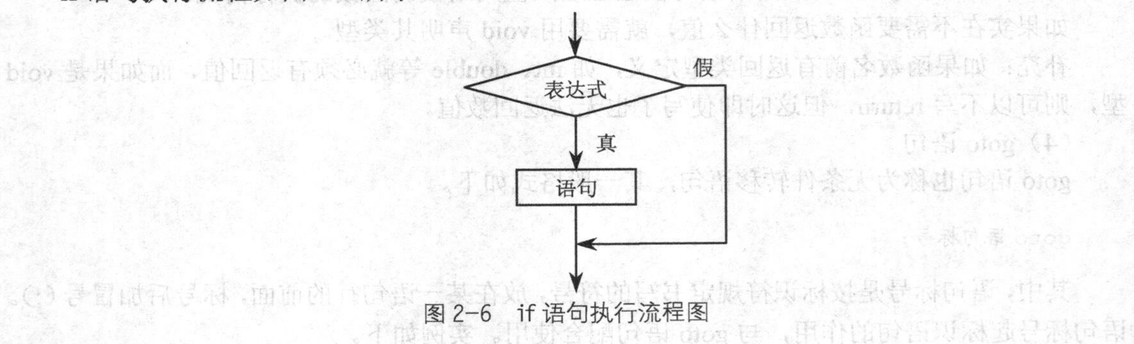

图 2-6 if 语句执行流程图

相关说明如下。

① 表达式可以是任意合法的 C++ 表达式，一般为逻辑表达式或关系表达式，当表达式为赋值表达式时，可以含对变量的定义。实例如下。

```
if（int i =3）语句                    //等价于 int i；if（i=3）语句
```

② 若表达式的值为数值，则 0 被视为假，一切非 0 被视为真。

③ 当表达式的表达式为真，要执行多条语句时，应将这些语句用花括号括起来以复合语句的形式出现。

④ 程序是将整个 if 控制结构看成一条语句处理的。该语句称为 if 语句，也称为条件语句。

⑤ 语句可以是另一个 if 语句或其他控制语句（嵌套）。

（2）if 双分支结构

该结构的格式如下。

```
if（表达式）语句 1
else 语句 2
```

功能：判断表达式的值，若为 true（真）则执行语句 1；若为 false（假）则执行语句 if-false 语句执行流程如图 2-7 所示。

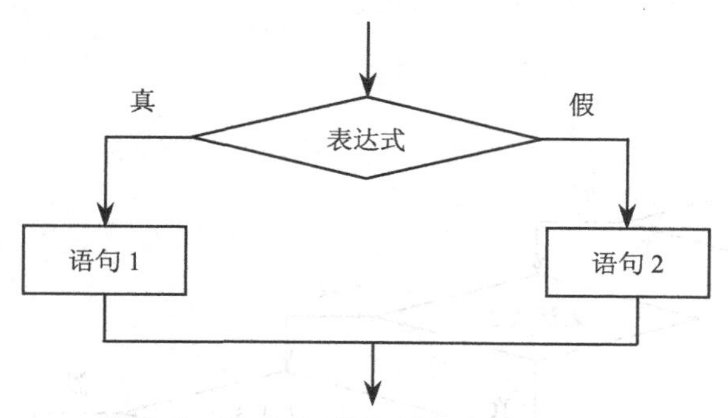

图 2-7 if-false 语句执行流程图

相关说明如下。

① 语句 1 和语句 2 可以是另一个 if 语句或其他控制语句（嵌套）。此时 else 总是与它前面最近且未配对的 if 配对。

② 程序是将整个 if-false 控制结构看成一条语句处理的。else 是 if 语句中的子句，不能作为独立的语句单独使用。

③ 可以用条件运算符“:”来实现简单的双分支结构。

（3）if 多分支结构

该结构的格式如下。

```
if（表达式 1）语句 1
else if（表达式 2）语句 2
else if（表达式 3）语句 3
…
[else 语句 n]
```

if 多分支结构执行流程如图 2-8 所示。

从上而下依次判断各个表达式的值，如果某一表达式的值为 true（真），则执行相应的 if 语句并越过剩余的阶梯结构；如果所有表达式的值均为 false（假），并且存在 else 子句，那么无条件地执行最后一个 else 子句（语句 *n*）；若不存在 else 子句，则不执行任何语句。

相关说明如下。

① if 多分支结构实际上是一种规范化的 if 嵌套结构。在这种结构中，if 语句嵌套在 else 之后，即符合以下格式。

```
if（表达式 1）
    语句 1
else
if（表达式 2）
    语句 2
else
```

```
if（表达式 3）
    语句 3
else
…
[else
    语句 n]
```

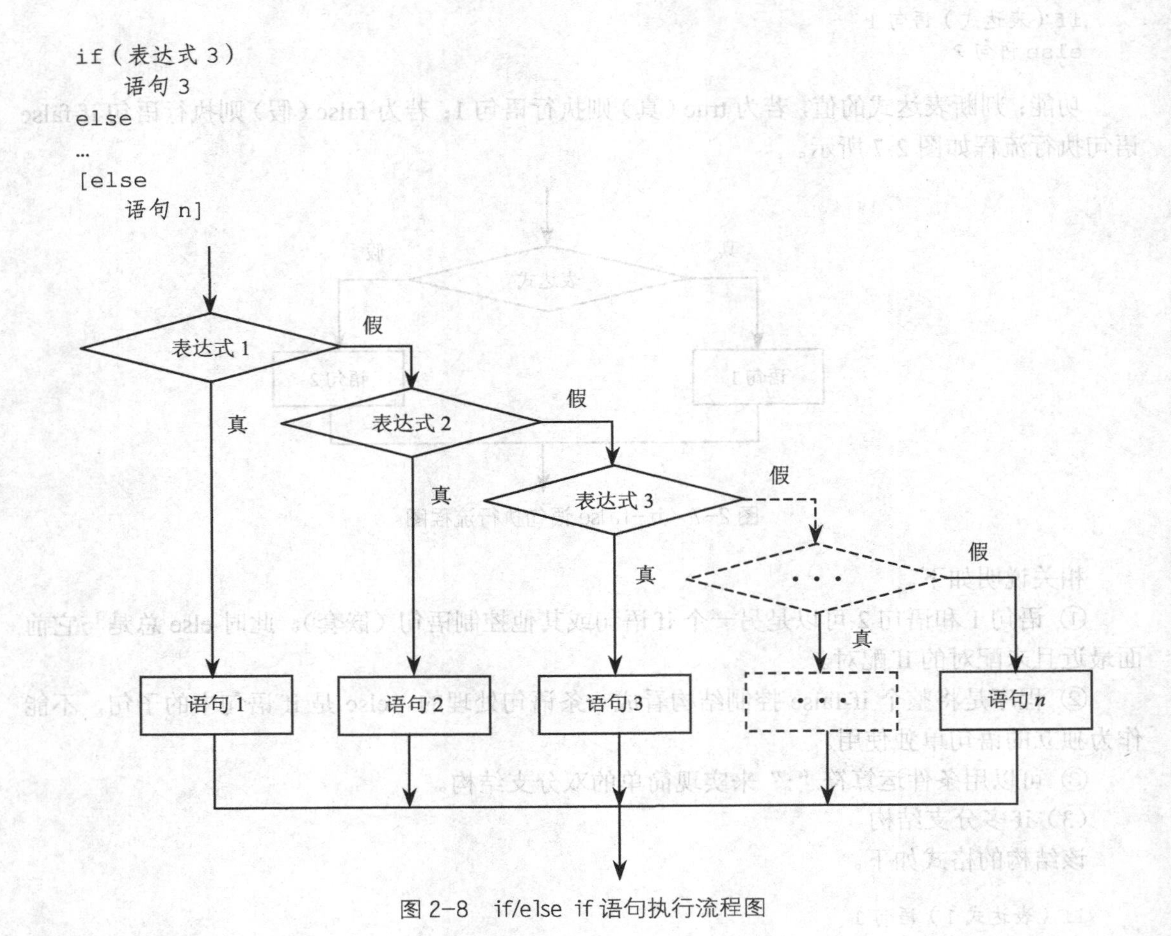

图 2-8　if/else if 语句执行流程图

② 从逻辑上看，各个表达式条件都应当是相互排斥的，无论何时只会有一个条件得以满足，不应出现既满足这个条件又满足那个条件的情况。

（4）switch 多分支结构

该结构的格式如下。

```
switch（表达式）
{
    case 常量表达式 1:[语句序列 1]
    case 常量表达式 2:[语句序列 2]
    case 常量表达式 3:[语句序列 3]
    case 常量表达式 4:[语句序列 4]
    case 常量表达式 5:[语句序列 5]
    case 常量表达式 6:[语句序列 6]
                    ...
[default:语句序列 n]
}
```

功能：从上向下依次判断各个 case 常量表达式的值和表达式值的匹配（相等）情况；当出现第一次匹配时，就将该 case 后的语句序列作为程序的执行入口点；执行完该 case 后的语句序列后，流程控制会自动转移到下一个 case 语句序列继续执行，而不再对其匹配情况进行判断，直到执行完其后的所有语句序列。如果所有常量表达式的值均不匹配，并且存在 default 子句，那么无条件地将该 default 子句作为程序的执行入口点；若不存在 default 子句，则不执行任何语句。

相关说明如下。

① 表达式和各个常量表达式的类型一般为整型、字符型、逻辑型和枚举型。各个常量表达式的类型要与表达式的类型相同或相容，所有常量表达式的值必须互不相同。

② case 子句为若干个（包括 0 个），default 子句最多只能有一个。从语法上讲，default 子句可以放在任何一个 case 子句的前面，此时还是先判断各个 case 常量表达式的值与表达式值的匹配（相等）情况，如果所有常量表达式的值均不匹配，这才将 default 子句作为程序的执行入口点。

③ 语句序列由若干条单语句组成，这些单语句可以不写成复合语句的形式。必要时，case 语句标号后的语句序列可以省略不写。

④ 若语句序列中含有 break 语句，则执行到此就立即跳出 switch 语句体。当所有 case 子句和 default 子句都带有 break 子句时，它们出现的顺序可以任意。

⑤ 当需要针对表达式的不同取值范围进行不同处理时，使用 if 多分支结构比较方便，因为 switch 语句只能对相等关系进行测试，而 if 语句却可以用关系表达式对一个较大范围内的值进行测试。

3. 循环结构

按给定的规则重复执行某些操作。

（1）while 循环（当型循环）

该结构的格式如下。

```
while(表达式)语句
```

while 语句执行流程如图 2-9 所示。首先，判断表达式的值，若为 true（真）则执行语句；当执行完一次语句后再次判断表达式的值，若再为真，则再执行语句；依次往返，重复执行。若为 false（假）则退出循环，跳过语句的执行。

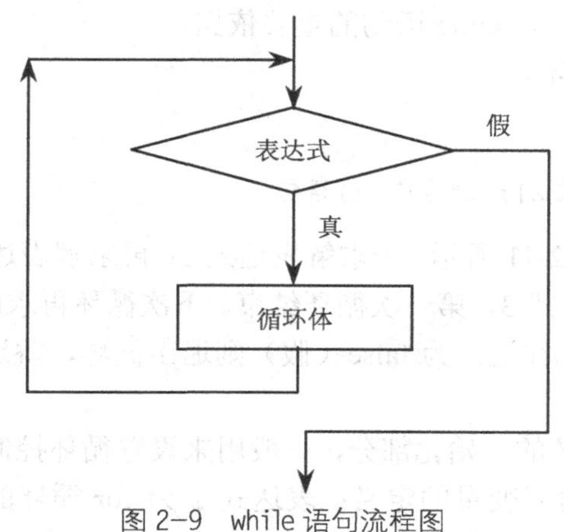

图 2-9 while 语句流程图

相关说明如下。

① 表达式就是给定的循环条件，语句构成循环体，在循环体中一般应用使循环趋于结束的语句。

② 先判断表达式，后执行语句。当一开始表达式的值就为 false 时，程序 1 次也不循环。

③ While 语句一般用于不知道具体循环次数的情况。

（2）do-while 循环（直到型循环）

该结构的格式如下。

```
do 语句
whlie(表达式);
```

do-while 循环语句执行流程如图 2-10 所示。先执行一次语句，再判断表达式的值，若为 true（真）则再执行语句；依次往返，重复执行。若为 false（假）则退出循环，跳过语句的执行。

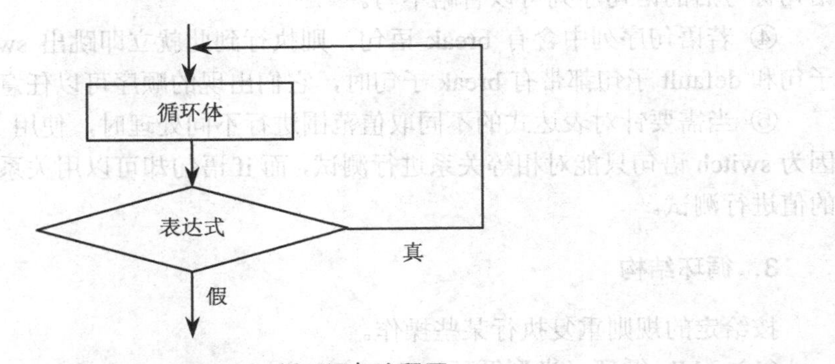

图 2-10　do-while 循环语句流程图

相关说明如下。

① 先执行语句，后判断表达式。程序至少要循环 1 次。

② do-while 与 while 循环的不同之处在于：do-while 循环的循环体在前，循环条件在后，因此 do-while 循环时在任何情况下都至少被执行一次；而 while 循环的循环条件在前，循环体在后，当循环条件一开始就不成立时，循环体一次也不执行。这一点正是在构造循环结构时决定使用 do-while 语句还是 while 语句的重要依据。

（3）for 循环（次数循环）

该结构的格式如下。

```
for([表达式 1];[表达式 2];[表达式 3])语句
```

for 循环执行流程如图 2-11 所示。先求解表达式 1；再求解表达式 2，若其值为 true（真），则执行语句；最后求解表达式 3，第一次循环结束。下次循环再求解表达式 2，判断其值的真假，为真则继续循环。依此往返，为 false（假）则退出循环，跳过语句的执行。

相关说明如下。

① 表达式 1 为 for 循环的初始化部分，一般用来设置循环控制变量的初始值，当表达式为一赋值表达式时，可包含对变量的定义；表达式 2 为 for 循环的条件部分，是用来判定循

环是否继续进行的依据；表达式 3 为 for 循环的增量部分，一般用来修改循环控制变量的值。

② 省略表达式 1 时应在 for 语句之前给循环变量赋初值；省略表达式 2 时可认为循环的条件始终为真。

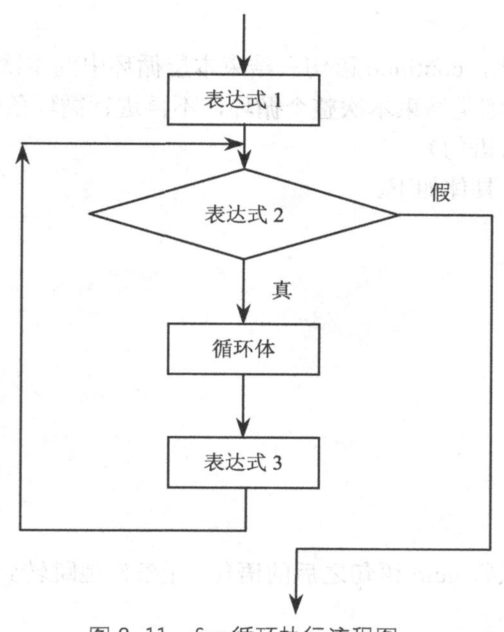

图 2-11　for 循环执行流程图

4. 跳转语句

（1）break 语句（跳出语句）

该语句的格式如下。

```
break;
```

跳转语句用在 switch 结构中，break 语句使执行流程跳出所在 switch 语句。用在循环结构中，break 语句使执行流程无条件地跳出本层循环体。

相关说明如下。

① break 语句经常用于使执行流程跳出死循环。

② 若 break 语句位于多重循环的内层循环体中，则只能跳出内层循环（本层循环），而不能跳出其他外层循环。

（2）continue 语句（继续语句）

该语句的格式如下。

```
continue;
```

用于在循环结构中，结束本次循环，即跳过循环体中尚未执行的语句，接着进行下一次循环判断。

相关说明如下。

① 用在 while 和 do-while 循环中，continue 语句将使执行流程直接跳转到循环条件的判定部分，然后决定循环是否继续进行；用在 for 循环中，continue 语句将使执行流程跳过循环体中余下的语句，转而去执行表达式 3，然后根据表达式 2 进行循环条件的判断以决定循环是否继续进行。

② 和 break 语句相比，continue 语句只结束本层循环中的本次循环，而不是终止整个循环的执行，而 break 语句则是结束本次整个循环，不再进行循环条件是否成立的判断。

（3）goto 语句（转向语句）

该语句有两种格式，具体如下。

① 格式一

```
goto 语句标号;
[语句序列]
语句标号:语句
```

② 格式二

```
语句标号:语句
[语句序列]
goto 语句标号;
```

goto 语句强制中止执行 goto 语句之后的语句，无条件地跳转到语句标号对应的语句继续执行。

相关说明如下。

① 语句标号是 C++ 中唯一可以直接使用而不必事先定义的标识符。

② goto 语句和相应的标号语句应位于同一函数体中，不能从一个函数跳转到另一个函数，也不能从一个复合语句外部跳转到该复合语句内部。

③ 根据程序的需要，goto 语句可以出现在相应语句标号之前（格式一）或之后（格式二）。

④ goto 语句一般与 if 语句一起构成循环结构；goto 语句也通常用在多重循环结构的内层结构中，用来解决从内层循环体直接跳转到外层循环之外的问题。

⑤ 现代程序设计方法主张限制使用 goto 语句，因为滥用 goto 语句破坏了程序的 3 种基本结构，使程序流程变得毫无规律，可读性差，并极易产生错误。

2.3 Arduino 基本函数

2.3.1 I/O 操作函数

1. pinMode(pin,mode)

描述：将制定的针脚配置成输出或输入。

语法：pinMode(pin,mode)。

参数：pin，要设置模式的针脚；mode，INPUT 或 OUTPUT。

具体程序实例如下。

```
intLEDPin=13                      //LED连接到数字脚13
void setup()
{
pinMode(LEDPin,OUTPUT);           //设置数字脚为输出
}
void loop()
{
digitalWrite(LEDPin,HIGH);        //打开LED
delay(1000);                      //等待一秒
digitalWrite(LEDPin,LOW)          //关掉LED
delay(1000);                      //第二次等待一秒
}
```

注意：模拟输入脚也能当作数字脚使用。

2. digitalWrite(pin,value)

描述：给一个数字针脚写入HIGH或者LOW。如果一个针脚已经使用pinMode()配置为OUTPUT模式，则其电压将被设置相应的值，HIGH为5V（3.3V控制板上为3.3V），LOW为0V。如果针脚配置为INPUT模式，使用digitalWrite()写入HIGH值，则将使内部20kΩ上拉电阻接入，而写入LOW将会禁用上拉。上拉电阻可以点亮一个LED，让其微微亮。如果出现LED工作，但是亮度很低。则可使用pinMode()函数设置输出针脚来补救。

注意：数字13号针脚难以作为数字输入使用，因为大部分的控制板上使用了一颗LED和一个电阻与其连接。如果启动内部的20kΩ上拉电阻，其电压将在1.7V左右，而不是正常的5V，因为板载LED串联的电阻使其电压降了下来，因此其返回值总是LOW。如果必须使用数字13号引脚的输入模式，则需要使用外部上拉下拉电阻。

语法：digitaiWrite（pin,value）。

参数：pin，针脚编号（如1,5,10,A0,A3）；value，HIGH或LOW。

具体程序实例如下。

```
//将13号针脚设置为高电位，延时一秒，然后设置为低电位
int LEDPin=13;                    //LED连接到数字13号针脚
void setup()
{
pinMode(LEDPin,OUTPUT);           //设置数字针脚为输入模式
}
void loop()
{
digitalWrite(LEDPin,HIGH);        //使LED亮
delay(1000);                      //延时一秒
digitalWrite(LEDPin,LOW)          //使LED灭
delay(1000);                      //延时一秒
}
```

注意：模拟针脚也可以当作数字引脚使用。

3. int digitalRead(pin)

描述：读取指定针脚的值，HIGH 或 LOW。
语法：digitalRead(pin)。
参数：pin，要读取的针脚号（int）。
返回：HIGH 或 LOW。
具体程序实例如下。

```
//将 13 脚设置为输入 7 脚的值
intledPin = 13                    //LED 链接到 13 脚
int inpin =7;                     //按钮链接到数字引脚 7
int val = 0;                      //定义变量存在以储值度
void setup()
{
  PinMode(ledPin,OUTPUT);         //将 13 脚设置为输出
  PinMode(inPin,INPUT);           //将 7 脚设置为输入
}
void loop()
{
  val = digitalRead(inPin);       //读取出入脚
  digitalwrite(ledPin,val);       //将 LED 值设置为按钮的值
}
```

注意：如果脚悬空，digitalRead()会返回 HIGH 或 LOW（随机变化），模拟输入脚能当作数字脚使用。

2.3.2 模拟 I/O 操作函数

1. analogReference(type)

描述：设定用于模拟输入的基准电压（输入范围的最大值）。
type 可以取如下值。

① DEFAULT：默认值 5V（Arduino 板为 5V）或 3V（Arduino 板为 3.3V）为基准电压。

② INTERNAL：在 Atmega168 和 Atmega328 上以 1.1V 为基准电压，在 Atmega8 上以 2.56V 为基准电压（Arduino Mega 无此选项）。

③ INTERAL1V1：1.1V 为基准电压（此选项劲针对 Arduino Mega）。

④ INTERNAL2V56：2.56V 为基准电压（此选项仅针对 Arduino Mega）。

⑤ EXTERNAL：以 AREF 引脚（0~5V）的电压作为基准电压。

注意事项：改变基准电压后，之前从 analogRead()读取的数据可能不准确。

警告：不要在 AREF 引脚上使用任何小于 0V 或超过 5V 的外部电压。如果使用 AREF 引脚上的电压作为基准电压，则在使用 analogRead()前必须设置引用类型为 EXTERNAL，否则将会有效的基准电压（内部产生）和 AREF 引脚。这可能会损坏 Arduino 板上的单片机。

另外，在外部基准电压和 AREF 引脚之间连接一个 5kΩ 电阻，可以在外部和内部基准电

压之间切换。注意，这种情况下的总电阻值将会发生改变，因为 AREF 引脚内部有一个 32kΩ 电阻，这两个电阻都有分压作用。例如，如果输入 2.5V 的电压，则最后在 AREF 引脚上的电压将为 2.5*32/(32+5)=2.2V。

2. analogRead()

描述：从指定的模拟引脚读取数值。Arduino 板包含一个 6 通道（Mini 和 Na 有 8 个通道，Mega 有 16 个通道）、10 位模拟/数字转换器。这标识它将 0~5V 的输入电压映像到 0~1023 的整数值，即每个读数对应电压值为 5V/1024，每单位 0.0049V（4.6mV）。输入范围和精度可以通过 analogReference()改变，其大约需要 100μs（0.0001s）来读取模拟输入，所以最大的阅读速度是每秒 1000 次。

语法：analogRead 的整数值。

数值的读取：从输入引脚（大部分板子从 0~5，Mini 和 Nano 从 0~7，Mega 从 0~15）读取数值。

返回：从 0~1023 的整数值。

注意事项：如果模拟输入引脚没有连入电路，由 analogRead()返回的值将根据很多项因素（例如其他模拟输入引脚，手靠近板子等）产生波动。

具体程序实例如下。

```
int analogPin = 3;                    //电位器（中间的引脚）连接到模拟输入引脚 3
                                      //另外两个引脚分别接地和+5V
int val = 0;                          //定义变量来存储读取的数值

void setup()
{
   Serial.begin(9600);                //设置波特率（9600）
}
  void loop()
{
  val = analogRead(analogPin);        //从输入引脚读取数值
  Serial.println(val);                //显示读取的数值
}
```

3. analogWrite()

描述：从一个针脚输出模拟值（脉冲宽度调整，Pulse Width Modulation，PWM），让 LED 以不同的亮度点亮或驱动电机以不同速度旋转。analogWrite()输出结束后，该针脚将产生一个稳定的特定占空比的 PWM。PWM 输出持续到下次调用 analogWrite()，或在同一针脚调用 digitalRead()或 digitalWrite()。

PWM 信号的频率大约是 490Hz，大多数 Arduino 板（ATmega168 或 ATmega32 只有针脚 3、5、6、9、10 和 11 可以实现该功能。在 Arduino Mega 上，针脚 2~13 可以实现该功能。旧版本的 Arduino 板（ATmega8）只有针脚 9、10、11 可以使用 analogWite()。在使用 analogWrite()之前，不需要调用 pinMode()来设置针脚为输出针脚。AnalogWrite 函数与模拟针脚、analogRead 函数没有直接关系。

语法：analogWrite(pin,value)。

参数：pin，用于输入的针脚；value，占空比，取值范围为 0（完美关闭）~255（完美打开）。

注意事项：针脚 5 和 6 的 PWM 输出将高于预期的占空比（输出的数值偏高）。这是因为 millis()、delay()和 PWM 输出共享相同的内部定时器。这将导致大多时候处于低占空比状态（如 0~10），并可能导致在数值为 0 时，没有完全关闭针脚 5 和 6。

具体程序实例如下。

```
//通过读取电位器的阻值控制 LED 的亮度
int  LEDPin=9;                          //LED 连接到数字针脚 9
int  analogPin=3;                       //电位器连接到模拟针脚 3
int  val=0;                             //定义变量以存储读值
void setup()
{
pinMode(LEDPin,OUTPUT);                 //设置针脚为输出针脚
}
void loop()
{
val=analogRead(analogPin);              //从输入针脚读取数值
analogWrite(LEDPin,val/4);              //以 val/4 的数值点亮 LED（因为 analogRead 读
                                          取的数值为 0~1023，而 analogWrite 输出的数
                                          值为 0~255）
}
```

2.3.3 高级 I/O

1. tone()

描述：在一个针脚上产生一个特定频率的方波（50% 占空比）。持续时间可以设定，波形会一直产生直到调用 noTone()函数。该针脚可以连接压电峰鸣器或其他喇叭播放声音。在同一时刻只能产生一个声音。如果一个针脚已经在播放音乐，那么呼叫 tone()将不会有任何效果。如果音乐在同一个针脚上播放，那么它会自动调整频率。使用 tone()函数会与 3 脚和 11 脚的 PWM 产生干扰（Mega 板除外）。

注意：如果要在多个针脚是产生不同的音调，则要在对下一个针脚使用 tone()函数前，先使用 noTone()函数。

语法：tone(pin,frequency)或 tone(pi,frequency,duration)。

参数：pin，要产生声音的针脚；frequency，产生声音的频率，单位 Hz，类型 unsigned int；duration，声音持续的实践，单位毫秒（ms）（可选），unsigned long。

2. noTone()

语法：noTone(pin)

参数：pin，所要停止产生声音的引脚。

3. ShiftOut()

描述：将数据的一个字节一位一位地移出。从最高有效位（最左边）或最低有效位（最

右边）开始，依次向数据脚（DataPin）写入每一位，之后时钟脚被拉高或拉低，指示之前的数据有效。

注意：如果所连接的设备时钟类型为上升沿（Rising Edges），则要确定在调用 shiftOut()前时钟针脚为低电平，如调用 digitalWrite(clockPin,LOW)。

语法：shiftOut(dataPin,clockPin,bitOrder,value)。

电位变化（int）；bitOrder，输出位的顺序，最高位优先 MSBFIRWT 或最低为优先 LSBFIRST；value，移动位元输出的数据（byte）。

注意事项：dataPin 和 clockPin 要用 pinMode() 设定为输出。ShiftOut 目前只能输出 1 字节（8 位），所以如果输出值大于 255，则需要分成 2 个步骤。

具体程序实例如下。

```
//最高有效位优先串行输出
int data=500;
//移位元输出高字节
ShiftOut(dataPin,clock,MSBFIRST,(data>>8));
```

4. shiftIn()

描述：将数据的一个字节一位一位地移入。从最高有效位（最左边）或最低位有效位（最右边）开始，对于每个位，先拉高时钟电位，再从数据传输线中读取一位，再将时钟线拉低。

注意：这是一个软件实现，也可以参考硬件实现的 SPI 链接库，其速度更快，但只对特定脚有效。

语法：byte incoming=shiftIn(dataPin,clockPi,bitOrder)。

参数：dataPin，输入每一位数据的针脚（int）；clockPin，时钟脚，触发从 dataPin 读取数据的信号（int）；bitOrder，位的顺序，最高位优先 MSBFIRST 或最低位优先 LSBFIRST。

返回：读取的值（byte）。

5. pulseIn()

描述：读取一个针脚的脉冲（HIGH 或 LOW）。例如，如果 value 是 HIGH，则 pulseIn()会等待引脚变为 HIGH，开始计时，再等待引脚变为 LOW 并停止计时。返回脉冲的长度，单位为微秒。如果在指定的时间内无脉冲，函数返回 0.此函数的计时功能由经验决定，长时间的脉冲计时可能会出错。计时范围为 10μs～3min（$1s=10^3ms=10^6\mu s$）。

语法：pulseIn(pin,value)或 pulseIn(pin,value,timeout)。

参数：pin，要进行脉冲计时的针脚号（int）；value，要读取的脉冲类型，H 或 LOW（int）；timeout（可选），指定脉冲计数的等待时间返回 0（unsigned long）。

具体程序实例如下。

```
int pin=7;
unsigned long duration;
    void setup(){
    pinMode(pin,INPUT);
}
void loop()
```

```
{
duration=pulseIn(pin,HIGH);
}
```

2.3.4 shiftOut(dataPin,clockPin,bitOrder,val)

shiftOut 函数能够将数据通过串行的方式在引脚上进行输出，相当于一般意义上的同步串行通信。这是控制器与控制器、控制器与传感器之间常用的一种通信方式。

shiftOut 函数无返回值，有 4 个参数：dataPin、clockPin、bitOrder、val，具体说明如下。

① dataPin：数据输出引脚，数据的每一位将逐次输出。引脚模式需要设置输出。

② clockPin：时钟输出引脚，为数据输出提供时钟，引脚模式需要设置成输出。

③ bitOrder：数据位移顺序选择位，该参数为 byte 类型，有两种类型可选择，分别是高位先入 MSBFIRST 和低位先入 LSBFIRST。

④ value：所要输出的数值。

函数原型在 wiring_shift.c 文件中，如下所示。

```
  void shiftOut(uint8_t dataPin,uint8_t clockPin,uint8_t bitOrder,uint8_t
val)
 {
 uint8_t I;

 for(i=0;i<8;i++)
 {
 if(bitOrder == LSBFIRST)
   digitalWrite(dataPin,!!(val &(1<<i)));
 else
 digitalWrite(dataPin,!!(val &(1<<(7-i))));

   digitalWrite(clockPin,HIGH);
 digitalWrite(clockPin,LOW);
 }
```

另外还有 shiftIn 函数用于通过串行的方式从引脚上读入数据，其函数定义如下。

```
  uint8_t shiftIn(uint8_t dataPin, uint8_t clocPin, uint8_t bitOrder)
  {
  uint8_t value = 0;
  uint8_t i;
  for(i=0;i<8;++i)
  {
 digitalWrite(clockPin,HIGH);
  if (bitOrder == LSBFIRST)
  value|=digitalRead(dataPin)<<i;
  else
  value|=digitalRead(dataPin)<<(7-I);
 digitalWrite(clockPin,LOW);
  }
  return value;
  }
```

2.3.5 pulseIn(pin,state,timeout)

pulseIn 函数用于读取引脚脉冲的时间长度，而脉冲可以是 HIGH 或 LOW。如果是 HIGH，函数将先等引脚变为高电平，然后开始计时，一直到变为低电平为止。返回脉冲持续的时间使用的，单位为 ms。如果超时还没有读到的话，将返回 0。

pulseIn 函数返回值类型为无符号长整型（unsigned long），3 个参数分别表示脉冲输入的引脚、脉冲响应的状态（高脉冲或低脉冲）和超时时间。函数原型在 wiring_pulse.c 中，具体如下。

```
unsigned long pulseIn(uint8_t pin, uint8_t state, uint8_t long timeout)
{
uint8_t bit = digitalPinToBitMask(pin);
uint8_t port = digitalToPort(pin);
uint8_t stateMask = (state ? bit : 0);
unsigned long width = 0;
//keep initialization out of time critical area

unsigned long numloops = 0;
unsigned long maxloops =microsecondsToClockCycles(timeout)
//wait for any previous pulse to end
While ((*portinputRegister(port) & bit)==atateMask)
If (numloops++ == maxloops)
Return 0;
// wait for the pulse to start
While ((*portInputRegister(port) & bit) l=stateMask)
If (numloops ++ == maxloops)
Return 0;
// wait for the pulse to stop
While ((*portInputRegister(port) & bit)== statMask)
Width++;

Return clockcylesToMicroseconds(width * 10 +16);
}
```

可以在开发环境的下列实例中找到 pulseIn 函数应用：Memsic2125.pde、Ping.pde。

2.3.6 时间函数

1. Millis()

描述：返回 Arduino 开发板运行当前程序开始的毫秒数。这个数字将在约 50 天后溢出（归零）。

返回：返回从运行当前程序开始的毫秒数（无符号长整数 unsigned long）。

具体程序实例如下。

```
unsigned long time;
void setup() {
serial.print("Time:");       //等待一秒，以免发送大量的数据
```

```
Delay(1000);
}
```

注意事项：millis 是一个无符号长整数，若试图用它和其他数据类型（如整型数）做数学运算可能会产生错误。

2．micros()

描述：返回 Arduino 开发板从运行当前程序开始的微秒数，这个数字将在约 70 分钟后溢出（归零）。在 16MHz 的 Arduino 开发板上（例如 Duemilanove 和 Nano），这个函数的分辨率为 4μs（即返回值总是 4 的倍数）；在 8MHz 的 Arduino 开发板上（例如 LilyPad），这个函数的分辨率为 8μs。

返回：返回从当前程序开始的微秒数（无符号长整数）。

具体程序实例如下。

```
unsigned long time;
void setup()
{
Serial.begin(9600);
}
void loop(){
serial. Print("Time");
time=millis();
//打印从程序开始的时间
Serial. println(time);        //等待一秒，以免发送大量的效据
delay(1000);
}
```

注意事项：micros 是一个无符号长整数，试图和其他数据类型（如整型数）做数学运算可能会产生错误。

3．delay()

描述：是程序设定的暂停时间（单位毫秒）。

语法：delay(ms)。

参数：ms，暂停的毫秒数（unsigned long）。

具体程序实例如下。

```
int ledPin=13;                    //LED 连接到数字 13 脚
void setup()
{
pinMode(ledPin, OUTPUT);          //设置针脚为输出
}
void loop()
{
digitalWrite(ledpin,HIGH);        //使 LED 亮
delay(1000)                       //等待一秒
digitalWrite(ledPin,LOW);         //使 IED 灭
delay(1000)                       //等待一秒
}
```

创建一个使用 delay()的闪烁 LED 很简单，并且许多例子将很短的 delay()用于消除开关抖动。在 delay()函数使用的过程中，读取传感器值、计算、引脚操作均无法执行，因此，它所带来的后果就是使其他大多数活动暂停。其他操作定时的方法请参考 millis() 函数和它下面的例子。大多数熟练的程序员通常避免超过 10ms 的 delay()，除非 Arduino 程序非常简单。但某些操作在 delay()执行时仍然能够运行，因为 delay()函数不会使中断失效。通信端口 RX 接收到的数据会被记录，PWM(analogWrite)值和引脚状态会保持，中断也会按设定执行。

4. delayMicroseconds()

描述：使程序暂停指定的一段时间（单位 ms）。目前，能够产生的最大延时准确值是 16 383。这可能会在未来的 Arduino 版本中有所改变。对于超过几千μs 的延时，应该使用 delay()代替。

语法：delayMicroseconds(us)。

参数：μs，暂停的时间，单位微秒（unsigned int）。

具体程序实例如下。

```
int outPin=8;                                //数位针脚 8
void setup()
{
pinMode(outPin,OUTPUT);                      //设置为输出的数字针脚
}
void loop()
{
digitalWrite(outPin,HIGH);                   //设定针脚电位
delayMicroseconds(50);                       //暂停 50μs
digitalWrite(outPin,LOW);                    //设定引脚低电位
delayMicroseconds(50);                       //暂停 50μs
}
```

将 8 号针脚设定为输出脚，它会发出一系列周期为 100μs 的方波。

DelayMicroseconds() 函数在延时 3μs 以上时，工作非常准确，但不能保证在更小的时间内延时准确。Arduino0018 版本后，delayMicroseconds()不再会使中断失效。

2.3.7 中断函数

1. 外部中断函数

（1）attachInterrupt(interrupt,function,mode)

描述：当发生外部中断时，调用一个指定的函数。这会用新的函数取代之前指定给中断的函数。大多数的 Arduino 板有两个外部中断：0 号中断（引脚 2）和 1 号中断（引脚 3）。部分不同类型 Arduino 板的中断及引脚关系如表 2-3 所示，表中的 int 是 interrupt 的缩写，而不是代表整数的 int。Arduino Due 有更强大的中断能力，其允许在所有的引脚上触发中断程序，可以直接使用 attachInterrupt 指定引脚号码。

表 2-3　部分不同类型 Arduino 板的中断及引脚关系

Arduino Board	int.0	int.1	int.2	int.3	int.4	int.5
Uno,Ethernet	2	3	X	X	X	X
Mega	2	3	21	20	19	18
Leonardo	3	2	0	1	X	X

语法：attachInterrupt(interrupt,function,mode)、attachInterrupt(pin,function,mode)（Due 专用）。

参数：interrupt，中断的编号；pin，引脚号码（Due 专用）；function，中断发生时调用的函数，此函数必须不带参数和不返回任何值；mode，定义何种情况发生中断，以下四个常数为 mode 的有效值。

① LOW：当引脚为低电位时，触发中断。

② CHANGE：当引脚电位发生改变时，触发中断。

③ RISING：当引脚由低电位变为高电位时，触发中断。

④ FALLING：当引脚由高电位变为低电位时，触发中断。

而对于 Due 而言，增加一专用参数 HIGH，即当引脚为高电位时，触发中断。

注意事项：中断函数中，delay()不会生效，millis()的数值不会持续增加。当中断发生时，串口收到的数据可能会遗失。在中断函数里面使用到的全局变量应该声明为 volatile 变量。

中断使用：在单片机程序中，当事件发生时，中断是非常有用的，它可以帮助解决时序问题。一个中断程序示例如下。

```
const byte ledPin = 13;
const byte interruptPin = 2;
volatile byte state = LOW;

void setup() {
  pinMode(ledPin, OUTPUT);
  pinMode(interruptPin, INPUT_PULLUP);
  attachInterrupt(digitalPinToInterrupt(interruptPin), blink, CHANGE);
}

void loop() {
  digitalWrite(ledPin, state);
}

void blink() {
  state = !state;
}
```

（2）detachInterrupt(interrupt)

描述：关闭给定的中断。

参数：interrupt，中断禁用的数（0 或者 1）。

2. 中断使能函数

（1）interrupts（中断）

描述：重新启用中断（使用 noInterrupts()命令后将被禁用）。中断允许一些重要任务在后台运行。禁用中断后一些函数可能无法工作，传入信息可能会被忽略。中断会稍微打乱代码的时间，可以在程序关键部分禁用中断。

具体程序实例如下。

```
void setup(){
}
void loop()
{
noInterrupts()
//重要的、时间敏感的代码
interrupts();
//其他代码写在这里
}
```

（2）noInterrupts()

描述：禁止中断。中断允许后在后台运行一些重要任务，默认使能中断。禁止中断时部分函数会无法工作，通信中接收到的信息也可能会丢失，中断会影响计时代码，在某些特定的代码中也会失效。

具体程序代码如下。

```
void setup() {
}
void loop()
{
noInterrupts();
//关键的、时间敏感的代码放此处
Interrupts();
//其他代码放此处
}
```

2.3.8 串口收发函数

1. Serial.begin(speed)

描述：将串行数据传输速率设置为 bit/s（波特）。与计算机进行通信时，可以使用这些波特率：300、1200、2400、4800、9600、14400、19200、28800、38400、57600 或 115200。当然，也可以指定其他波特率，例如，针脚 0、1 和一个组件进行通信，它需要一个特定的波特率。

语法：Serial.begin(speed)仅适用于 Arduino Mega、Seriall.begin(speed)、Serial2.begin(speed)、Serial3.begin(speed)、Serial.begin(speed,config)、Serial2.begin(speed, config)、Serial3.begin(speed,config)。

参数：speed，bit/s（波特率），long。

需要注意的是：参数 config，用于设置数据位、奇偶校验位和停止位，其有效值包括：SERIAL_5N1；SERIAL_6N1；SERIAL_7N1；SERIAL_8N1（默认值）；SERIAL_5N2；SERIAL_6N2；SERIAL_7N2；SERIAL_8N2；SERIAL_5E1；SERIAL_6E1；SERIAL_7E1；SERIAL_8E1；SERIAL_5E2；SERIAL_6E2；SERIAL_7E2；SERIAL_8E2；SERIAL_5O1；SERIAL_6O1；SERIAL_7O1；SERIAL_8O1；SERIAL_5O2；SERIAL_6O2；SERIAL_7O2；SERIAL_8O2。

具体程序实例如下。

Arduimo Mage 可以使用 4 个串口，因此，此处设置 4 个不同的波特率。

```
void setup(){
Serial.begin(9600);
Serial.begin(38400);
Serial.begin(19200);
Serial.begin(4800);
Serial.println("Hello Computer");
Serial.println("Hello Serial 1");
Serial.println("Hello Serial 2");
Serial.println("Hello Serial 3");
}
void loop(){}
```

2. int Serial.available()

描述：从串口读取有效的字节数（字符）。这是已经传输到并存储在串行接收缓冲区（能够存储 64 个字节）的数据。available()继承了 Stream 类。

语法：Serial.available()。此外，仅适用于 Arduimo Mage 的还有 3 个，分别是 Serial1.available()、Serial2.available()和 Serial3.available()。

返回：可读取的字节数。

具体程序实例如下。

```
Incoming byte=0;          //传入的串行数据
void setup(){
Serial.begin(9600);
}
void loop(){
//只有当接收到数据时才会发送数据
If(Serial.available())0){
//读取传入的字节
incomingbyte=Serial.read();
//显示你得到的数据
Serial.print("I received":);
Serial.print("incomingByte,DEC");
}
}
//Arduino Mega 的例子
void setup(){
```

```
Serial.begin(9600);
Serial1.begin(9600);
}
void loop(){
//读取串口 0，发送到串口 1
If(Serial.available()){
int inByte= Serial.read();
Serial.print(inByte,BYTE);
}
//读取串口 1，发送到串口 0
If(Serial1.available()){
int inByte= Serial1.read();
Serial.print(inByte,BYTE);
}
}
```

3. int Serial.read()

描述：读取传入的串口的数据，read()继承自 Stream 类。

语法：Serial.read()。此外，仅适用于 Arduimo Mage 的还有 3 个，分别为 Serial1.read()、Serial2.read()和 Serial3.read()。

返回：传入串口数据的第一个字节（或–1，如果没有可用的数据，int）。

具体程序实例如下。

```
int incomingByte=0;      //传入的串行数据
void setup(){
Serial.begin(9600);      //打开串口，设置数据传输速率 9600bit/s
}
voidloop(){
//只有接收到数据时，才会发送数据
If(Serial.available()>0){
//读取传入的位组
incomingByte=Serial.read();
//打印得到的
Serial.print("I received:");
Serial.println(incomingByte, DEC);
}
}
```

4. Serial.flush()

描述：等待超出的串行数据完成传输（在 1.0 及以上的版本中，flush()语句的功能不再是丢弃所有进入缓存器的串行数据）。flush()继承自 Stream 类。

语法：Serial.flush()。此外，仅适用于 Arduino Mega 的有 3 个，分别为 Serial1.flush()、Serial2.flush()和 Serial3.flush()。

5. Serial.print(data)

描述：以 ASCII 文本形式打印数据到串口输出。此命令可以采取多种形式。

每个数字的打印输出使用的是 ASCII 字符。浮点型同样打印输出的是 ASCII 原符，保留小数点的后两位；Bytes 型打印输出单个字符；字符和字符串原样打印输出。Serial.print()打印输出的数据不换行，而 Serial.println()打印输出的数据自动进行换行处理。有如下实例供参考。

① Serial.print(78)输出为“78”。

② Serial.print（1.23456）输出为“1.23”。

③ Serial.print（"N"）输出为“N”。

④ Serial.print（"Hello world."）输出为“Hello world.”。

也可以自己定义输出数据的进制，可以为：

① BIN（二进制，或以 2 为基数）。

② OCT（八进制，或以 8 为基数）。

③ DEC（十进制，或以 10 为基数）。

④ HEX（十六进制，或以 16 为基数）。

面对于浮点型数字，可以指定输出的小数数字。

① Serial.print(78，BIN)输出为“1001110”。

② Serial.print(78，OCT)输出为“116”。

③ Serial.print(78，DEC)输出为“78”。

④ Serial.print(78，HEX)输出为“4E”。

⑤ Serial.println(1.23456，0)输出为“1”。

⑥ Serial.println(1.23456，2)输出为“1.23”。

⑦ Serial.println(1.23456，4)输出为“1.2346”。

可以通过基于闪存的字符串进行打印输出，将数据放入 F()中，再放入 Serial.println()。具体实例如下。

```
Serial.println(F("Hello world"));
```

若要发送一个字节，则使用 Serial.write()。

语法：Serial.println(val) 或 Serial.print(val,格式)。

参数：val，打印输出的值，可以为所有数据类型；格式，指定进制（整数数据类型）或小数位数（浮点类型）。

返回：字节 print（）将返回写入的字节数，但是否使用（或读出）是可以设定的。

具体程序实例如下。

```
//使用 for 循环打印一个数字的各种格式
int x=0;                      //定义一个变量并赋值
void setup(){
Serial.begin(9600);           //打开串口传输，并设置波特率为 9600bit/s
}
void loop(){
///打印标签
Serial.print("NO FORMAT");  //打印一个标签
Serial.print("\t");           //打印一个转义字符
Serial.print("DEC");
Serial.print("\t");
```

```
Serial.print("OCT");
Serial.print("\t");
Serial.print("BIN");
Serial.print("\t");
for(x=0;x<64;x++){
//打印ASCII码表的一部分，修改它的格式得到需要的内容
//打印多种格式:
Serial.print(x);            //以十进制格式将x打印输出，与“DEC”相同
Serial.print("\t");         //横向跳格
Serial.print(x,DEC);        //以十进制格式将x打印输出
Serial.print("\t");         //横向跳格
Serial.print(x, HEX);       //以十六进制格式将x打印输出
Serial.print("\t");         //横向跳格
Serial.print(x, OCT);       //以八进制格式将x打印输出
Serial.print("\t");         //横向跳格
Serial.print(x, BIN);       //以二进制格式将x打印输出
                            //然后用Serial.printfln()打印一个回车
  delay(200)                //延时200ms
}
Serial.println("");         //打印一个空字符，并自动换行
}
```

6. Serial.println（data）

描述：打印数据到串行端口，输出人们可识别的ASCII码文本并回车（ASCII13，或"\r"）及换行（ASCII10，或"\n"）。此命令采用的形式与Serial.print()相同。

语法：Serial.println（val）或Serial.println（val，format）。

参数：val，打印的内容，可以为所有数据类型；format，指定基数（整数数据类型）或小数位数（浮点类型）。

返回：字节（byte），printfln()将返回写入的字节数，但可以选择是否使用它。

具体实例如下。

```
//模拟输入信号，读取模拟口0的模拟输入，打印输出读取的值
int analogValue=0;                        //定义一个变量来保存模拟值
void setup(){
//设置串口波特率为9600bit/s
Serial.begin(9600);
}
void loop(){
//读取引脚0的模拟输入
analogValue= analogRead(0);
//打印各种格式
Serial.println(analogValue);              //打印ASCII编码的十进制
Serial.println(analogValue, DEC);         //打印ASCII编码的十进制
Serial.println(analogValue,HEX);          //打印ASCII编码的十六进制
Serial.println(analogValue,OCT);          //打印ASCII编码的八进制
Serial.println(analogValue,BIN);          //打印ASCII编码的二进制
   //延时10ms
   Delay(10);
   }
```

第3章 Arduino通信教程

3.1 SPI通信

3.1.1 工作原理

串口通信外围设备接口技术（Serial Peripheral Interface，SPI）是把数据用串口传输方式进行交换的一种技术。它有一个主控制器，一般采用微处理器，如常用的单片机和一些其他的外围设备（如数码管、液晶显示屏、SD卡等）。

SPI一般是由5根线组成的，分别是MOSI、MISO、SCK、SS以及地线、电源线。MISO（Master In Slave Out，主设备数据输入），从设备数据输出，一般由主机向设备发出数据。SCK（Serial Clock，串行时钟），数据传输的时钟基于主处理器产生的时钟脉冲，控制数据传输的校准。根据Arduino官方说明，SPI具有对数据全能的控制作用。SS线即Slave Select（从属选择），从设备的引脚控制信号线，由主设备进行使能控制。当从设备的SS引脚置为高电平时，断开与主设备的通信。因此，SPI允许一个主设备和多个从设备进行通信，主设备通过不同的SS信号线选择不同的从设备进行通信。

3.1.2 电路图及应用

1．SPI串口读取大气压传感器

SCP1000型的大气压传感器可以读出气压和温度。由于篇幅有限，这里对说明文件不再讲述，请读者动手查阅。SPI串口与大气压传感器电路连接如图3-1所示。

2．SPI串口控制数字分压计

在这个实验中需要使用到AD5206数字分压计，其是一个6通道的数字分压计。这意味着它内置6个可变电阻以便于独立的电子控制，其具体使用方法不再讲述，请读者查阅相关的说明文件。

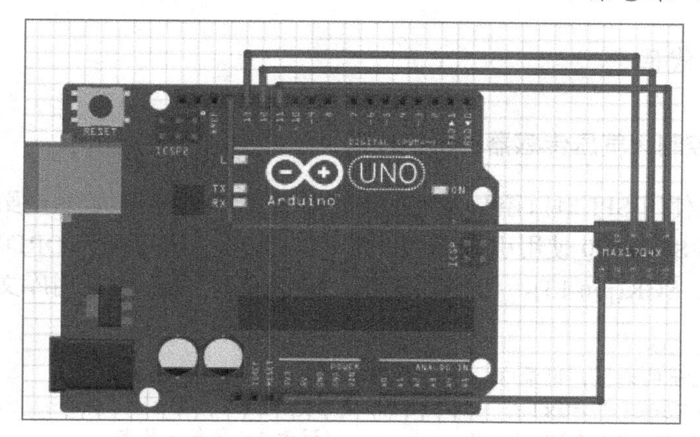

图 3-1　SPI 串口与大气压传感器电路连接图

关于 AD5206 的连接：所有的 A 引脚连接到+5V；CS 连接到数字引脚到地；将 W 引脚通过一个 LED 串联一个 220Ω 的电阻连接到地；CS 连接到数字引脚 10（SS）；SDI 连接到数字引脚 11（MOSI）；CLK 连接至数字引脚 13（SCK）。电路连接如图 3-2 所示，电路原理如图 3-3 所示。

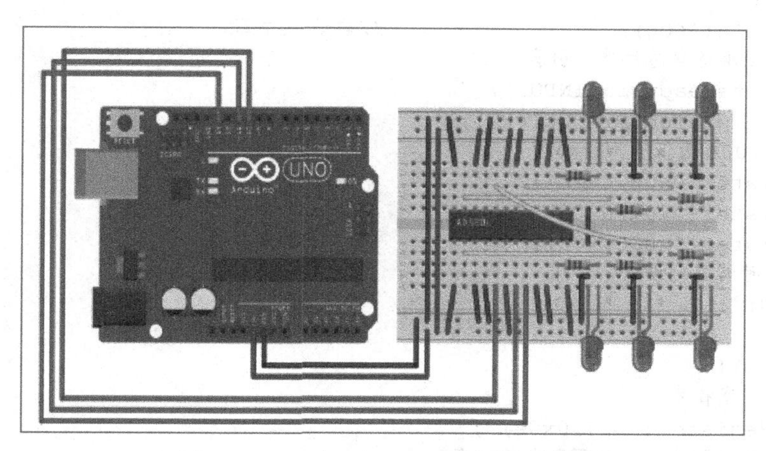

图 3-2　SPI 串口与 AD5206 电路连接图

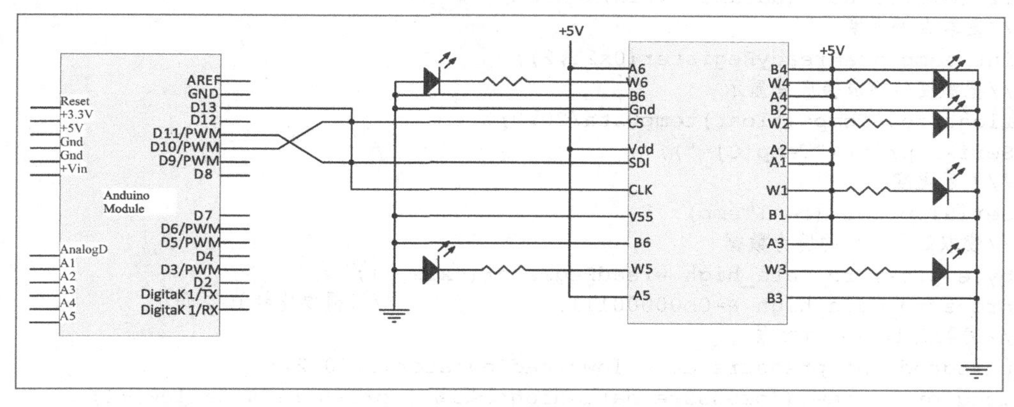

图 3-3　SPI 串口与 AD5206 电路原理图

3.1.3　工作代码

1. SPI 串口控制大气压传感器的示例代码

下面的代码是使用 SPI 串口控制大气压传感器 SCP1000 获取大气压强的示例。SPI 串口控制大气压传感器 SCP1000 使用引脚 6、7、11、12、13，引脚分配为 DRDY(pin 6)、CSB(pin 7)、MOSI(pin 12)、SCK(pin 13)、传感器使用了 SPI 串口，所以要使用库文件。

```
#include<SPI.h>
//记录传感器注册的地址，记录 3 位气压最重要的比特
const int PRESSURE =0x1F;
const int PRESSURE_LSB=0x20;          //记录 16 位气压比特
const int TEMPERATURE=0x21;           //读取 16 比特温度
cnost byte READ =0b11111100;          //SCP1000 的读取命令
cnost byte WRITE=0b00000010;          //SCP1000 的写入命令
//定义用与传感器连接的引脚，并且初始化其库
const int dataReadyPin=6;
const int chipSelectPin=7;
void setup(){
Serial.begin(9600);                   //启动 SPI 库
//初始化数据准备和芯片选择引脚
pinMode(dataReadyPin,INPUT);
pinMode(chipSelectPin,OUTPUT);
//配置 SCP1000 为低噪声设置
writeRegister(0x02,0x2D);
writeRegister(0x01,0x03);
writeRegister(0x030,x02);
//给传感器时间进行设置
delay(100) ;
}
void loop(){
//选择高分辨率模式
writeregRegister(0x03,0x0A) ;
//在数据准备引脚为高之前不要做任何事
if (digitalRead(dataReadyPin)==HIGH){
//读取数据温度
int tempData=readyRegister(0x21,2);
//把温度转换成摄氏并显示
float realTemp=(float)tempData/20.0;
Serial.print("Temp[C]=");
//显示温度
Serial.print (realTemp);
//读取最高三位的压力数据
byte pressure_data_high =readRegister(0x1F,1);
pressure_data_high &=0b00000111;            //只需要比特 0~2 位
//读取低 16 位压力数据
unsigned int pressure_data_low=readRegister(0x20,2);
long pressure= ((pressure_data_high<<16 | pressure_data_low)/4;
Serial.println("\tpressure[Pa]="+String(pressure));
```

```
    }
 }
 //从 SCP1000 读取或写入
unsigned int readRegister(byte thisRegister,int bytesToRead){
byte inByte=0;                                    //从 SPI 的输入数据
unsigned int result=0;                            //返回结果
Serial.print(thisRegister,BIN);
Serial.print("\t");
thisregister=thisregister<<2;
 //存储器高 6 位读取注册名称，向左移动两比特
byte datatosend=thisRegister&READ;                //将地址和命令整合进一个字节中
Serial.println(thisRegister, BIN);
digitalwrite(chipSelectPin, LOW);                 //将芯片置低位去选择设备
SPI.transfer(dataToSend);                         //向存储器发送所需要读取的设备
result=SPI.transfer(0×00);                        //发送值 0 以读取返回的第一个字节
bytestoread--;                                    //缩减字节数目以读取
if(bytestoread>0) {                               //如果还要读取另一个数据
result=result<<8;
 //将第一个字节向左替换，获取第二个字节数据
inByte =SPI.transfer(0x00);                       //发送值 0 以读取返回的第一个字节
result=result|inByte;                             //缩减字节数目以读取
butesToRead--;                                    //缩减字节数目以读取
}
digitalWrite(chioSelectPin, HIGH);                //将芯片选择置高位以反选
return(result);                                   //返回结果
}
                                                  //向 SCP1000 发送写命令
void writeRegister(byte thisRegister,byte thisValue){
thisRegister = thisRegister<<2;
byte dataToSend = thisRegister ! WRITE;
digitalWrite(chipSelectPin,LOW);
SPI.transfer(dataToSend);                         //发送存储器位置
SPI.transfer(thisValue);                          //向存储器发送值
Digitalwrite(chipSelectPin,HIGH);
}
```

2. SPI 串口控制数字分压计的示例代码

下面的代码是使用 SPI 串口控制 AD5206 数字分压计的示例。数字端口控制 AD5206 数字分压计。AD5206 有 6 个分压通道，每一个通道引脚都被标注了如下分类：A—连接至电源；W—擦除器，每当设置的时候就会改变；B—连接至地，AD5206 是 SPI 串口适配的，若要控制它，需要发送两字节的信号，一个是通道信号（0~5），另一个为通道所赋的值（0~255）。例程要包含所需的库文件。

```
#include<SPI.h>
const int slavSelectPin=10;                       //将 10 引脚设置为数字引脚的选择项
void setup() {
pinMode(slaveSelectPin,OUTPUT);                   //将 slaveSelectPin 设为输出
SPI.begin();                                      //初始化 SPI
}
void loop() {
```

```
for (int channel=0;channel<6;channel++){     //遍历所有 6 个通道的数字接口
for (int level=0;level<255;level++){         //将赋值从最小到最大依次改变
digitalpotWrite(channel,level);
delay(10);
}
}
}
void digitalPotWrite(int address,int value){
digitalWrite(slaveSelecPin,LOW);             //将 SS 引脚置低电平以选择芯片
SPI.transfer(address);                       //通过 SPI 发送地址和值
SPI.transfer(value);
digitalWrite(slaveSelecPin,HIGH);            //将 SS 引脚置高电平以反选芯片
}
```

3.2 红外通信

3.2.1 工作原理

红外线遥控是目前使用最广泛的一种通信和遥控手段。由于红外线遥控装置具有体积小、功耗低、功能强、成本低等特点，所以，继电视机、录像机之后，在录音机、音响设备、空调机以及玩具等其他小型电器装置上也纷纷采用红外线遥控。工业设备中，在高压、辐射、有毒气体、粉尘等环境下，采用红外线遥控不仅完全可靠，而且能有效地隔离电气干扰。

通用红外遥控系统由发射和接收两大部分组成。发射部分包括键盘矩阵、编码调制、LED 红外发送器；接收部分包括光/电转换放大器、解调/解码电路。

红外接收的接收电路是一种集成红外线接收和放大为一体的红外接收器模块，能够完成从红外接收到输出与 TTL 电平信号兼容的所有工作，适用于红外线遥控和红外线数据传输。接收器做成的红外接收模块只有 3 个引脚，分别为信号线、VCC、GND。这样与 Arduino 和其他单片机连接通信非常方便。红外通信原理如图 3-4 所示。

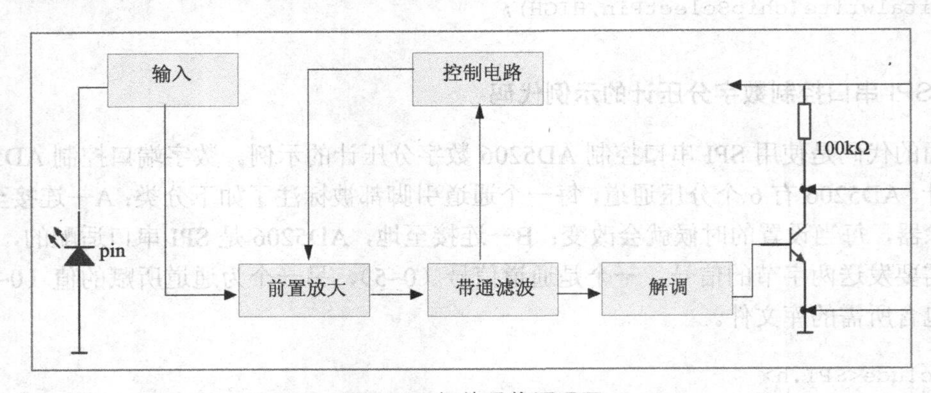

图 3-4 红外通信原理图

3.2.2 元件选型

本例程完成两个功能：一是接收红外信号显示红外编码，并连接使用 220Ω 电阻，打开

Accessport 串口助手软件并启用监控，手持红外线遥控器，依序按键，记录红外编码；二是接收红外信号，控制 LED 灯。电路图与功能一相同，使用红外线遥控器，按键 1 点亮 LED，按键 2 关闭 LED。红外线接收器连接的原理如图 3-5 所示，相应实物的电路连接如图 3-6 所示。

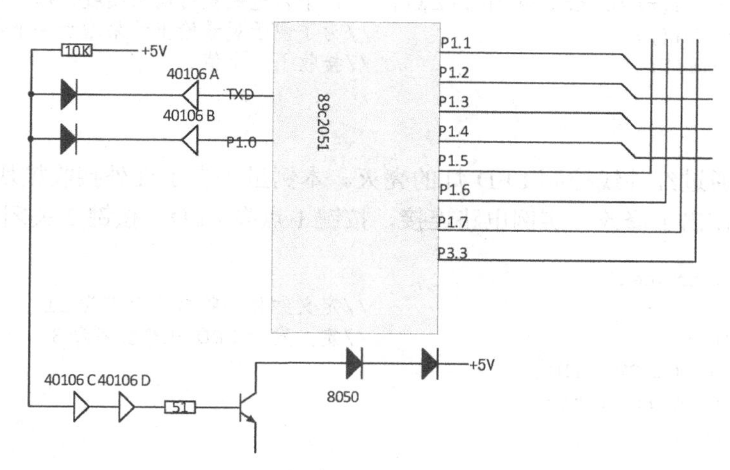

图 3-5 红外线接收器连接原理图

图 3-6 红外线接收器电路连接图

3.2.3 调试代码

下面例子是使用红外线接收模块接收信号，并在计算机端的控制串口显示接收信息（即红外遥控器的编码）。本例来自于红外接收模块的 IRremote 的自带范例。

```
#include<IRremote.h>                    //包括遥控器所需要的库
int RECV_PIN=11;                        //定义红外接收器的引脚为 11
IRrecv irrecv(RECV_PIN);
decode_results results;
void setup()
{
```

```
Serial.begin(9600);
Irrecv.enableIRIn();                    //初始化红外接收器
}
void loop(){
if(irrecv.decode(&results)){
Serial println(results.value,HEX),  //以十六进制换行输出接收代码
Serial println();                    //为了便于观看输出结果增加一个空行
irrecv.resume();                     //接收下一个值
}
}
```

下面的示例通过红外线控制 LED 灯的亮灭。本例虽来自于红外接收模块的 IRremote 自带范例，但已经作出了修改。实例电路连接，按键 1 点亮 LED，按键 2 关闭 LED。

```
#include<IRremote.h>
int RECV_PIN=11;                         //定义红外接收器的引脚为 11
int LED_PIN=3;                           //定义发光 LED 引脚数字为 3
IRrecv irrecv(RECV_PIN);
decode_results results;
void setup()
{
Serial.begin(9600);
irrecv.enableIRIn();                     //初始化红外接收器
}
void loop ( ){
if (irrecv.decode(&results))
{
if (results.value, HEX )
Serial.println(result.value,HEX);
Serial.println();                        //以十六进制换行输出接收代码
  digitalWrite(LED_PIN,HIGH);            //LED 点亮
Serial.println("点亮发光二极管 tun on LED:");     //串口显示开灯
}
eles if(results.value==16718055)                  //接收到按键 2 的编码
{
digitalWrite(LED_PIN,LOW);               //LED 熄灭
Serial.println(results.value,HEX);                //以十六进制换行输出接收代码
Serial.println();                        //为了便于观看输出结果增加一个空行
Serial.println("关发光二极管 tun off LED:");     //串口显示关灯
irrecv.resume();                         //接收下一个值
}
}
```

3.3 WiFi 通信

3.3.1 工作原理

无线网络是一种可以将计算机、手持设备（如 PDA、手机）等终端以无线方式互相连接的技术。事实上，无线网络是高频无线信号。无线保真是一个无线网络通信技术的品牌，由

WiFi 联盟所持有，目的是改善基于 IEEE 802.11 标准的无线网络产品之间的互通性。经常有人把 WiFi 及 IEEE 802.11 混为一谈，但实际上二者还是有区别的。

当前，WiFi 已经成为我们工作与生活中使用最频繁的网络接入方式，在进行 Arduino 实验时，难免需要接入互联网来实现功能，而前面介绍的以太网盾的接入方式需要插入网线，具有局限性。所以，本节介绍扩展的 ArduinoWiFi 插板（见图 3-7）。

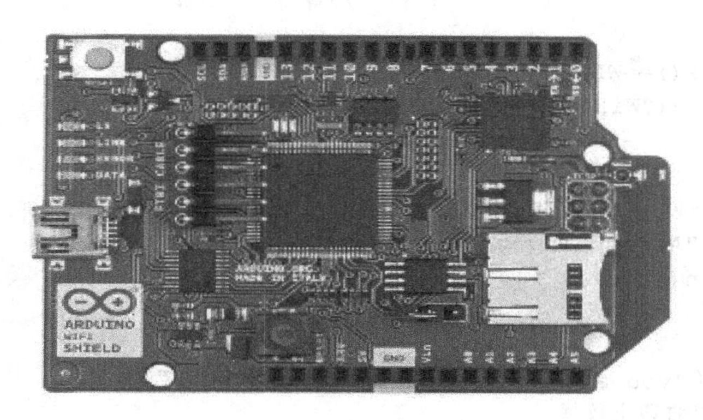

图 3-7　WiFi Shield 实物图

3.3.2　元件选型

WiFi SHield 的使用方法和有线的 Ethernet Shield 插板类似，是按引脚方向插在 Arduino Uno 板上，它的配置及使用方式与 Ethernet Shield 接入互联网也非常相似。WiFi 插板使用 10 号、11 号、12 号、13 号引脚把 WiFi 模块通过 SPI 串口连接，同时使用数字 4 号引脚作为芯片选择引脚提供 SD 卡的选择。相应电路连接如图 3-8 所示。

需要注意的是在连接之前，要保证能接入一个 802.11b/g 的无线网络。在特定的网络 SSID 下面，需要改变网络设置。

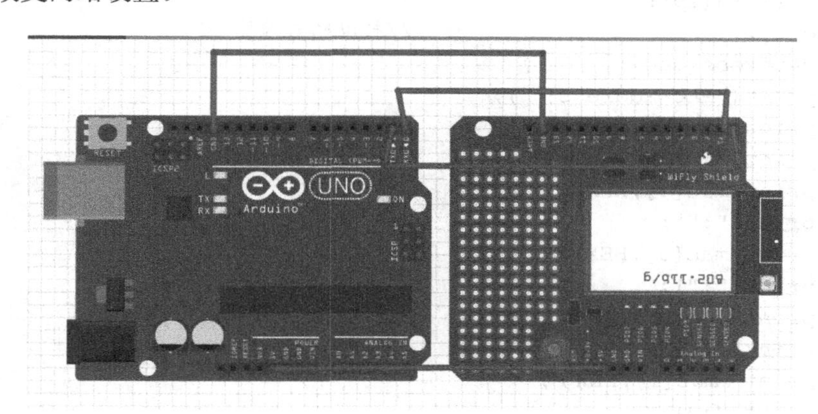

图 3-8　连接示意图

3.3.3　调试代码

通过 WiFi shield 连接一个没有密码的无线网，程序如下。

```
#include<WiFi.h>
char ssid[]="yourNetwork";                  //网络的名称
int status=WL_IDLE_STATUS;                  //WiFi 状态
void setup(){
Serial.begin(9600);                         //初始化串口并且等待端口打开
while (! serial){
;                                           //等待串口连接
}
if(WiFi.status()==WL_NO_SHIELD){            //检测插板的连接
 Serial,println("WiFi shield not present");
while(true);                                //插板没连接时不能继续
}
while(status!=WL_CONNECTED){                //尝试连接 WiFi 网络
Serial.print("Attempting to connect to open SSID":);
Serial.println(ssid);
delay(10000);                               //等待 10s 连接
}
Serial.print ("you are connected to the network");
//已连接上，所以打印出数据
printCurreNtnet();
printWiFiData();
}
vold loop(){                                //当超过 10s 时检查网络连接
 delay(10000);
printCurrentNet();
}
vold printWiFiData() {                      //打印 WiFi 插板的 IP 地址
IPAddress ip=WiFi . LocalIP();
Serial.print("IP Address: ")
Serial.println(ip);
Serial.println(ip);
byte mac[6];                                //打印 MAC 地址
Wifi.macAddress(mac);
Serial,print("MAC address: ");
Serial,print(mac[5],HEX);
Serial,print(":");
Serial,print(mac[4],HEX);
Serial,print(":");
Serial,print(mac[3],HEX);
Serial,print(":");
Serial,print (mac[2],HEX);
Serial,print(":");
Serial,print (mac[1],HEX) ;
Serial,print(":");
Serial,println(mac[0],HEX);
IPAddress subnet=WiFi,subnetmask();                  //打印子网掩码
Serial,print("netmask");
Serial,println (subnet)
IPAddress gateway=WiFi,gatewayIP ( );                //打印网关地址
Serial,print ("gateway");
```

```
Serial,println(gateway);
}
void printcurrentnet(){
Serial,print("ssid: ");                              //打印所连接的无线网络的SSID
Serial,println(WiFi, ssid());
byte bassid[6]                                        //打印所连接的硬件的MAC地址
Wifi. BSSID(bassid)
Serial print("BSSID:");
Serial print(bssid[5],HEX);
Serial print(":");
Serial print(bssid[4],HEX);
Serial print(":");
Serial print(bssid[3],HEX);
Serial print(":");
Serial print(bssid[2],HEX);
Serial print(":");
Serial print(bssid[1],HEX);
Serial print(":");
Serial println(bssid[0],HEX);
Long rssi= WiFi.RSSI();                              //打印信号强度
Serial print("signal strength(RSSI): ");
Serial.println(rssi);
byte encryption=WiFi.encryptiontype();               //打印秘钥类型
Serial.print("encryption type: ");
Serial.println(encryption, HEX)
}
```

3.3.4 实验背景

随着互联网越来越深入地走进人们的生活，用户对随时随地上网的需求越来越迫切，而这份需求促进了WiFi无线通信技术的迅速发展。

WiFi的主要技术优点是无线接入、高速传输以及传输距离较远。802.11n可以将WLAN的传输速率由目前802.11a及802.11g提供的54Mbit/s提高到300Mbit/s甚至高达600Mbit/s。在开放性区域通信距离可达305m，在封闭性区域通信距离为76~122m，方便与现有的有线以太网整合，组网的成本较低。WiFi设备的频段为2.4GHz~2.4835GHz和5.150GHz~5.850GHz的ISM频段，在频率资源上不存在限制，因此使用成本低廉也成为WiFi技术的又一优势。

日常生活中会遇见这些问题：在上班时想起忘了关自家的电灯；想在回家前半小时打开家里的热水器；想知道自家的温度有多高，湿度是多少。下面这个实验将会一一解决以上问题。

3.3.5 材料清单及数据手册

1. 材料清单

本实验所用到的材料清单如表3-1所示。

表 3-1　　材料清单

元件名称	型号参数规格	数　量	参考实物图
Arduino 开发板	UnoR3	1	
串口 WiFi 模块	TLN13UA60	1	
面包板专用插线		若干	

2．WiFi 模块数据手册

本实验中采用串口 WiFi 模块，型号为 TLN13UA60。该模块体积小，单 3.3V 供电，功耗较低，支持硬件 RTS/CTS 流控，支持快速联网、无线漫游以及节能模式，支持自动和命令两种工作模式。详细的技术性能指标如下所示。

- 双排（2×4）插针式接口。
- 支持波特率范围：1200~115200bit/s。
- 支持硬件 RTS/CTS 流控。
- 单 3.3V 供电。
- 支持 IEEE802.11b/g 无线标准。
- 支持频率范围：2.412GHz~2.484 GHz。
- 支持 3 种无线网络类型：基础网（STA 或 AP）、自组网（Ad-hoc）。
- 支持多种安全加密及认证机制。
- WEP64/WEP128/ TKIP/CCMP(AES)。
- OPEN/WPA-PSK/WPA2-PSK。
- 支持快速联网。
- 支持无线漫游。
- 支持节能模式。
- 支持多种网络协议：TCP/UDP/ICMP/DHCP/DNS/HTTP。
- 支持 DHCP Server、DNS Server。
- 支持自动和命令两种工作模式。
- 支持串口透明传输模式。
- 支持 AT+控制指令集。
- 支持多种参数配置方式：串口/Web 服务器/无线适配器。

3.3.6 电路连接及通信初始化

WiFi 无线通信实验的硬件连接如图 3-9 所示。Arduino 板与 TLN13UA60WiFi 模块通过串口相连接，采用 Andriod 手机的 WiFi 功能与 TLN13UA60 模块进行 WiFi 通信，已验证 WiFi 无线通信功能。

串口 WiFi 模块与 Arduino 的连接原理如图 3-10 所示，图中左侧器件即为串口 WiFi 模块。具体连接方法为：串口 WiFi 模块的 RXD 连接 Arduino 的 TX；串口 WiFi 模块的 TXD 连接 Arduino 的 RX；串口 WiFi 模块的 3V3 连接 Arduino 的 3.3V；串口 WiFi 模块的 GND 连接 Arduino 的 GND。

本实验要测试的是 WiFi 无线通信功能。在硬件电路连接好后，首先要配置无线网络基本参数，完成设备的初始化工作。模块及网络初始化步骤如下。

第一步，给模块供电。模块上电之后，就会出现一个名为 WiFi-socket 的网络，用手机可搜索到网络。单击 WiFi-socket 按钮（出厂设置不需要用户名和密码），可直接接入。

第二步，打开 Android 平台的网络调试。选择 udp client，然后选择“添加”选项，并正确填写相关参数，如图 3-11 所示。

第三步，单击“增加”按钮，完成添加网络连接，网络参数初始化结束。

图 3-9 WiFi 无线通信实验的硬件连接实物图

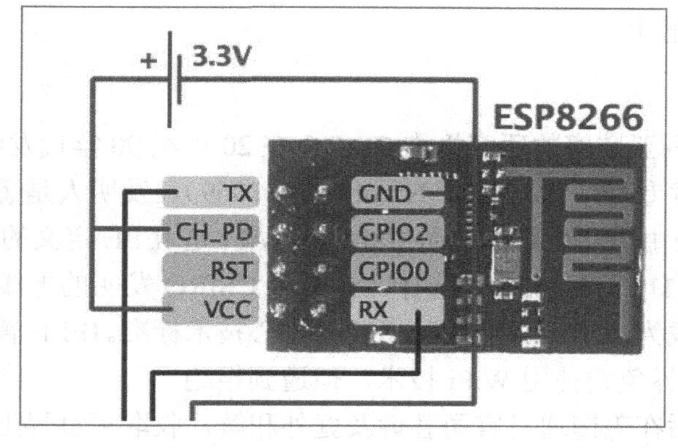

图 3-10 串口有 WiFi 模块与 Arduino 的连接原理图

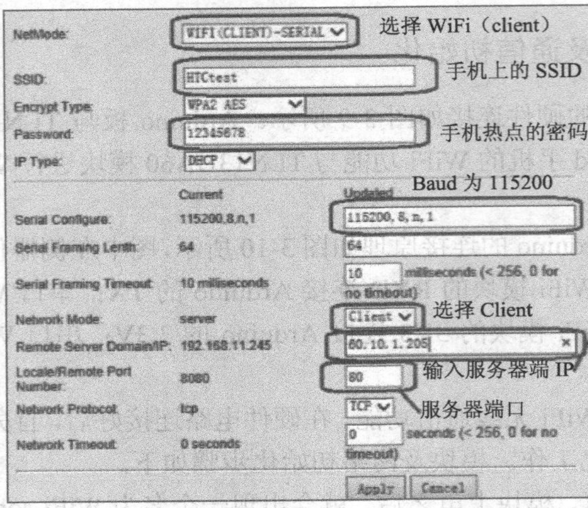

图 3-11　通信软件初始化

3.3.7　程序设计

WiFi 无线通信实验参考程序的源代码如下。

```
void setup()
{
Serial.begin(9600);
}
void loop(){
Serial.println("hello world");
delay(1000);
}
```

3.3.8　程序调试

程序下载至 Arduino 板之后，Andriod 手机已按前一节的操作连接上了 WiFi 模块，此时就可以在 Andriod 手机上看到 Arduino 通过 WiFi 传回来的“hello world！”字符。

3.3.9　技术小贴士

（1）WiFi 概述

WiFi 技术由澳大利亚政府的研究机构 CSIRO 在 20 世纪 90 年代发明并于 1996 年在美国成功申请了无线网技术专利（US Patent Number 5487069）。发明人是悉尼大学工程系毕业生 John O’Sullivan 领导的由毕业生组成的研究小组。WiFi 是 IEEE 定义的无线网技术。在 1999 年 IEEE 官方定义 802.11 标准的时候，选择并认定了 CSIRO 发明的无线网技术，因此，CSIRO 的无线网技术标准就成为 2010 年制定的 WiFi 的核心技术标准。IEEE 曾请求澳大利亚政府放弃其 WiFi 专利，让世界免费使用 WiFi 技术，但遭到拒绝。

澳大利亚政府随后在美国通过官司胜诉及庭外和解，收取了世界上几乎所有电器电信公司（包括苹果、英特尔、联想、戴尔、AT&T、索尼、东芝、微软、宏基、华硕等）的专利使用费。每购买一台含有 WiFi 技术的电子设备，所付的价钱就包含了交给澳大利亚政府的 WiFi 专利使用费。

WiFi 被澳大利亚媒体誉为澳大利亚有史以来最重要的科技发明，其发明人 John O'Sullivan 被澳大利亚媒体称为"WiFi 之父"，并获得了澳大利亚的国家最高科学奖和全世界的众多赞誉，其中包括欧盟机构、欧洲专利局（EPO）颁发的 2012 年欧洲发明者大奖（Europran Inventor Award 2012）。

（2）WiFi 网络组建

一般架设无线网络的基本配备就是无线网卡及一台 AP，便能以无线的模式，配合既有的有线架构来分享网络资源，架设费用和复杂程度远远低于传统的有线网络。如果只是几台计算机的对等网，也可不要 AP，只需要每台计算机配备无线网卡。AP 为 Access Point 的简称，一般翻译为"无线访问接入点"或"桥接器"，主要在媒体存取控制层 MAC 中起到无线工作站和有线局域网间的桥梁作用。有了 AP，就像一般有线网络的 Hub 一样，无线工作站可以快速且容易地与网络连接。特别对于宽带的使用，WiFi 更具有优势。有线宽带网络（ADSL、小区 LAN 等）到户后，连接到一个 AP，然后在计算机中安装一块无线网卡即可。普通的家庭有一个 AP 已经足够，甚至用户从邻居得到授权后，也无须增加端口，就能以共享的方式上网。

（3）WiFi 应用

由于 WiFi 的频段在世界范围内是无须任何电信运营执照的，因此 WLAN 无线设备提供一个世界范围内可以使用的、费用极其低廉且数据带宽极高的无线空中接口。用户可以在 WiFi 覆盖区域内快速浏览网页，随时随地接听拨打电话。而其他一些基于 WLAN 的宽带数据应用，如流媒体、网络游戏等功能也非常方便。有了 WiFi 功能，打长途电话、浏览网页、收发电子邮件、音乐下载、数码照片传递等，再无须担心速度慢和花费高的问题。WiFi 无线保真技术和蓝牙技术一样，同属于在办公室和家庭中使用的短距离无线技术。

WiFi 在掌上设备上的应用越来越广泛，而智能手机首当其冲。与早前应用于手机上的蓝牙技术不同，WiFi 具有更广的覆盖范围和更高的传输效率，因此 WiFi 成为了当前移动通信业界的基本配置。

WiFi 的覆盖范围越来越广泛，高级宾馆、豪华住宅区、飞机场以及咖啡厅等区域都有 WiFi 接口。当人们在旅游、办公时，就可以在这些场所使用自己的掌上设备尽情网上冲浪。厂商只要在机场、车站、咖啡店、图书馆等人员比较密集的地方设置"热点"，并通过高速线路将因特网接入上述场所。这样，由热点所发射出的电波可以达到距接入点数十米至近百米的区域，用户只要将支持 WiFi 的笔记本电脑、PDA、手机、PSP 或 iPad 等接入，即可接入因特网。在家也可以购买无线路由器设置局域网，然后就可以无线上网了。WiFi 和 4G 技术的区别就是：4G 在高速移动时传输质量较好，但静态的时候用 WiFi 上网就能满足需要。

3.4 蓝牙通信

3.4.1 工作原理

蓝牙（BlueTooth）是一种支持设备短距离通信（一般十几米）的无线电技术，能在包括移动电话、PDA、无线耳机、笔记本电脑、相关外设等之间进行无线信息交换。利用蓝牙技术，能够有效地简化移动通信终端设备之间的通信，也能够简化设备与 Internet 之间的通信，从而使数据传输变得更加迅速高效。蓝牙采用分散式网络结构以及快跳频和短包技术，支持点对点及点对多点通信，工作在全球通用的 2.4GHz ISM（即工业、科学、医学）频段，蓝牙技术的数据速率为 1Mbit/s，采用时分双工传输方案实现双全工传输。

蓝牙技术使用高速跳频（FH，Frequency Hopping）和时分多址（TDMA，Time Divesionmuli-Access）等先进技术，在近距离内最廉价地将几台数字化设备（各种移动设备、固定通信设备、计算机及其终端设备、各种数字数据系统，如数字照相机、数字摄像机等，甚至各种家用电器、自动化设备）呈网状链接起来。蓝牙技术将是网络中各种外围设备接口的统一桥梁，其消除了设备之间的连线，以无线连接取而代之。蓝牙模块连接如图 3-12 所示。

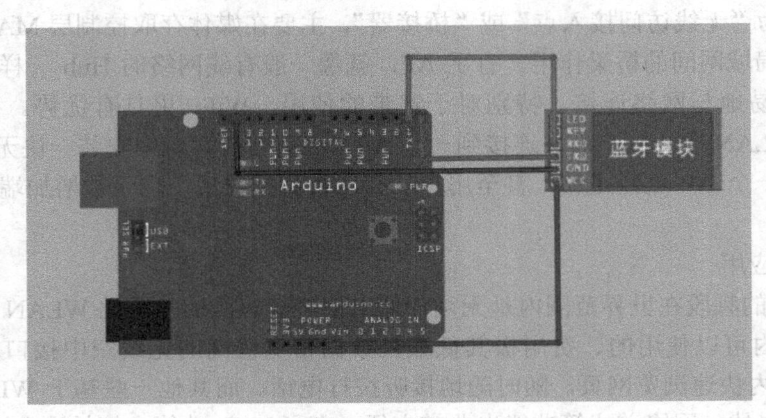

图 3-12　蓝牙模块连接图

3.4.2　调试代码

下面的代码是简单地使用手机通过蓝牙模块控制 Arduino 实验板上的 LED 灯亮灯灭的示例。读者可以据此扩展出蓝牙通信的更多方法。

```
Char val;
int ledpin=13;
void setup()
{
Serial.begin(9600);
pinMode(ledpin,OUTPUT);
}
void loop()
{
Val=Serial.read();
if(val=='p')
{
digitalWrite(ledpin,HIGH);
Serial.println("LED ON!");
}else if(val== 'w'){
digitalWrite(ledpin,LOW);
```

```
Serial.println("LED OFF");
}
}
```

3.4.3 实验背景

蓝牙技术是一项即时技术，它不要求固定的基础设施，且易于安装和设置，不需要电缆即可实现连接。新用户只需拥有蓝牙产品，检查可用的配置文件，将其连接至使用同一配置文件的另一蓝牙设备即可，后续的 PIN 码流程操作很简单。

本实验通过蓝牙实现 Aedyino 与手机之间的简单通信。

3.4.4 材料清单及数据手册

1. 材料清单

本实验所用到的材料如表 3-2 所示。

表 3-2 材料清单

元件名称	型号参数规格	数 量	参考实物图
Arduino 开发板	UnoR3	1	
蓝牙模块	HC-06	1	
面包板	840 孔无焊板	1	
面包板专用线	—	若干	

2. 蓝牙模块数据手册

本实验中用到的蓝牙模块为 HC-06 从机模块。该模块的 4 个引脚分别为 VCC、GND、TXD 和 RXD。预留 LED 状态输出脚，单片机可通过该脚状态判断蓝牙是否已经连接。以下是该模块的其他性能参数。

（1）用 LED 指示蓝牙连接状态，闪烁表示没有蓝牙连接，常亮表示蓝牙已连接并打开了端口。

（2）底板 3.3V LDO，输入电压 3.6~6V，未配对时电流约 30mA，配对后约 100mA，编入电压禁止超过 7V。

（3）接入电平 3.3V，可以直接连接各种单片机（51、AVR、PIC、ARM、MSP430 等），5V 单片机也可直接连接，无须 MAX232，也不能经过 MAX232 进行电平转换。

（4）空旷地有效距离 10m，超过 10m 也可能传输但必须保证连接质量。

（5）配对以后可作为全双工串口使用，无须了解任何蓝牙协议，但仅支持“8 位数据位，1 位停止位、无奇偶校验”的通信格式（这也是常用的通信格式），不支持其他格式。

（6）未建立蓝牙连接时，支持通过 AT 指令设置波特率、名称、配对密码，设置参数掉电保存，蓝牙连接以后自动切换到透视模式。

（7）HC-06 模块为从机模块，从机能与各种带蓝牙功能的计算机、蓝牙主机、大部分带蓝牙的手机、PDA、PSP 等智能终端配对，从机之间不能配对。

（8）TXD 为发送端，一般表示为自己的发送端，正常通信必须接另一个设备的 RXD；RXD 为接收端，一般表示为自己的接收端，正常通信必须接另一个设备的 TXD；正常通信时，本身的 TXD 永远接设备的 RXD。

（9）自收自发。正常通信时 RXD 接其他设备的 TXD，因此，如果要接收自己发送的数据，则自身的 TXD 直接连接到 RXD。这是用来测试本身的发送和接收是否正常最快最简单的测试方法。当出现问题时，首先应测试是否为产品故障，该测试方法也称回环测试。

3.4.5 硬件连接

Arduino 与蓝牙模块的连接原理图如图 3-13 所示。Arduino 与蓝牙模块连接方法如下。

（1）蓝牙模块的 VCC 连接 Arduino 的 5V。

（2）蓝牙模块的 GND 连接 Arduino 的 GND。

（3）蓝牙模块的 TXD 发送端连接 Arduino 的 RX。

（4）蓝牙模块的 RXD 接收端连接 Arduino 的 TX。

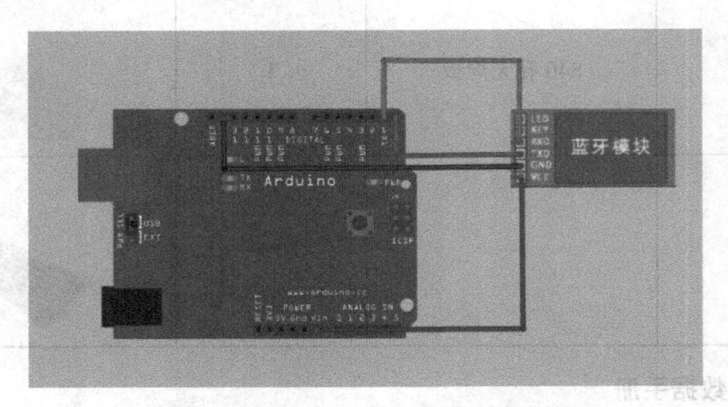

图 3-13 Arduino 与蓝牙模块连接原理图

硬件连接好后，将 Arduino 上电，如果蓝牙的指示灯闪烁，则表明没有连接上设备。如图 3-14 所示，如果 LED 常亮，表明 Arduino 上的蓝牙模块已经和 Android 手机实现连接。

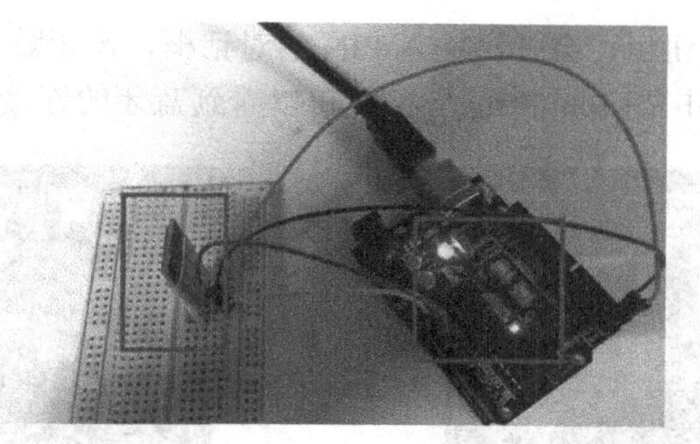

图 3-14　Android 手机与 Arduino 上的蓝牙模块正常连接

3.4.6　程序设计

```
void setup()
{
Serial.begin(9600);
}
void loop()
{
while(Serial.available())
{
char c=Serial.read();
If(c=='A')
{
Serial.println("Hello I am amarino");
}
}
}
```

3.4.7　调试及实验现象

首先下载 Android 的蓝牙管理软件 Amarino，并在计算机上安装，如图 3-15 所示。启动 Android 手机的蓝牙，打开 Amarino 的客户端，在 Add BT Device 中就能找到蓝牙和名字，如图 3-16 所示。

图 3-15　Amarino 客户端

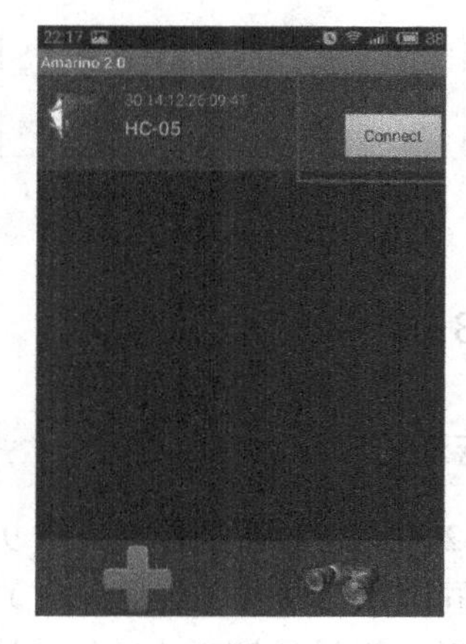

图 3-16　客户端中显示的蓝牙名字

单击“Connect”按钮后，会弹出输入 PIN 的对话框，蓝牙默认 PIN 为 1234，图 3-17 为连接成功后的界面。单击“Monitoring”按钮可以看到蓝牙的连接信息，如图 3-18 所示。

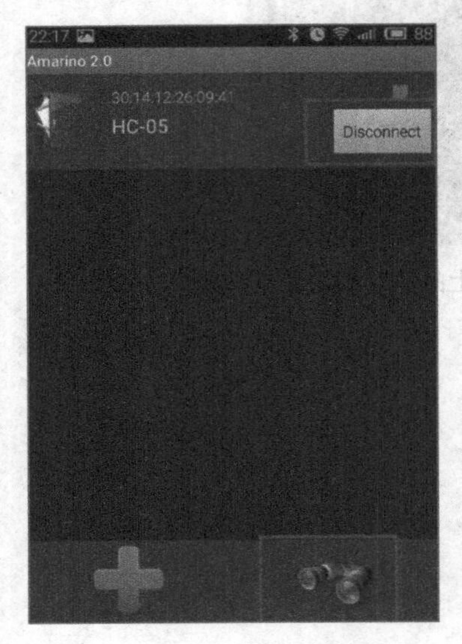

图 3-17 连接成功后的界面

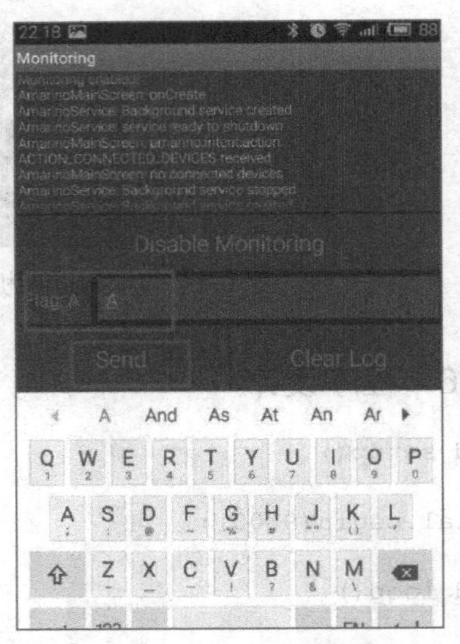

图 3-18 蓝牙连接信息

连接成功之后，就要看数据发送是否正常。这里直接单击“send”按钮就可以实现发送，如图 3-19 所示。

当 Arduino 连接到 A 符号时，就会在 COM 口输出对应内容，表明蓝牙通信正常，实验结果如图 3-20 所示。

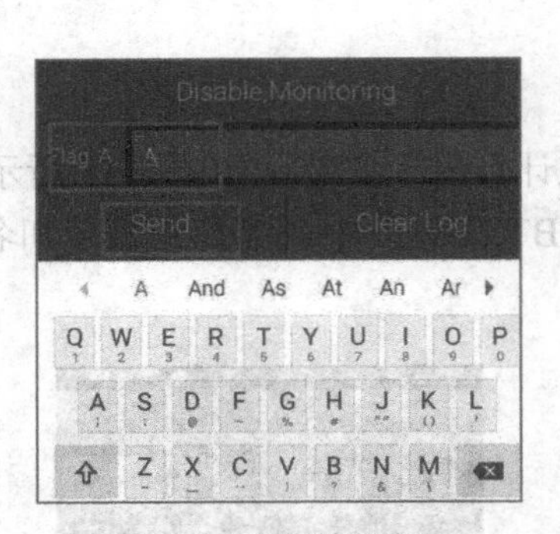

图 3-19 发送示意图

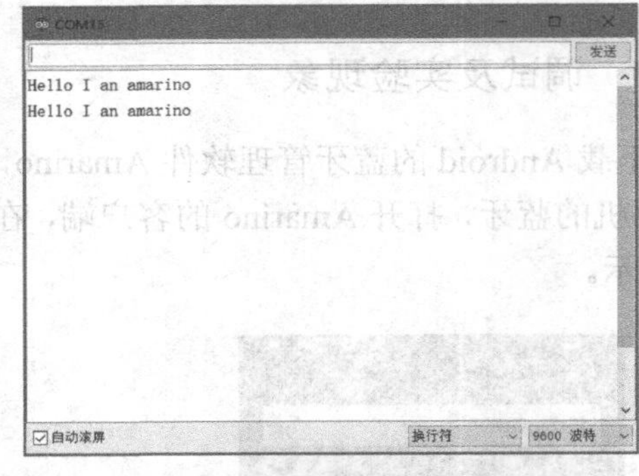

图 3-20 通信正常示意图

3.4.8 技术小贴士

1. 蓝牙历史版本

截至 2017 年 7 月，蓝牙共有 9 个版本，V1.1/1.2/2.0/2.1/3.0/4.0/4.1/4.2/5.0。从通信距离来看，不同版本可分为 Class A（1）/Class B（2）。

（1）V1.1 为最早期版本，传输速率为 748kbit/s~810kbit/s，早期设计容易受到同频率产品的干扰，从而影响通信质量。

V1.2 的传输速率也为 748kbit/s~810kbit/s，但采用软件方法改善了抗干扰跳频功能。

Class A 用在大功率、远距离的蓝牙产品上，但因成本高、耗电量大，不适合于个人通信产品，故多用在部分商业特殊用途上，通信距离为 80~100m。

Class B 是最流行的制式，通信距离为 8~30m，多用于手机、蓝牙耳机、蓝牙 Dongle 等个人通信产品，耗电量小，体积小，方便携带。

V1.1/1.2 版本的蓝牙产品，基本上可以支持 Stereo 音效的传输，但只能工作在单工模式，加上音频响应不够宽，不能算是最好的 Stereo 传输工具。

（2）版本 2.0 是 1.2 的改良提升版，传输速率约为 1.8Mbit/s~2.1Mbit/s，开始支持双工模式。一方面用于语音通信，另一方面传输档案、高像素图片。2.0 版本也支持 Stereo 传输。

应用最广泛的是 Bluetooth 2.0+EDR 标准。该标准在 2004 年已经推出，支持 Bluetooth2.0+EDR 标准的产品也于 2006 年大量出现。虽然 Bluetooth 2.0+EDR 标准在技术上作了大量的改进，但从 1.x 标准延续下来的配置流程复杂和设备功耗较低的问题依然存在。

为了改善蓝牙技术存在的问题，蓝牙 SIG 组织推出了 Bluetooth2.1+EDR 版本的蓝牙技术。

（3）2009 年 4 月 21 日，蓝牙技术联盟正式颁布了蓝牙 3.0 标准规范。蓝牙 3.0 的核心是 Generic Alternate MAC/PHY（AMP）。这是一种交替射频技术，允许蓝牙协议栈针对任一任务动态地选择正确的射频。最初被期望用于规范的技术包括 802.11 以及 UMB，但是规范中取消了 UMB 的应用。

蓝牙 3.0 的传输速度更高，而秘密就在 802.11 无线协议上。通过集成 802.11PAL（协议适应层），蓝牙 3.0 的数据传输速率提高到了大约 24Mbit/s。在传输速度上，蓝牙 3.0 是蓝牙 2.0 的 12 倍，可以轻松用于录像机至高清电视、个人计算机至媒体播放器、笔记本电脑至打印之间的资料传输。

在功耗方面，通过蓝牙 3.0 高速传送大量数据自然会消耗更多能量，但由于引入了增强电源控制（EPC）机制，再辅以 802.11 实际空闲功耗会明显降低，蓝牙设备的待机耗电问题已得到初步解决。

（4）蓝牙技术联盟于 2010 年 6 月 30 日推出蓝牙核心规格 4.0（称为 Bluetooth Smart）。它包括经典蓝牙、高速蓝牙和蓝牙低功耗协议。高速蓝牙基于 Wi-Fi，经典蓝牙则包括旧有蓝牙协议。

蓝牙 4.0 包括 3 个自规范，即传统蓝牙技术、高速蓝牙技术和新的蓝牙功耗技术。蓝牙 4.0 的改进之处主要体现在 3 方面：电池续航时间、节能和设备种类。该版本具有成本低、可跨厂商互操作、3ms 低延时、100m 以上超长传输距离等优点，以及 AES-128 加密等诸多特色。

（5）蓝牙 4.1 标准于 2013 年 12 月 6 日发布，提升了连接速度且更加智能化。为开发人员增加了更多的灵活性，这个改变对普通用户没有很大影响，但是对于软件开发者来说是很重要的，因为为了应对逐渐兴起的可穿戴设备，蓝牙必须能够支持同时连接多部设备。

（6）2014 年 12 月 4 日，蓝牙 4.2 标准颁布，改善了数据传输速度和隐私保护程度，并接入了该设备将可直接通过 IPv6 和 6LoWPAN 接入互联网。在新的标准下蓝牙信号想要连接或者追踪用户设备必须经过用户许可，否则蓝牙信号将无法连接和追踪用户设备。

（7）蓝牙 5.0 是由蓝牙技术联盟在 2016 年提出的蓝牙技术标准，针对低功耗设备速度有相应提升和优化，结合 WiFi 对室内位置进行辅助定位，提高传输速度，增加有效工作距离。

2. 蓝牙的应用

（1）居家

通过使用蓝牙技术产品，人们可以免除各种连接线缠绕的苦恼。鼠标、键盘、打印机、耳机和扬声器等均可以在计算机环境中无线使用。这不但增加了居家空间的美感，还为室内装饰提供了更多创意和自由。此外，通过在移动设备和家用计算机之间同步联系人和日历信息，用户可以随时随地存取更新的信息。

（2）工作

过去的办公室因各种电线纠缠不清而导致非常混乱。从为设备供电的电线到连接计算机至键盘、打印机、鼠标的连接线，都会导致杂乱无序的工作环境。在某些情况下，这会增加办公室的危险，如员工可能会被电线绊倒。通过蓝牙无线技术，办公室里再也看不到凌乱的电线，整个办公室也像一台机器一样有条不紊地高效运作。掌上电脑可与计算机同步以共享日历和联系人列表，外围设备可以直接与计算机通信，员工可通过蓝牙耳机在整个办公室区域内行走时接听电话，所有这些都无须电线连接。

（3）娱乐

玩游戏、听音乐、结交新朋友、与朋友共享照片——越来越多的消费者希望能够方便及时地享受各种娱乐活动，而又不愿再忍受线缆的束缚。蓝牙无线技术是一种能够真正实现无线娱乐的技术。内置蓝牙技术的游戏设备，让用户能够在任何地方与朋友展开游戏竞技，如在地下通道、在机场或在起居室中。由于不需要任何线缆，所以玩家能够轻松地发现对方，甚至可以匿名查找，然后开始游戏。

第 4 章 Arduino 简单实验

4.1 LED 灯实验

4.1.1 材料清单

本实验将使用到的材料清单如表 4-1 所示。

表 4-1　　　　　　　　　　材料清单

名　称	数　量	实 体 图
Arduino 兼容开发板 Funduino Uno R3	1 个	
Arduino I/O 扩展板	1 个	
高亮 LED 模板	1 个	
3PIN 传感器连接线	1 根	

4.1.2 调试代码

图 4-1 所示为实验的原理图。图 4-2 所示为实物图。

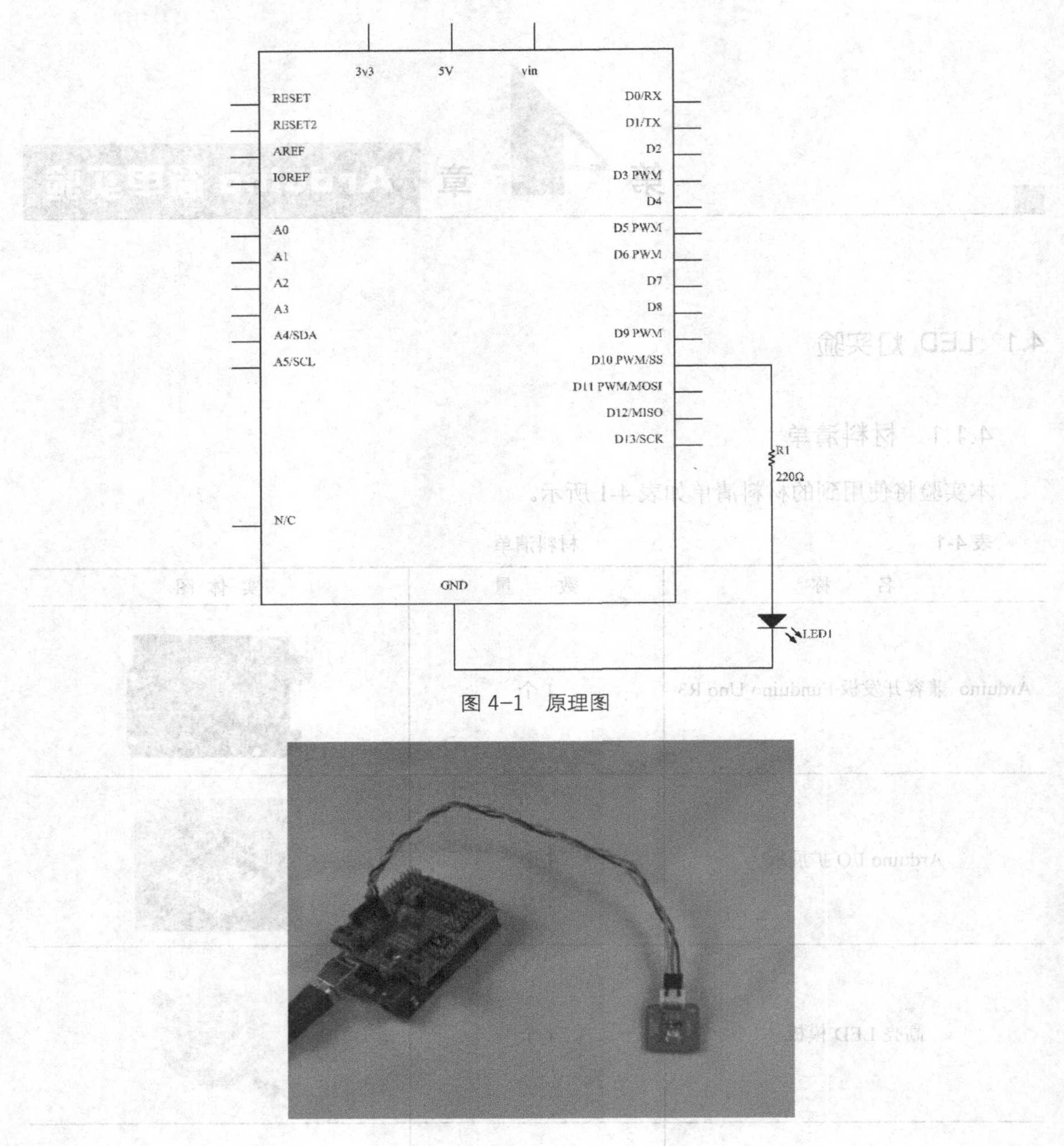

图 4-1　原理图

图 4-2　实物图

按照图 4-2 连接好电路后，就可以开始编写程序了。程序需要让 LED 小灯闪烁，实现点亮 1 秒熄灭 1 秒。这个程序很简单，与 Arduino 自带的例程里的 Blink 相似，只是将 13 数字接口换做 10 数字接口。图 4-3 所示为实验原理图。

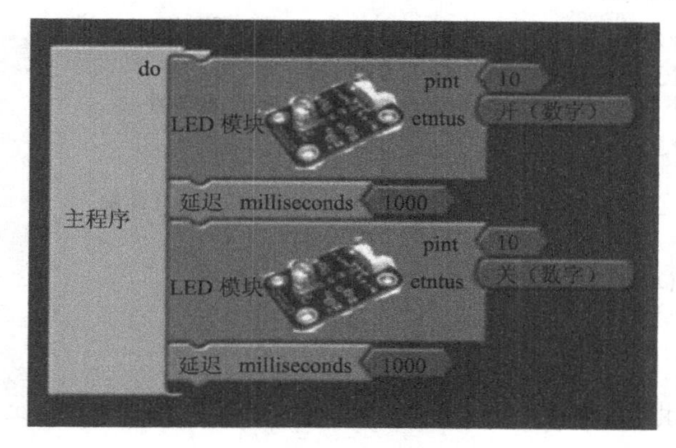

图 4-3　原理图

编好后，单击下载到 Arduino，Arduino 的编程界面就会出现下列代码。

```
void setup()
{
pinMode(10,OUTPUT);
}
void loop()
{
digitalWrite(10,!(HIGH));
delay(1000);
digital Write(10,!(LOW));
delay(1000);
}
```

紧接着就可以看到接到 I/O 口 10 脚上的高亮 LED 灯模块在闪烁了，小灯闪烁实验就完成了。

注意：Arduino 开发软件的选择工具栏板卡的选项是 Uno，通信端口要选择初次安装出现的串口，两项缺一不可，否则不能下载程序。

4.1.3　拓展训练

流水灯用 8 个 LED 呈现多种流水效果，相关实物如图 4-4 所示。

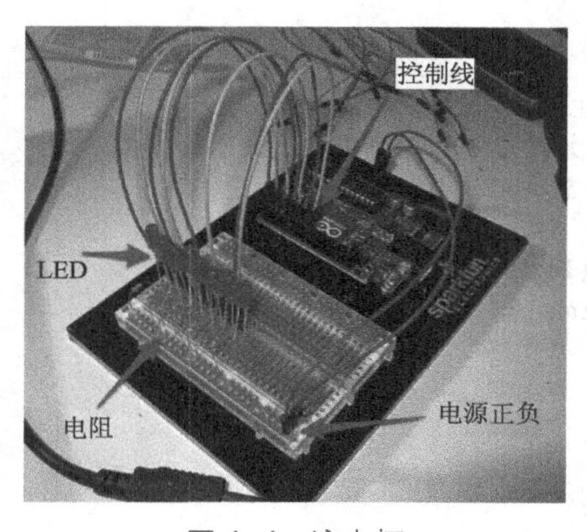

图 4-4　流水灯

```
//led 控制针脚定义
int ledPins[] = {2,3,4,5,6,7,8,9};
  //这里用一个数组来存贮，分别对应 2~9 号针脚设置函数
void setup()
{
  for(int i = 0; i < 8; i++)      //循环设置输出针脚
  {
    pinMode(ledPins[i],OUTPUT);
  }
}

// 循环函数（其中设置了 4 种流水样式）
void loop()
{
  oneAfterAnotherLoop();          //所有的 LED 顺序点亮再依次熄灭

  //oneOnAtATime();
    //所有的 LED 依次点亮再依次熄灭，（循环期间始终只有一个 LED 亮）

  //inAndOut();
    //LED 从灯组中间点亮，然后向两边扩散，然后再向中心靠拢

  //FullOnAndOff();
    //全体 LED 同时点亮再同时熄灭
}

// 下面为 4 种流水样式的详细实现

void oneAfterAnotherLoop()
{
  int delayTime = 100;            //设置延迟用来控制流水速度

  // 依次点亮 8 个 LED
  for(int i = 0; i <= 7; i++)
  {
    digitalWrite(ledPins[i], HIGH);
    delay(delayTime);
  }

  // 依次熄灭 8 个 LED
  // 这里选择从 7 开始或从 0 开始可以控制流水的方向
  for(int i = 7; i >= 0; i--)
  {
    digitalWrite(ledPins[i], LOW);
    delay(delayTime);
  }
}

void oneOnAtATime()
{
```

```
  int delayTime = 100;        //设置延迟用来控制流水速度

  for(int i = 0; i <= 7; i++)
  {
    int offLED = i - 1;       //设定前次点亮的 LED 灯号

    //这里要对循环转折点进行处理
    if(i == 0)
    {
      offLED = 7;
    }

    //点亮当前 LED，并熄灭前次点亮的 LED
    digitalWrite(ledPins[i], HIGH);
    digitalWrite(ledPins[offLED], LOW);
    delay(delayTime);
  }
}


void inAndOut()
{
  int delayTime = 100;        //设置延迟用来控制流水速度

  //从中间向两边流水
  for(int i = 0; i <= 3; i++)
  {
    int offLED = i - 1;       //设定前次点亮的 LED 灯号

    //这里要对循环转折点进行处理
    if(i == 0)
    {
      offLED = 3;
    }

    //获取从中间开始流水点亮的两个 LED 灯号
    int onLED1 = 3 - i;
    int onLED2 = 4 + i;

    //获取之前点亮的两个 LED 灯号
    int offLED1 = 3 - offLED;
    int offLED2 = 4 + offLED;

    //点亮当前的两个 LED 并熄灭之前点亮的两个 LED
    digitalWrite(ledPins[onLED1], HIGH);
    digitalWrite(ledPins[onLED2], HIGH);
    digitalWrite(ledPins[offLED1], LOW);
    digitalWrite(ledPins[offLED2], LOW);
    delay(delayTime);
  }
```

```
    //从两边向中间流水
    for(int i = 3; i >= 0; i--)
    {
        int offLED = i + 1;     //设定前次点亮的 LED 灯号

        //这里要对循环转折点进行处理
        if(i == 3)
        {
           offLED = 0;
        }

        //获取从中间开始流水点亮的两个 LED 灯号
        int onLED1 = 3 - i;
        int onLED2 = 4 + i;

        //获取之前点亮的两个 LED 灯号
        int offLED1 = 3 - offLED;
        int offLED2 = 4 + offLED;

        //点亮当前的两个 LED 并熄灭之前点亮的两个 LED
        digitalWrite(ledPins[onLED1], HIGH);
        digitalWrite(ledPins[onLED2], HIGH);
        digitalWrite(ledPins[offLED1], LOW);
        digitalWrite(ledPins[offLED2], LOW);
        delay(delayTime);
    }
}

void FullOnAndOff()
{
      for(int i = 0; i <= 7; i++)       //同时点亮所有 LED
      {
         digitalWrite(ledPins[i], HIGH);
      }

      delay(1000);

      for(int i = 0; i <= 7; i++)       //同时熄灭所有 LED
      {
         digitalWrite(ledPins[i], LOW);
     }

      delay(1000);
}
```

4.2 开关按键实验

4.2.1 材料清单

开关按键实验所使用到的材料清单如表 4-2 所示。

表 4-2 材料清单

元件名称	型号参数规格	数　量	参照实物图
Arduino 开发板	Uno R3	1	
面包板	840 孔无焊板	1	
面包板专用插线	—	若干	
四角轻触开关	6mm × 6mm 直插式	1	
LED	蓝色-5mm	1	
电阻	220Ω，0.25W	1	

4.2.2 实验原理

按键是一种常用的控制电气元件，常用来接通或断开控制电路（其中电流很小），从而达到控制电动机械或其他电气设备运行的目的。电子产品大都会用到按键这种最基本的人机接口工具。随着工业水平的提升与创新，按键的外观也变得越来越多样化。各种各样的按键开关如图 4-5 所示。

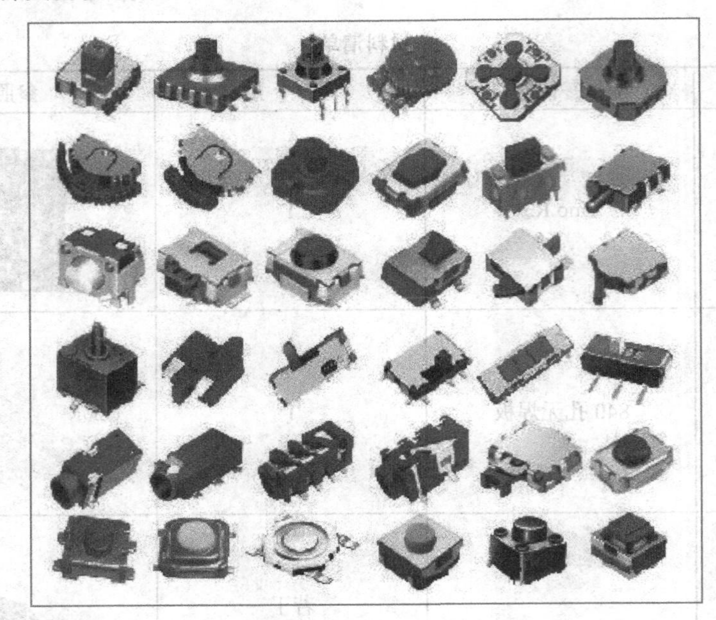

图 4-5　按键开关

以轻触开关为例，其是一种电子开关，又叫按键开关，最早出现在日本（称之为敏感型开关），使用时以满足操作力的条件向开关操作方向施压，则开关功能闭合接通，当撤销压力时开关即断开，其内部结构是靠金属弹片受力变化来实现通断的。

4.2.3　硬件调试

按照单键控制 LED 连接原理图连接好电路。按键开关的一端连接 5V，另一端接模拟输入的 0 号端口；LED 阳极串联 220Ω 限流电阻后连接数字 13 号端口，阴极连接到地。实物连接如图 4-6 所示。

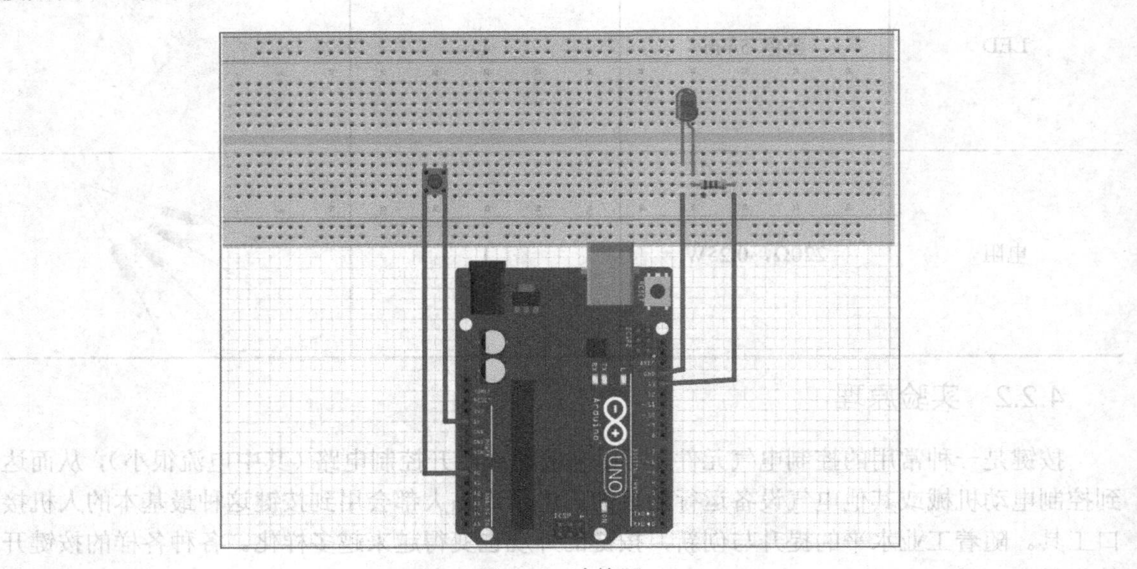

图 4-6　连接图

4.2.4 程序设计

1. 设计思路及流程图

本实验使用按键来控制 LED 的亮或者灭。一般情况下，直接把按键开关串联在 LED 的电路中来进行控制。这种应用情况比较单一。

此实验通过间接的方法来控制，即按键接通后判断电路中的输出电压。当按键没有被按下时，模拟端口电压为 0V，LED 灯熄灭；当按键按下时，模拟端口的电压值为 5V，所以只要判断电压值是否大于 4.88V 即可知道按键是否被按下。此种控制方法使用逻辑判断的方法来控制 LED 亮或者灭，应用范围较广。实验流程如图 4-7 所示。

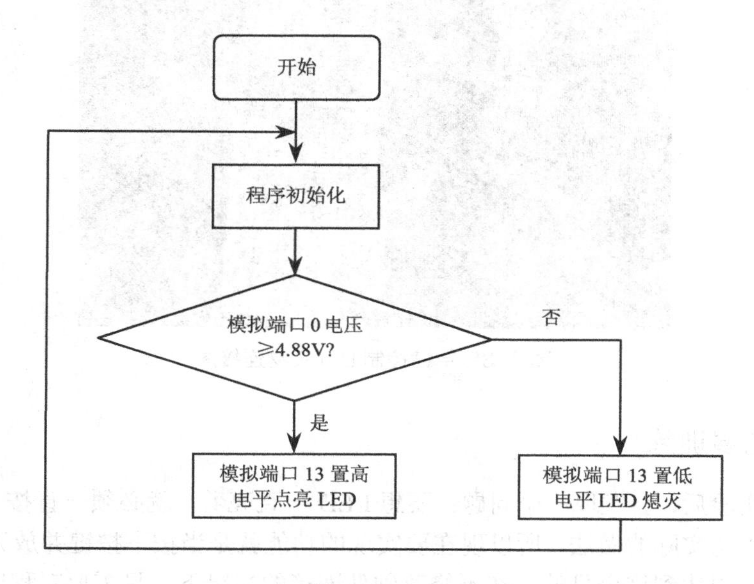

图 4-7 单键控制 LED 流程图

2. 程序源码

单键控制 LED 的参考程序源代码如下。

```
int LED=13;                         //设置控制 LED 的数字 I/O 脚
void setup()
{
 pinMode(LED,OUTPUT);               //设置数字 I/O 引脚为输出模式
}
void loop(){
int i;
while(1)
{
i=analogRead(A0);                   //读取模拟 0 口电压值
  if(i>1000)                        //如果电压值大于 1000（即 4.88V）
    digitalWrite(LED,HIGH);         //设置第 13 引脚为高电平，点亮 LED 灯
```

```
else
 digitalWrite(LED,LOW);            //设置第 13 引脚为低电平，熄灭 LED 灯
  }
}
```

3. 调试及实验现象

单键控制 LED 的实物连接如图 4-8 所示。将程序下载到实验板后，按下按键时，LED 灯点亮；不按按键时，LED 熄灭。

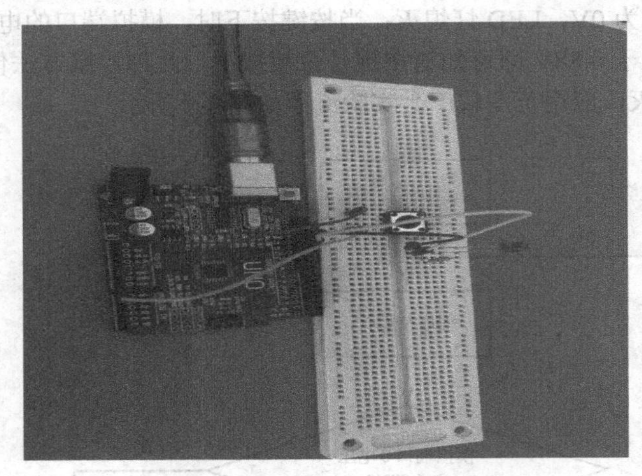

图 4-8　单键控制 LED 实物连接图

4.2.5　拓展训练

完成上述实验后，会发现一个问题：要想 LED 一直亮着，就必须一直按着按键不放。这很显然是一个不切实际的做法，所以现在要实现的功能就是当按下按键并放开后，LED 仍然会一直亮着。要想达到这个目的，在不修改硬件连接的情况下，只需要对程序进行适当的修改即可（定义了 state 变量用来保存按键按下的状态）。下面为修改后的参考程序源代码。

```
#define LED 13
#define sw 7
int val=0;
int old_val=0;
int state=0;                  //定义状态位
void setup(){
  pinMode(LED,OUTPUT);
  pinMode(sw,INPUT);
}
void loop(){
  val=digitalRead(sw);
  if((val==HIGH)&&(old_val==LOW)){
    state=1-state;           //状态位取反
    delay(10)
}
old_val=val;
```

```
if(state==1){
 digitalWrite(LED,HIGH);
}
else{
 digitalWrite(LED,LOW)
    }

}
```

将上述代码下载到开发板上后，可以发现，当按下按键并松开后，LED 灯不会熄灭，而是一直亮着。该功能的实现主要归功于上述参考程序中定义的 state 变量保存了按键按下的状态。

4.3　电机控制实验

4.3.1　材料清单

本实验所使用的材料清单如表 4-3 所示。

表 4-3　材料清单

元件名称	型号参数规格	数　量	参照实物图
Arduino 开发板	Uno R3	1	
面包板	840 孔无焊板	1	
面包板专用插线	—	若干	
四相步进电动机	工作电压 5V	1	

续表

元件名称	型号参数规格	数　量	参照实物图
ULN2003	DIP 封装	1	
电位器	—	1	

4.3.2　实验原理

随着数字化技术的发展，数字控制技术得到了广泛而深入的应用。步进电动机是一种将数字信号直接转换成角位移或线位移的控制驱动元件，具有快速启动和停止的特点。

因为步进电动机的控制系统结构简单，价格低廉，性能上满足工业控制的基本要求，所以广泛应用于工业自动控制、数控机床、组合机床、机器人、计算机外围设备、照相机、投影仪、数码摄像机、大型望远镜、卫星天线定位系统、医疗器件及各种可控机械工具等。

直流电动机广泛应用于计算机外围设备（如磁盘和光盘存储器）、家电产品、医疗器械和电动车上、无刷直流电动机的转子普遍使用永磁材料组成的磁钢，其在航空、航天、汽车、精密电子等行业被广泛应用。在电工设备中，除了直流电磁铁（直流继电器、直流接触器等）外，最重要的就是在直流旋转电动机中的应用。在发电厂里，同步发电机的励磁机和蓄电池的充电机等，是直流发电机；锅炉给粉机的原动机是直流电动机。此外，在许多工业应用场合，例如大型轧钢设备、大型精密机床、矿井卷扬机、市内电车、电缆设备等严格要求线速度一致的地方，通常都采用直流电动机作为原动机来拖动工作机械。直流发电机通常作为直流电源，向负载输出电能；直流电动机则作为原动机带动各种生产机械工作，向负载输出机械能。在控制系统中，直流电机还有其他的用途，例如测速电机、伺服电机等都是利用电和磁的相互作用来实现向机械能的转换。

步进电动机是将电脉冲信号转变为角位移或线位移的开环控制元件。在非超载的情况下，电动机的转速，停止的位置只取决于脉冲信号的频率和脉冲数，而不受负载变化的影响，即给电动机加一个脉冲信号，电动机就转过一个步距角。由于这一线性关系的存在，加上步进电动机具有只有周期性的误差而无累计误差等特点，所以步进电动机在速度、位置控制等领域应用广泛。步进电动机能使很多原本复杂的控制变得非常简单。

一般采用软件延时的方法来对步进电动机的运行速度、步数及方向进行控制。根据计算机所发出脉冲的频率和数量所需的时间来设计一个子程序。该子程序包含一定的指令。设计者通常要对这些指令的执行时间进行严密的计算或者精确的测试，以便确定延长时的时间是否符合要求。采用软件延时方式时，CPU 一般被占用，CPU 利用率低，这在许多场合是非常不利的。因此，需要重新设计步进电动机的控制程序。采用 PCL-812PG 数据采集卡，利用卡中自带的可编程计数/定时器 8254 及其他逻辑电路器件，设计一种步进电动机控制方式，仅需要几条简单的指令就可以产生具有一定频率和数目的脉冲信号。可编程的硬件定时器直接对系统时钟脉冲或某一固定频率的时钟脉冲进行计数，计数值则由编程决定。当计数到预定的脉冲数时，给出定时时间到的信号，可得到所需的延时时间或定时间隔。由于计数的初始值由编程决定，因此在不改动硬件的情况下，只通过程序的变化即可满足不同的定时和计数要求，使用方便。

基于步进电动机的特点及使用范围，本实验主要针对步进电动机的控制进行设计。

4.3.3 硬件调试

步进电动机试验连接原理如图 4-9 所示。具体连接方法为：ULN2003 的引脚 1 连接 Arduino 的端口 8；ULN2003 的引脚 2 连接 Arduino 的端口 9；ULN2003 的引脚 3 连接 Arduino 端口 10；ULN2003 的引脚 4 连接 Arduino 的端口 11；ULN2003 的引脚 8 连接 Arduino 的端口 GND；ULN2003 的引脚 9 连接 Arduino，电动机和电位器的 5V；ULN2003 的引脚 13~16 连接电动机的 4 个接线端；电位器的 GND 连接 Arduino 的 GND；电位器的第 3 端连接 Arduino 的 AO。步进电动机的实际应用在本书的第 7 章（3D 打印机设计项目）中会具体讲解，其原理就是通过 Arduino 对各进步电动机进行控制，实现三轴联动完成打印。

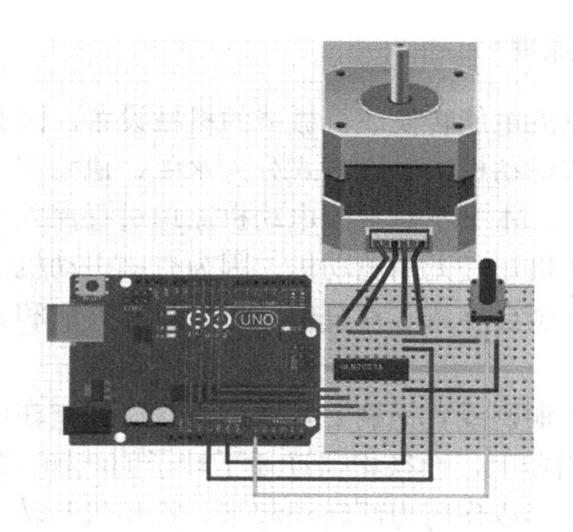

图 4-9 步进电动机试验连接原理图

4.3.4 程序设计

1. 步进电动机实验软件流程

步进电动机试验软件流程图如图 4-10 所示。

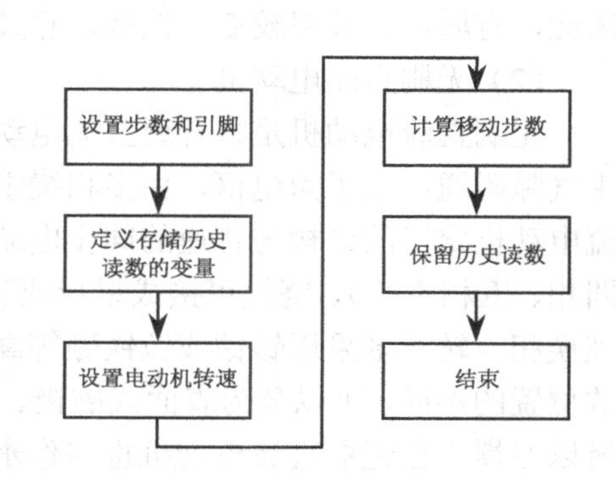

图 4-10 步进电动机试验软件流程图

2. 步进电动机实验程序

步进电动机试验参考程序源代码如下。

```
#include<Stepper.h>
//这里设置步进电动机旋转一圈是多少步
#define STEPS 100
```

```
//设置步进电动机的步数和引脚
Stepper stepper(STEPS,8,9,10,11);
//定义变量用来存储历史读数
int previous=0;
}
void setup(){
//设置电动机每分钟的转速为 90 步
stepper,setSpeed(90);
}
void loop()
{
int val=analogRead(0);
//移动步数为当前读数减去历史读数
stepper.step(val-previous);
//保存历史读数
previous=val;
}
```

4.3.5 拓展训练

下面介绍直流电动机如何用 Arduino 来控制。

1. 直流电动机的工作原理

直流电动机是指能将直流电能转换成机械能的机械设备，因其良好的调速性能而在电力拖动中得到广泛应用。直流电动机按励磁方式分为永磁、他励和自励等 3 类，其中自励又分为并励、串励和复励等 3 种。本书不对直流电动机原理进行深入研究。其实在本实验中主要关注直流电动机是有刷电动机还是无刷电动机，因为有刷电动机干扰很大，会对 Arduino 及其他外围芯片造成干扰，甚至会导致芯片复位，所以只从有刷和无刷这两类大致进行介绍。

（1）有刷直流电动机

有刷电动机的两个刷（铜刷或者钢刷）是通过绝缘座固定在电动机后盖上，直接将电源的正负极引入到转子的换相器上，而换相器连通了转子的线圈，3 个线圈极性不断地交替交换与外壳上固定的 2 块磁铁形成作用力而转动起来。换相机与转子固定在一起，而刷与外壳（定子）固定在一起。电动机转动时，刷与换相器不断地发生摩擦进而产生大量的阻力与热量。因此，有刷电机效率较低。但是，它具有制造简单、成本低廉的优点。

（2）无刷直流电动机

无刷直流电动机是将普通直流电动机的定子与转子进行了互换，其转子为永久磁铁，产生气隙磁通；定子为电枢，由多相绕组组成。在结构上，它与永磁同步电动机类似。无刷直流电动机定子的结构与普通的同步电动机或感应电动机相同，在铁芯中嵌入多相绕组（三相、四相、五相不等），绕组可接成星形或三角形，并分别与逆变器的各种率管相连，以便进行合理换相。转子多采用钐钴或钕铁硼等高矫顽力、高剩磁密度的稀土料，由磁极中磁性材料所放位置的不同，可以分为表面式磁极、嵌入式磁极和环形磁极。由于电动机本机为永磁电机，所以习惯上把无刷直流电动机也叫作永磁无刷电动机。

上述分析可知，有刷电动机在转动时需要不停地切换线圈，电刷和连线线圈的铜圈不停地摩擦，就会产生电磁干扰和电火花，产生反向电动势，从而导致电压波动。因此，如果电动机电源和 Arduino 的驱动电源没有分开，那必然会影响芯片的工作。

2．驱动芯片

驱动步进电动机用的是 ULN2003。由于只用了 4 个引脚，所以 ULN2013 还有 3 个空闲的驱动引脚。另外，为了使电路简单，就直接用 ULN2003 剩余的一个引脚来驱动了。因此，也只能驱动电动机朝一个方向转动。

3．驱动电路

由于使用的是直流电动机，干扰较大，驱动电路就要多作一些消除干扰的设计，常见的有在电机两端串联手感、加电容等方法。这里只加了续流二极管和电容，如图 4-11 所示，其中 Arduino 的 12 脚接 ULN2003 的第 7 脚。

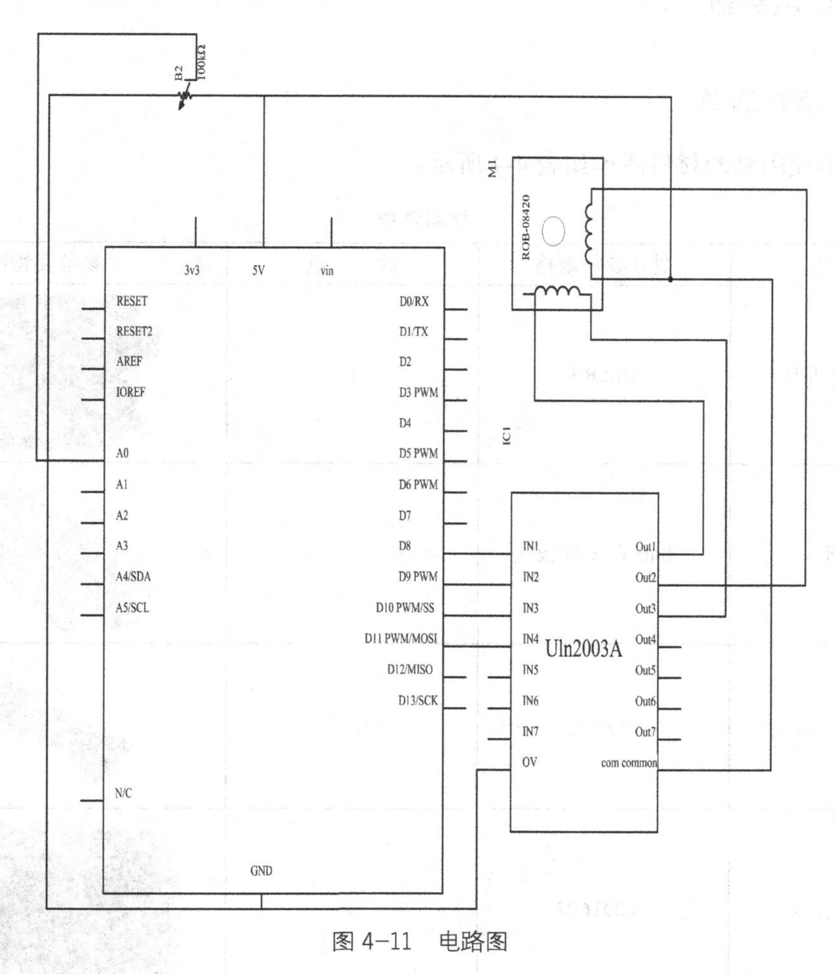

图 4-11　电路图

拓展试验的参考程序源代码如下。

```
void setup(){
//初始化数字的引脚为输出
pinmMode(13,OUTPUT);
```

```
pinMode(12,OUTPUT);
}
Void loop(){
   digitalWrite(13,HIGH);
   digitalWrite(12,HIGH);
   Delay(50);
   digitalWrite(13,Low);
   digitalWrite(12,Low);
   Delay(200);
}
```

应该注意实验时，Arduino 的 13 脚用来驱动自带的 LED。这样能看出驱动的频率。当 LED 亮起时，电动机转动；当灯熄灭时，电动机停转。

4.4 LCD 显示实验

4.4.1 材料清单

该实验所使用到的材料清单如表 4-4 所示。

表 4-4　　材料清单

元件名称	型号参数规格	数　量	参考实物图
Arduino 开发板	UnoR3	1	
面包板	840 孔无焊板	1	
面包板专用插线	公对公	若干	
LCD 显示屏	LCD1602	1	

4.4.2 实验原理

液晶显示器简称 LCD（Liquid Crystal Display），其结构是在两片平行的玻璃基板当中放置液晶盒，下基板玻璃上设置 TFT（Thin Film Transistor，薄膜晶体管），上基板玻璃上设置彩色滤光片，通过 TFT 上的信号与电压改变来控制液晶分子的转动方向，从而达到每个像素带点偏振光出射的目的。现在 LCD 已经替代 CRT（Cathode Ray Tube，阴极射线显像管）成为主流，价格已经下降了很多，其普及速度相当快。

1602 液晶也叫 1602 字符型液晶，是指显示的内容为 16×2（即可以显示两行），每行 16 个字符的液晶模块（显示字符和数字），是一种专门来显示字母、数字、符号等的点阵型液晶模块。它由若干个 5×7 或者 5×11 等点阵字符位组成，每个点阵字符位都可以显示一个字符，每位之间有一个点距的间隔，每行之间也有间隔，起到字符间距和行间距的作用。因此。1502 型液晶不能很好地显示图形（自定义 CGRAM 的显示效果也不好），但非常适合便携式及低功耗测试设备。

市面上的字符型液晶大多数是基于 HD44780 液晶芯片的，控制原理完全相同，因此基于 HD44780 所编写的控制程序可以很方便地应用于市面上大部分的字符型液晶。

本实验是驱动 1602 液晶显示文字。

4.4.3　硬件调试

图 4-12 为系统硬件连接原理图，按照图中的示意将 Uno 和液晶显示屏进行连接。

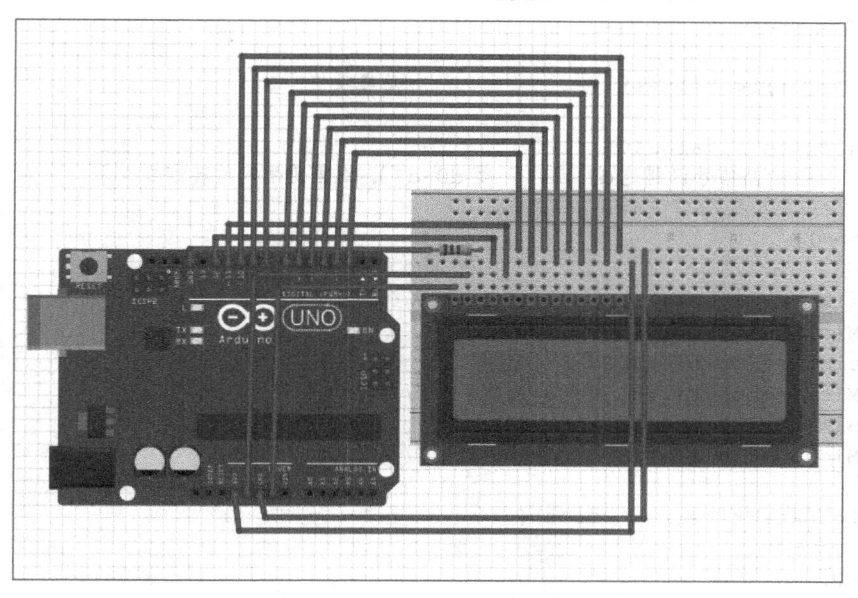

图 4-12　硬件连接原理图

4.4.4　程序设计

1．实验流程

LCD 显示实验的软件流程如图 4-13 所示。

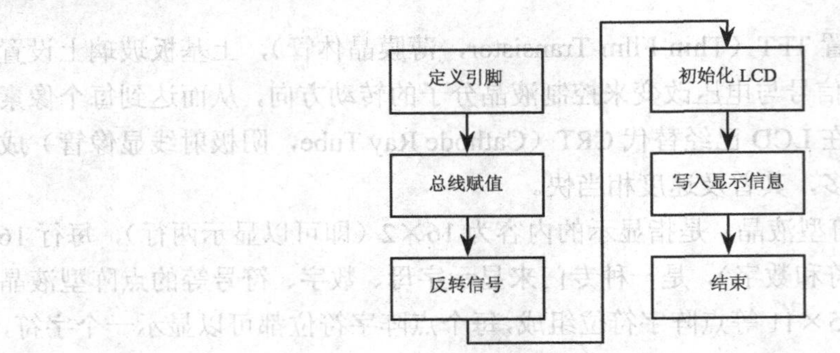

图 4-13 流程图

2. 实验程序

LCD 显示实验参考程序参考程序源代码如下。

```
int DI=12;
int RW=11;
int DB[]={3,4,5,6,7,8,9,10};          //使用数组来定义总线需要的引脚
int Enable=2;
void  LcdCommandWrite(int value){
//定义所有引脚
int i=0;
for(i=DB[0];i<=DI;i++)                //总线赋值
{
digitalWrite(i,value&01);
//因为 1602 液晶信号识别是 d7~d0 (不是 d0~d7), 这里是用来反转信号

value>>=1;
}
digitalWrite(Enable,LOW);
delayMicroseconds(1);
digitalWrite(Enable,HIGH);
delayMicroseconds(1);                 //延时 1ms
digitalWrite(Enable,LOW);
delayMicroseconds(1);                 //延时 1ms
}
void LcdDataWrite(int value){
//定义所有引脚
int i=0;
digitalWrite(DI,HIGH);
digitalWrite(RW,LOW);
for(i=DB[0];i<=DB[7];i++)
{
digitalWrite(i,value&01)
value>>=1;
}
digitalWrite(Enable,LOW);
delayMicroseconds(1);
digitalWrite(Enable,HIGH);
```

```
delayMicroseconds(1);
digitalWrite(Enable,LOW);
delayMicroseconds(1);        //延时1秒
}
void  setup(void){
int i=0;
for(i=Enable;i<=DI;i++)
{
pinMode(i,OUTPUT);
}
delay(100);
//短暂的停顿后初始化LCD，用于LCD控制需要
LcdCommandWrite(0x38);       //设置为8位接口，2行显示，/5×7文字大小
delay(64);
LcdCommandWrite(0x38);       //设置为8位接口，2行显示，5×7文字大小
delay(50);
 LcdCommandWrite(0x38);      //设置为8-bit接口，2行显示，5×7文字大小
 delay(20);
 LcdCommandWrite(0x06);      //输入方式设定
                             //自动增量，没有显示移位
 delay(20);
 LcdCommandWrite(0x0E);      //显示设置
                             //开启显示屏，光标显示，无闪烁
 delay(20);
 LcdCommandWrite(0x01);      //屏幕清空，光标位置归零
 delay(100);
 LcdCommandWrite(0x80);      //显示设置
                             //开启显示屏，光标显示，无闪烁
 delay(20);
}

void loop (void) {
  LcdCommandWrite(0x01);     //屏幕清空，光标位置归零
  delay(10);
  LcdCommandWrite(0x80+3);
  delay(10);
  // 写入欢迎信息
  LcdDataWrite('W');
  LcdDataWrite('e');
  LcdDataWrite('l');
  LcdDataWrite('c');
  LcdDataWrite('o');
  LcdDataWrite('m');
  LcdDataWrite('e');
  LcdDataWrite(' ');
  LcdDataWrite('t');
  LcdDataWrite('o');
  delay(10);
  LcdCommandWrite(0xc0+1);  //定义光标位置为第2行第2个位置
  delay(10);
  LcdDataWrite('g');
  LcdDataWrite('e');
  LcdDataWrite('e');
```

```
  LcdDataWrite('k');
  LcdDataWrite('-');
  LcdDataWrite('w');
  LcdDataWrite('o');
  LcdDataWrite('r');
  LcdDataWrite('k');
  LcdDataWrite('s');
  LcdDataWrite('h');
  LcdDataWrite('o');
  LcdDataWrite('p');
  delay(5000);
  LcdCommandWrite(0x01);    //屏幕清空，光标位置归零
  delay(10);
  LcdDataWrite('I');
  LcdDataWrite(' ');
  LcdDataWrite('a');
  LcdDataWrite('m');
  LcdDataWrite(' ');
  LcdDataWrite('h');
  LcdDataWrite('o');
  LcdDataWrite('n');
  LcdDataWrite('g');
  LcdDataWrite('y');
  LcdDataWrite('i');
  delay(3000);
  LcdCommandWrite(0x02);    //设置模式为新文字替换老文字，无新文字的地方显示不变
  delay(10);
  LcdCommandWrite(0x80+5);  //定义光标位置为第 1 行第 6 个位置
  delay(10);
  LcdDataWrite('t');
  LcdDataWrite('h');
  LcdDataWrite('e');
  LcdDataWrite(' ');
  LcdDataWrite('a');
  LcdDataWrite('d');
  LcdDataWrite('m');
  LcdDataWrite('i');
  LcdDataWrite('n');
  delay(5000);
}
```

4.4.5 拓展训练

利用 LCD 显示各种图形。

4.5 设计游戏 Jumping Pong

4.5.1 功能构思

本实验应用 Arduino 开发板和外围硬件制作了打乒乓球的电子游戏。选择 1602LCD 显示

屏显示分数，用光敏电阻控制游戏的运行，并通过红外遥控选择游戏的功能，最终完成了小游戏 Jumping Pong，其主要功能包括以下几个方面的内容。

（1）8×8 点阵的应用，即通过程序控制使其表现字母、汉字、图案及显示动态效果等。8×8 点阵是本项目的核心器件，游戏 8 点阵的研究是本项目的核心部分。

（2）红外遥控的接收与发射。红外遥控用作游戏的控制端，用来实现开始游戏、模式选择、等级选择和结束游戏等功能。一个完整的游戏必须有灵活可变的功能选择，本项目应用红外遥控控制接口进一步完善游戏。

（3）语音模块的使用。接入语音模块，通过调整频率和节拍来控制音符的音调，构成完整的一曲音乐，并用小喇叭播放歌曲。音效无疑会为游戏增色，本项目通过采用语音模块链接小喇叭，为游戏加入音效，并可分出独立控制音乐的开关。

（4）1602LCD 显示屏显示分数。在代码中加入计分变量，并通过 LCD 显示屏将结果显示，同时，相应的等级选择和模式选择也可以通过 LCD 显示屏显示，1602LCD 显示屏是游戏与玩家交互的窗口之一。

（5）游戏摇杆模块实现球拍移动。游戏摇杆模块是本游戏的控制端，通过摇杆左右或者上下移动来实现游戏中乒乓球拍的左右移动接球。游戏摇杆模块和变阻器都可以实现移动拍子的控制，相比之下，游戏摇杆模块有更好的游戏体验效果。

（6）光敏电阻实现光控开关。加入光敏电阻这一器件，设定游戏在一定光强下才能正常运行。当所处环境较暗时，游戏暂停，只有当光强再次恢复时，游戏才能继续。这一人性化设置主要是保护游戏者的眼睛，避免在太暗的环境下游戏。

（7）模块连接。将各功能模块代码及实物有机地组合在一起，以构成完整的游戏系统。

4.5.2 设计原理

1. 设计思路

将游戏代码封装在一个函数 game 中，改变 game 中控制球速的代码，将游戏分为不同等级和单双人模式。在游戏开始前，先判断周围环境的光照强度。当光强大于一定值时，再继续执行后续功能。之后，判断是否接到红外信号，当接收到特定值的信号时，调用 game 函数，开始游戏。每当球碰到一次拍子，分数就自动加 1，实现计分功能。当一方未接到球时，游戏结束，显示分数及下一步功能选择。如此反复，在游戏进行中，不断刷新光敏电阻的值，判断是否符合光强条件，以保证游戏功能正常运行。

2. 各模块电路连接

所需材料：Arduino 主板和扩展板（各 1 个），8×8 点阵（1 个），MAX7219 驱动芯片（1 个），面包板（2 块），LCD 显示屏（1 个），语音模块（1 个），导线若干，游戏摇杆模块（2 个），小喇叭（1 个），红外线遥控和光敏电阻（各 1 个）。电路连接分为 8×8 点阵部分、红外线遥控部分、光敏电阻部分、1602LCD 显示屏部分及总体电路，分别如图 4-14~图 4-17 所示。

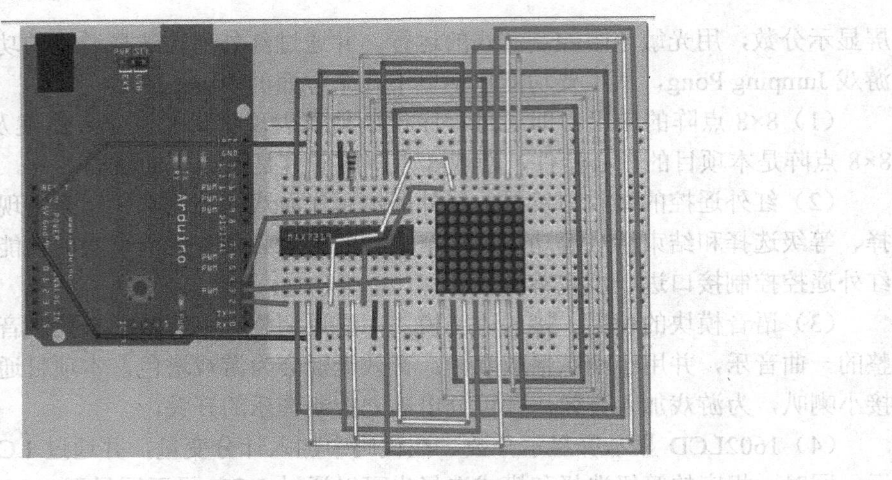

图 4-14　8×8 点阵连接 Arduino Uno

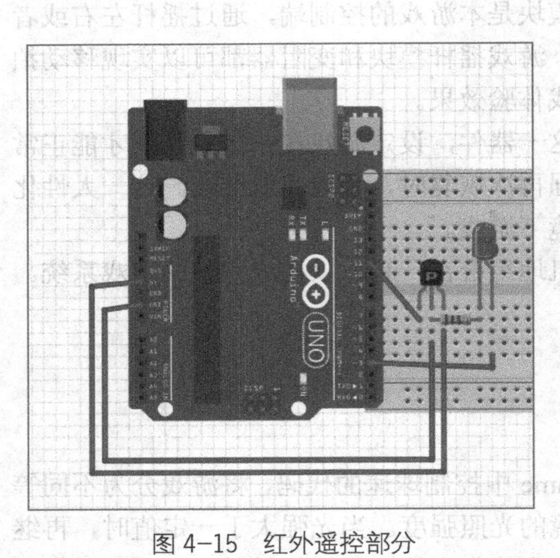

图 4-15　红外遥控部分

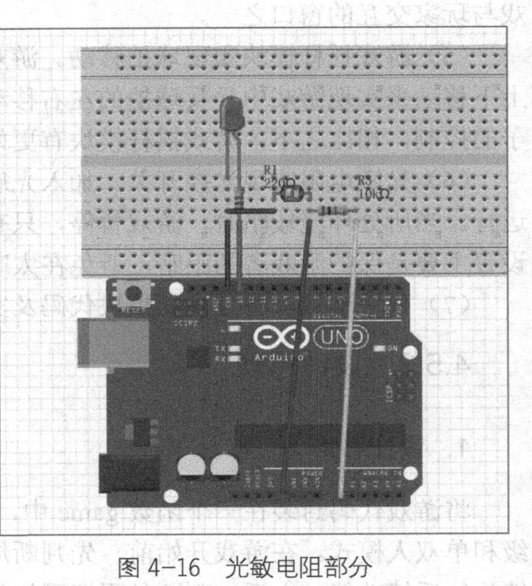

图 4-16　光敏电阻部分

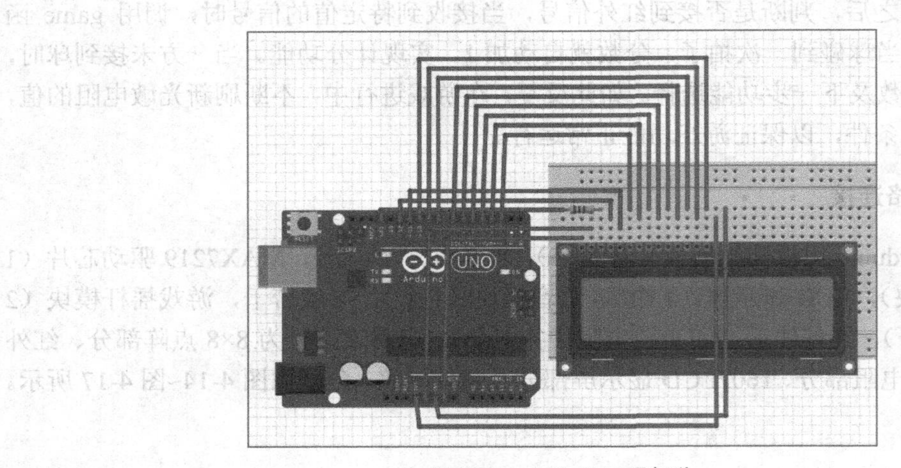

图 4-17　LCD 显示屏部分

4.5.3 参考代码

```
#include<TimeOne.h>
#include<LedContorl.h>
#include<avr/pgmpace.h>
#include<IRrenote.h>
#include<wrie.h>
#include<liquidcrystal-12c.h>
<liquidCrystal-12C lcd(0×27,20,4);      //液晶屏的设置
Liquidcryotal ayMatrix=LefControl(7,9,8,1);
int column=3,row=random(8)+1;
int diroctionx=1,direction=Y=1;
int panddle1=1,panddle11Val;
int panddle=2,panddle2Val;
int appeed=300;
int counter=0,nult=10;
int  s1=0;
int  s2=0;
int  s=0;
int ldrpin=0;
int val=0;
int ledpin=0;
int val=0;                    //光敏设置
int ledpin=13;
int RECV-PIN=11;              //定义红外接收器的引脚为 11，红外遥控设置
int LED_PIN=4;
iRrecv irrecv(RECV_PIN);      //定义发光 LED 数字引脚为 4
decode_results results;
int a;
void setup( )
{
lcd.init( );
  lcd.init( )
  lcd.backlight( );           //初始化液晶屏
  myMatrix.shutdow(0,false);
  myMatrix.setIntensity(0,8);
  myMatrix.clearDisensity(0);
  pinMode(ledPin,OUTPUT);
  Serial.begin(9600);
  Irrecv.enableIRIn( );       //初始化红外线接收器
pinMode(LED-PIN,OUTPUT);      //设置发光 LED 引脚数为 4
}
  void loop( )
{
 Serial.println(a);
 val=analogRead(ldrpin);
 Serial.print(val);
```

```
 Serial.println( );
if(val<500)
 {if(irrecv.decode(&results))
{ int values=results.value;
switch(values)
{ case 0xFFA25D:
lcd.clear();
lcd.setCursor(3,0);
lcd.print("level:easy");
Serial.println(result.value,HEX);   //以十六进制换行输出接收代码
Serial.println();                   //为了方便观看，输出结果增加一个空行
digitalWrite(ledpin,HIGH);
digitalwrite(LED-PIN,HIGN);
a=1;
……
  myMatrix.clearDisplay(0);
  myMatrix.(0,column,row,HIGH);
  myMatrix.(0,7,paddle1Val,HIGH);
  myMatrix.(0,7,paddle1Val+1,HIGH);
  myMatrix.(0,7,paddle1Val+2,HIGH);
  myMatrix.(0,7,paddle2Val,HIGH);
  myMatrix.(0,7,paddle2Val+1,HIGH);
  myMatrix.(0,7,paddle2Val+2,HIGH);
  If(!(counter % mult)){speed-=5;mult*mult;}
  delay(speed);
  counter++;
 }
```

此参考代码较长，请登录人邮教育网站（www.ryjiaoyu.com）下载查看完整代码。

4.6 打地鼠游戏机

4.6.1 功能构思

设计一个打地鼠游戏机。该设计中，4 个 LED 灯对应 4 个按键；每秒生成一个 1~4 的随机数，对应点亮相应的 LED 灯；在下次随机数生成之前判断相应的按键是否按随机数频率变为 0.8s 一次，完成 10 次操作后频率变为 0.4s 一次；以此类推，0.2s 的情况下完成 10 次操作，游戏结束。蜂鸣器鸣叫 5 声，频率 5Hz。在游戏过程中，错误 3 次则游戏也会结束，蜂鸣器鸣叫 3 声，频率 5Hz。

4.6.2 设计原理

利用 Arduino 主板及其相应的一系列配件实现具有“打地鼠”功能的简易游戏机。打地鼠游戏的本质，即人要根据不同的信号提示做出不同的行为。利用不同的光信号的视觉刺激，即人眼在看见不同的灯发光时按下相应的按键。电路连接如图 4-18 所示。

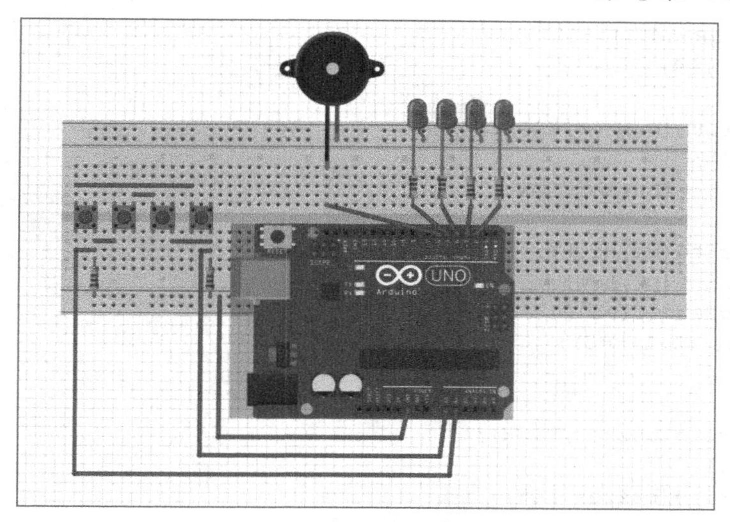

图 4-18　电路连接图

4.6.3　参考代码

```
int led1=2;
int led2=3;
int led3=4;
int led4=5;
int buzzer=6;
int p1=A1;
int p2=A2;
void led(void)
{
  int num;
  num=rand()%4+1;
  if(num == 1)    digitalWrite(led1,HIGH);
  if(num == 2)    digitalWrite(led2,HIGH);
  if(num == 3)    digitalWrite(led3,HIGH);
  if(num == 4)    digitalWrite(led4,HIGH);
}
int key-scan()
{
  int i;
  int j=rand()%4+1;
  digitalWrite(p1,low);
  digitalWrite(p2,HIGH);
  if(analogRead(0)>512)
{ if((rand()%4+1)==1);
  else
  {i++;
  digitalWrite(buzzer,HIGH);
  delay(200);
  digitalWrite(buzzer,LOW);
}
```

```
   if(analogRead(1)>512)
 { if((rand()%9+1)==4);
  else{i++;
  digitalWrite(buzzer,HIGH);
  delay(200);
  digitalWrite(buzzer,LOW);
 }
  digitalWrite(p1,HIGH);
  digitalWrite(p2,LOW);
  if(analogRead(0)>512)
 { if((rand()%9+1)==2);
  else
  {i++;
  digitalWrite(buzzer,HIGH);
  delay(200);
  digitalWrite(buzzer,LOW);
 }}

    if(analogRead(1)>512)
 { if((rand()%9+1)==5);
  else
  {i++;
  digitalWrite(buzzer,HIGH);
  delay(200);
  digitalWrite(buzzer,LOW);
 }
  digitalWrite(p1,HIGH);
  digitalWrite(p2,LOW);
  if(analogRead(0)>512)
 { if((rand()%9+1)==3);
  else{i++;
  digitalWrite(buzzer,HIGH);
  delay(200);
  digitalWrite(buzzer,LOW);
 }}

    if(analogRead(1)>512)
 { if((rand()%9+1)==6);
  else
  {i++;
  digitalWrite(buzzer,HIGH);
  delay(200);
  digitalWrite(buzzer,LOW);
 }
  digitalWrite(led1,LOW);
  digitalWrite(led2,LOW);
  digitalWrite(led3,LOW);
  digitalWrite(led4,LOW);
  return i;
 }
  int  judge()
```

```
{int j;
  j++;
  if(j<=10)
  delay(51000);
  if(j<=20&j>10)
  delay(800);
  if(j<=30&j>20)
  delay(600);
  if(j<=40&j>30)
  delay(400);
  if(j<=50&j>40)
  delay(200);
  return j;
}
 void setup()
{
  int i;
  for(i=1;i<=13;i++)
    pinMode(i,OUTPUT);
}
void loop()
{  int i,j;
while(1)
{
  digitalWrite(buzzer,LOW);
  led();
  j==judge();
  i=key-scan();
  if(i=3)
  {  if(i--){
                    digitalWrite(buzzer,HIGH);
                    delay(100);
                    digitalWrite(buzzer,LOW);
                    delay(100);}
                    Break;}
if(j=50)
          {for(j=5;j>0;j--){
                    digitalWrite(buzzer,HIGH);
                    delay(100);
                    digitalWrite(buzzer,LOW);
                    delay(100);}
                    break;}
  }
}
```

第5章 智能小车设计

5.1 制作智能小车

大部分读者可能小时候都梦想有一台属于自己的四驱车，并且好奇为什么通电四驱车就会跑起来。接下来的章节，我们将介绍四驱车的工作原理，带领读者了解电机的类型，并指导读者制作出属于自己的智能小车。

本项目介绍一款语音识别智能小车的设计。该小车以 Arduino 2560 为控制核心，可通过语音识别对其行驶状态和控制模式进行控制和切换。本设计主要完成各部分硬件模块的设计，同时实现智能小车的语音识别、语音播放、模式切换、蓝牙遥控等设计，从而使小车和控制者具有一定的交互功能。测试表明，小车可以根据控制者的操作做出相应的动作。

5.1.1 直流电机

直流电机（Direct Current Machine）是指能将直流电能转换成机械能（直流电动机）或将机械能转换成直流电能（直流发电机）的旋转电机（见图 5-1）。它是能实现直流电能和机械能互相转换的电机。当它作电动机运行时是直流电动机，会将电能转换为机械能；作发电机运行时是直流发电机，会将机械能转换为电能。

图 5-1 常见的直流电机

5.1.2 直流无刷电机的控制原理

根据直流无刷电机的控制原理，要让电机转动起来，首先控制部就必须根据 hall-sensor 感应到的电机转子所在位置，然后依照定子绕线决定开启（或关闭）换流器（Inverter）中功率晶体管的顺序。换流器中的 AH、BH、CH（称为上臂功率晶体管）及 AL、BL、CL（称为下臂功率晶体管），使电流依序流经电机线圈产生顺向（或逆向）旋转磁场，并与转子的磁铁相互作用，就能使电机顺时/逆时转动。当电机转子转动到 hall-sensor 感应出另一组信号的位置时，控制部再开启下一组功率晶体管，如此循环，电机就可以依同一方向继续转动，直到控制部决定要电机转子停止，则关闭功率晶体管（或只开下臂功率晶体管）；要电机转子反向则功率晶体管开启顺序相反。

功率晶体管的开法可举例如下：AH、BL 一组→AH、CL 一组→BH、CL 一组→BH、AL 一组→CH、AL 一组→CH、BL 一组，但绝不能开成 AH、AL 或 BH、BL 或 CH、CL。此外，因为电子零件总有开关的响应时间，所以功率晶体管在关与开的交错时间要将零件的响应时间考虑进去，否则当上臂（或下臂）尚未完全关闭，下臂（或上臂）就已开启，结果会造成上、下臂短路而使功率晶体管烧毁。

当电机转动起来，控制部会再根据驱动器设定的速度及加/减速率所组成的命令（Command）与 hall-sensor 信号变化的速度加以比对（或由软件运算）再来决定由下一组（AH、BL 或 AH、CL 或 BH、CL……）开关导通，以及导通时间长短。速度不够则加长，速度过头则减短。此部分工作由 PWM 来完成。PWM 是决定电机转速快或慢的方式，如何产生这样的 PWM 才是要达到较精准速度控制的核心。

高转速的速度控制必须考虑到系统的 CLOCK 分辨率是否足以掌握处理软件指令的时间。另外对于 hall-sensor 信号变化的资料存取方式也影响到处理器效能与判定正确性和实时性。至于低转速的速度控制，尤其是低速起动，则因为回传的 hall-sensor 信号变化变得更慢。这时，怎样获取信号方式、处理时机以及根据电机特性适当配置控制参数值就显得非常重要。或者速度回传改变以 encoder 变化为参考，使信号分辨率增加，以期得到更佳的控制。电机能够运转顺畅而且响应良好，P.I.D.控制的恰当与否也无法忽视。之前提到直流无刷电机是闭回路控制，因此回授信号就等于告诉控制部电机转速距离目标速度还差多少。这就是误差（Error）。知道了误差自然就要补偿，方法有传统的工程控制，如 P.I.D.控制。但控制的状态及环境其实是复杂多变的。若要控制坚固耐用，则要考虑的因素恐怕不是传统的工程控制能完全掌握的，所以模糊控制、专家系统及神经网络也被纳入成为智能型 P.I.D.控制的重要理论。

5.1.3 直流电机的控制

直流电机控制方法较为简单，可以采用 Arduino uno 直接控制。具体控制连接原理图如图 5-2 所示。控制代码也相对简单，具体如下所示。

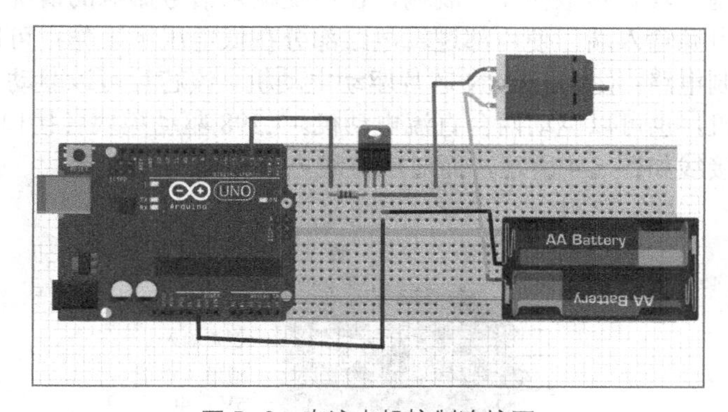

图 5-2 直流电机控制连接图

（1）简单控制的示例

```
    void setup()
{
pinMode(3,OUTPUT);
}
```

```
void loop()
{
digitalWrite(3,HIGH);
delay(2000);
pinMode(3,OUTPUT);
}
```

（2）改变电机速度的示例

```
int motorPin = 3;
void setup()
{
}
void loop(){
for(int fadeValue = 0;fadeValue <=255;fadeValue+=50)
{
analogWrite(motorpin,fadeValue);
delay(2000);
}
for(int fadeValue =255;fadeValue >=0;fadeValue-=50)
{
analogWrite(motorpin,fadeValue);
delay(2000);
}
}
```

5.2 采用驱动模块进行控制

驱动模块根据功能、性能分为很多种类，本节根据实际需求使用 L298N 驱动模块。L298N 是一种高电压、大电流电机驱动芯片。该芯片采用 15 脚封装，内含两个 H 桥的高电压大电流全桥式驱动器，可以用来驱动直流电动机和步进电动机、继电器线圈等感性负载；采用标准逻辑电平信号控制；具有两个使能控制端，在不受输入信号影响的情况下，允许或禁止器件工作有一个逻辑电源输入端，使内部逻辑电路部分在低电压下工作；可以外接检测电阻，将变化量反馈给控制电路；使用 L298N 芯片驱动电动机。该芯片可以驱动一台两相步进电动机或四相步进电动机，也可以驱动两台直流电动机。L298 驱动模块各接口如图 5-3 所示，相应驱动直流电动机接线如图 5-4 所示，而对应接线方法如图 5-5 所示。

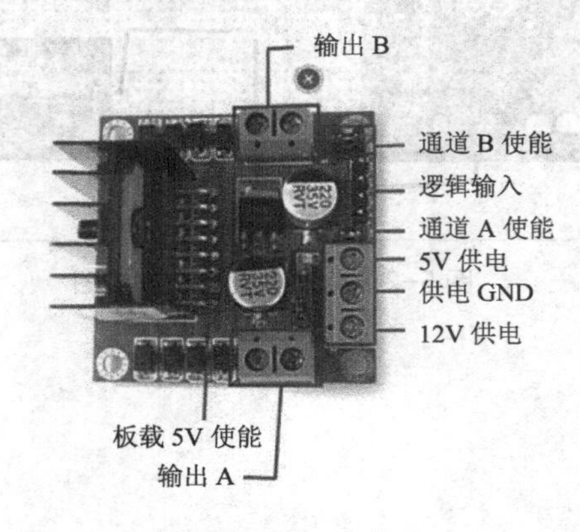

图 5-3　接口定义

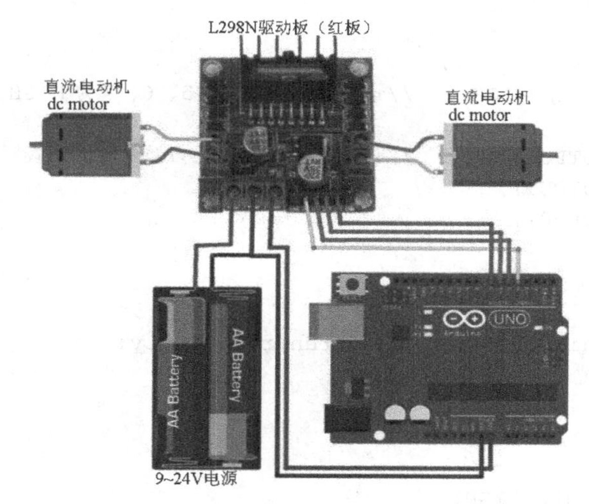

图 5-4 Arduino+L298N 驱动直流电机接线方式

直流电动机	旋转方式	IN1	IN2	IN3	IN4	调速 PWM 信号	
						调速端 A	调速端 B
M1	正转	高	低	/	/	高	/
	反转	低	高	/	/	高	/
	停止	低	低	/	/	高	/
M2	正转	/	/	高	低	/	高
	反转	/	/	低	高	/	高
	停止	/	/	低	低	/	高

图 5-5 接线方法

（1）简单实例

下面编写实现以下功能的代码。

① 当 ENA 使能 IN1 IN2 控制 OUT1 OUT2。

② 当 ENB 使能 IN3 IN4 控制 OUT3 OUT4。

③ 可以分别从 IN1 IN2 输入 PWM 信号驱动电动机 1 的转速和方向。

④ 可以分别从 IN3 IN4 输入 PWM 信号驱动电动机 2 的转速和方向。

具体代码如下。

```
int IN1 = 4;
int IN2 = 5;
int IN3 = 6;
int IN4 = 7;

int EN1 = 10;                  //使能端口 1
int EN2 = 11;                  //使能端口 2

void setup() {
  //安装代码放于此，执行一次
  int i;
  for (i = 4; i <= 7; i++)    //为 Ardunio 电动机驱动板
    pinMode(i, OUTPUT);       //设置数字端口 4,5,6,7 为输出模式
```

```
  for (i = 4; i <= 7; i++)
    digitalWrite(i, HIGH);   //设置数字端口 4、5、6、7 为 HIGH，电动机保持不动

  pinMode(10, OUTPUT);       //设置数字端口 10、11 为输出模式
  pinMode(11, OUTPUT);
  Serial.begin(9600);
}

void loop() {
  // put your main code here, to run repeatedly:

}
void up() {      //上
  //电动机 1 正转
  digitalWrite(IN1, HIGH);
  digitalWrite(IN2, LOW);
  //电动机 2 正转
  digitalWrite(IN3, HIGH);
  digitalWrite(IN4, LOW);

}
void down() {    //下
  //电动机 1 反转
  digitalWrite(IN1, LOW);
  digitalWrite(IN2, HIGH);
  //电动机 2 反转
  digitalWrite(IN3, LOW);
  digitalWrite(IN4, HIGH);
}
void left() {    //左（方向与电动机位置关联，可能相反）
  //转向角度与时间相关
  //电动机 1 反转
  digitalWrite(IN1, LOW);
  digitalWrite(IN2, HIGH);
  //电动机 2 正转
  digitalWrite(IN3, HIGH);
  digitalWrite(IN4, LOW);
}


void right() {  //右
  //电动机 1 正转
  digitalWrite(IN1, HIGH);
  digitalWrite(IN2, LOW);
  //电动机 2 反转
  digitalWrite(IN3, LOW);
  digitalWrite(IN4, HIGH);
}
void seize_up(boolean a) { //停止转动
  if (a)
```

```
  {
    analogWrite(EN1, 0);
    analogWrite(EN2, 0);
  }
  else
  {
    analogWrite(EN1, 255);
    analogWrite(EN2, 255);
  }
}
```

（2）接线方式

IN1~4 接 Arduino mega2560 的 PIN4~7；将 L298N 上的 ENA、ENB 插口上的插销拔掉；将 ENA 与 Arduino mega2560 的 PIN11 脚相连；ENB 与 Arduino mega2560 的 PIN8 相连；IN1 接 PIN4；IN2 接 PIN5；IN3 接 PIN6；IN4 接 PIN7；ENA 接 PIN11；ENB 接 PIN8。图 5-6 所示为连线示意图。

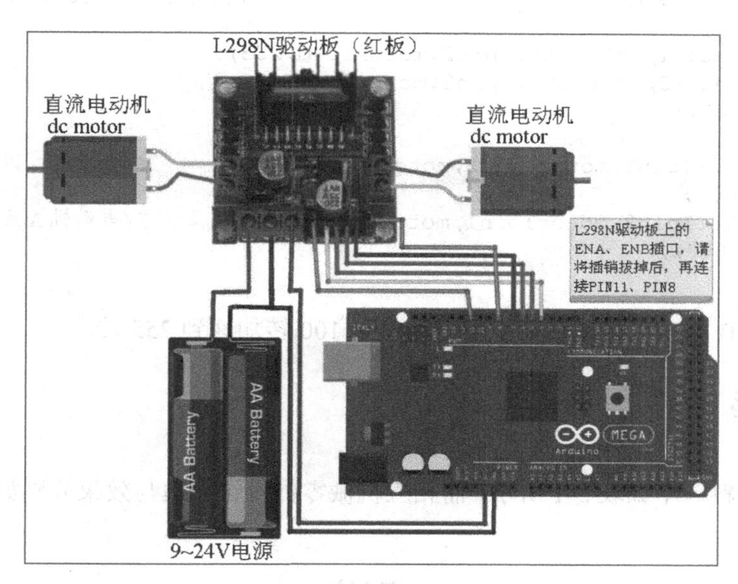

图 5-6 连线示意图

相关实例的代码如下。

```
#define motor1pin1 4                          //定义 IN1 引脚
#define motor1pin2 5                          //定义 IN2 引脚
#define motor1pwm 11                          //定义 ENA 引脚
#define motor2pin1 6                          //定义 IN3 引脚
#define motor2pin2 7                          //定义 IN4 引脚
#define motor2pwm 8                           //定义 ENB 引脚
//定义一个电动机转动函数
void motor(int motorpin1,int motorpin2,int motorpwm,int val)
{
pinMode(motorpin1,OUTPUT);                    //输出第一个引脚
pinMode(motorpin2,OUTPUT);                    //输出第二个引脚
digitalWrite(motorpin2,0);                    //将第二个引脚置低
```

```
    digitalWrite(motorpin1,1);                      //将第一个引脚抬高
    analogWrite(motorpwm,val);                      //给 EN 引脚设定模拟值，设定转速
    }
    void setup()
    {
    }
    void loop()
    {
      int i;
    //让电动机的转速从 100~255 转动，A，B 转速不一样，完成转向
      for(i=100;i<=255;i++)
      {
    //电动机 B 保持 255 匀速转动
    motor(motor2pin1,motor2pin2,motor2pwm,255);
    //电动机 A 从 100 到 255 转动
      motor(motor1pin1,motor1pin2,motor1pwm,i);
      delay(500);                                   //间隔 500ms
      }
      for(i=100;i<=255;i++)                         //让电动机从 100~255 转动，功能同上
      {
        motor(motor1pin1,motor1pin2,motor1pwm,255);
        motor(motor2pin1,motor2pin2,motor2pwm,i);
        delay(500);
      }
      motor(motor1pin1,motor1pin2,motor1pwm,255);          //电动机 A 以最大转速转动
      delay(5000);
      motor(motor1pin2,motor1pin1,motor1pwm,255);          //电动机 A 反向转动
        delay(5000);
    }
```

程序效果：B 电动机匀速转动，A 电动机从 100 转加速到 255 转。

5.3 材料清单

本实例的材料清单如表 5-1 所示，而相应机械零件设计原理与效果分别如图 5-7 和图 5-8 所示。

表 5-1 材料清单

序　号	元器件名称	型号参数规格	数　量	参考实物图
1	Arduino	Mega 2560	1 个	
2	万向轮	1 寸全局从动转向轮	1 个	

续表

序　　号	元器件名称	型号参数规格	数　　量	参考实物图
3	语言模块	非特定人声语音识别模块	1个	
4	铜柱	M3×6	4个	
5	螺丝	M3×8	12	
6	螺母	M3	12	
7	杜邦线	20cm 公对母	1	
8	电池盒	四节电池盒	1	
9	小车底盘	网购（有条件可自己3D打印，或者使用洞洞板代替）	1	

续表

序　号	元器件名称	型号参数规格	数　量	参考实物图
10	橡胶车轮	直径 65mm，轴孔长 5.3mm	2	
11	电动机	DC3V-6V 直流减速电动机	2	
12	开关	小型开关	1	
13	驱动板	L298N	1	
14	蓝牙串口模块	HC-05	1 个	

上述清单中的材料中有几处需要特别注意。

（1）第 11 项直流减速电动机，一定要按照要求购买减速电动机，否则将会像市面上的玩具赛车一样一经上电就具有很高的速度，这样极容易烧毁电路。

（2）第 3 项是本项目的语音识别、对话功能实现的模块。之所以选择这个型号是因为其内置了较大的存储空间，用户可以自行定义 2000 句对话。这样可以实现人和机器人的对话交流，也能实现用户对机器人的语音控制功能。该语音模块有 3 个版本，分别是核心板、升级版和完全版。核心板的价钱相对较低，本项目建议使用该版本。如果有读者想额外增加语音方面的功能，可以选择后面两个版本。

（3）项目 2 中万向轮也可以用牛眼轮来替代。

（4）项目 14 中需购买 HC-05 种类的蓝牙串口模块，HC-05 主从端一体，可以进行信号的转化，从而比较出色地完成遥控任务。

5.4　机械零件设计

机械零件设计原理图和效果图分别如图 5-7 和图 5-8 所示。

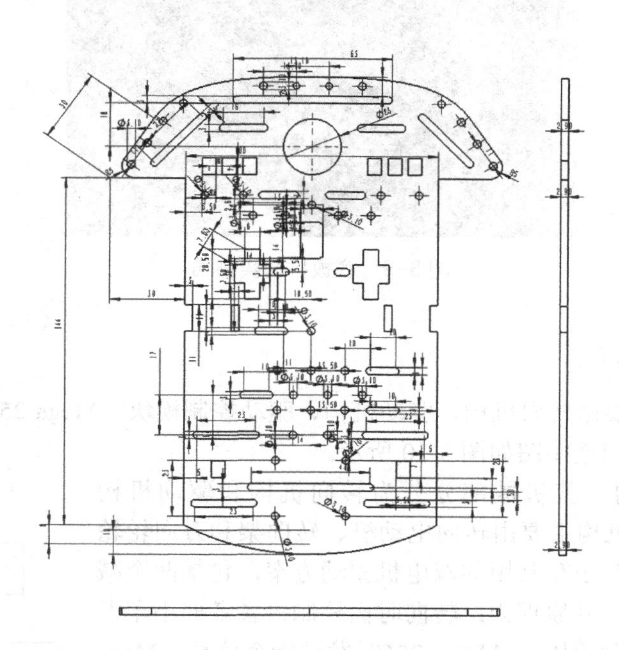

图 5-7　机械零件设计原理图

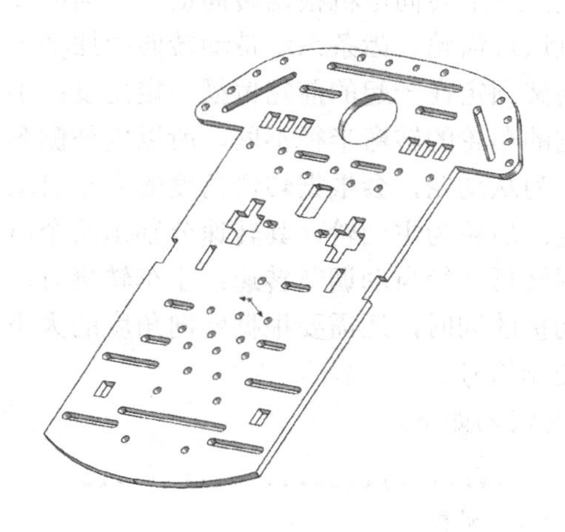

图 5-8　机械零件设计效果图

本节所提供的零件都是 3D 建模，自行打印完成的，在打印时需要注意小车地板上的螺丝口以及细小的口，以免后期因为当时的马虎而造成不必要的损失。

5.5 实物拼装

底板拼装出的效果如图 5-9 所示。

图 5-9 底板拼装实物图

5.5.1 电路设计

智能声控小车主要由转向机构、驱动机构、驱动控制模块（Mega 2560）、语音控制模块等四大部分组成，相应连接图如图 5-10 所示。

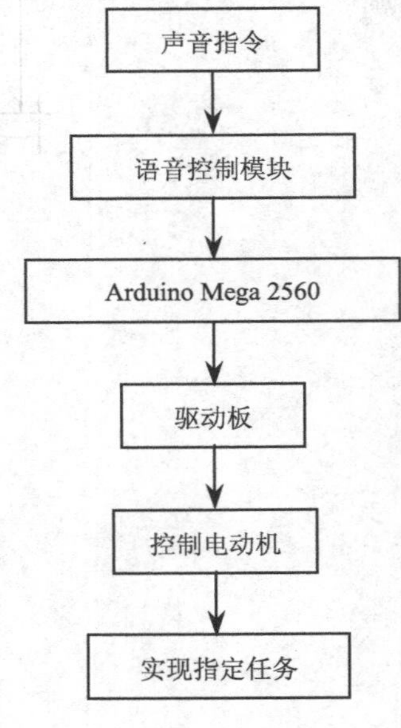

图 5-10 连接图

小车为轮式结构，其机械部分分为转向机构和驱动机构（Mega 2560）。转向机构主要由转向电动机、转向架和万向轮轮组成驱动机构采用玩具小车常用的双电机驱动方案，包括两个减速电机和 Mega 2560，其原理为：转向时由控制语音者向小车发出转向信号；语音控制模块向 Mega 2560 发送指令信息；Mega 2560 再发送信号给转向电动机；转向电机根据转向信号正向或反向旋转一定角度；电动机通过齿轮、齿条系统带动转向架摆动一定角度，最终带动与转向架固定在一起的前轮偏摆一定角度；小车在转向时由于内、外侧的车轮的转弯半径不同，所以内外侧车轮的转速也不相同；前轮为从动轮，会根据转弯角度的大小自动调节内、外侧车轮的转速；后轮为主动轮，其转速分别由两个电动机独立驱动，不会根据转弯半径自动调节转速；小车转弯时，控制系统在控制转向电动机的同时，还需要根据转向角度的大小向两个驱动电动机发出控制信号。

Arduino Mega 2560 的代码如下。

```
/**********************************************
捕获步进电机信号控制直流电动机
使用 Arduino 的外部中断
**********************************************/
int InterruptA = 1;         //定义 InterruptA 为外部中断 1，也就是引脚 3
int InterruptB = 0;         //定义 InterruptB 为外部中断 0，也就是引脚 2
volatile int state = 0;     //定义 state 用来保存小车左右转的状态
```

```
//1 为左转，2 为右转

void setup()
{

pinMode(2, INPUT);
pinMode(3, INPUT);

pinMode(4, OUTPUT);
pinMode(5, OUTPUT);
pinMode(6, OUTPUT);
pinMode(7, OUTPUT);

//9 脚用于检测继电器的状态
pinMode(9, INPUT);

// 监视外部中断输入引脚的变化
attachInterrupt(InterruptA, stateInterruptA, FALLING);
attachInterrupt(InterruptB, stateInterruptB, FALLING);
}
void loop()
{
if(digitalRead(2) == LOW || digitalRead(3) == LOW)
{
if(state == 1)
{
//state 为 1 时小车左转
digitalWrite(4,LOW);
digitalWrite(7,HIGH);

analogWrite(5,240);
analogWrite(6,240);
}
else if(state == 2)
{
//state 为 2 时小车右转
digitalWrite(4,HIGH);
digitalWrite(7,LOW);

analogWrite(5,240);
analogWrite(6,240);
}
else
{
//小车停止
analogWrite(5,0);
analogWrite(6,0);
}
}
else
{
```

```
state = 0;
//在继电器吸合的情况下
if(digitalRead(9) == 0)
{
//小车前进
digitalWrite(4,HIGH);
digitalWrite(7,HIGH);
analogWrite(5,250);
analogWrite(6,250);
}
else
{
//小车停止
analogWrite(5,0);
analogWrite(6,0);
}
}
}

//中断函数 stateInterruptA，当 A+ 先收到脉冲则小车左转
void stateInterruptA()
{
if(state == 0)
state = 1;
}

//中断函数 stateInterruptB，当 B+ 先收到脉冲则小车左转
void stateInterruptB()
{
if(state == 0)
state = 2;
}
```

5.5.2 语音识别模块连接

1. MEGASUN-M6 核心板

本项目语言识别模块使用了 WEGASUN-M6 核心板。该模块是集语音识别、语音合成、语音（MP3）点播、RF（射频）功能、红外功能于一体的多功能模块。目前主要应用在智能家居、对话机器人、车载调度终端、高端智能语音交互玩具、楼宇智能化、教育机器人等方面。主打傻瓜式的简易操作、优越的语音识别和语音合成性能，应用领域十分广泛。

2. 模块连接方法

语音识别模块与 Arduino 2560 接线方法如下。

（1）语音模块 TXD——2560 RX1。

（2）语音模块 RXD——2560 TX1。

（3）语音模块 GND——2560 GND。

（4）语音模块 3V3——2560 3.3V。

同时，注意语音识别模块的供电。如果发现语音识别模块的 3.3V 电压从 2560 的 3.3V 引脚取电无法进行语音识别或者播放语音，需将语音识别模块的 5V 电源输入端接到 Uno 的 VIN 引脚端，并且选择外部 9V 的电源适配器给 2560 供电，这样就有充足的电流和电压了。具体实物连接后的效果如图 5-11 所示。

图 5-11　实物连接图

3. 程序代码

（1）核心板代码

```
@KeyWordBuf02#前进 001|后退 002|$
@KeyWordBuf04#左转 003|右转 004|$
@KeyWordBuf04#停止 005|$
@WriteKeyWordBuf#$
@WriteFlashText#|001! |002! |003! |004! |005! |$
```

（2）Arduino Mega2560 代码

```
void sk() {
  val = Serial2.read();
  if (-1 != val)
  {
    if (1 == val) {//
      digitalWrite(4,HIGH);
      digitalWrite(7,HIGH);
      analogWrite(5,250);
      analogWrite(6,250);
    }
    if (2 == val) {
      digitalWrite(4,LOW);
      digitalWrite(7,LOW);
      analogWrite(5,250);
      analogWrite(6,250);
    }
```

```
    if (3 == val) {
     digitalWrite(4,LOW);
      digitalWrite(7,HIGH);

      analogWrite(5,240);
      analogWrite(6,240);
    }
  if (4 == val) {
      digitalWrite(4,HIGH);
       digitalWrite(7,LOW);


         analogWrite(5,240);
         analogWrite(6,240);
    }
  if (5== val) {
  analogWrite(5,0);
  analogWrite(6,0);
        }


    }

  }
```

4. 蓝牙控制

蓝牙小车原理：App 设定编码→通过手机蓝牙发送编码→HC05 收到编码，发送到 Arduino2560 板子→板子解析编码→控制电机。

图 5-12 为蓝牙控制手机控制端截图。

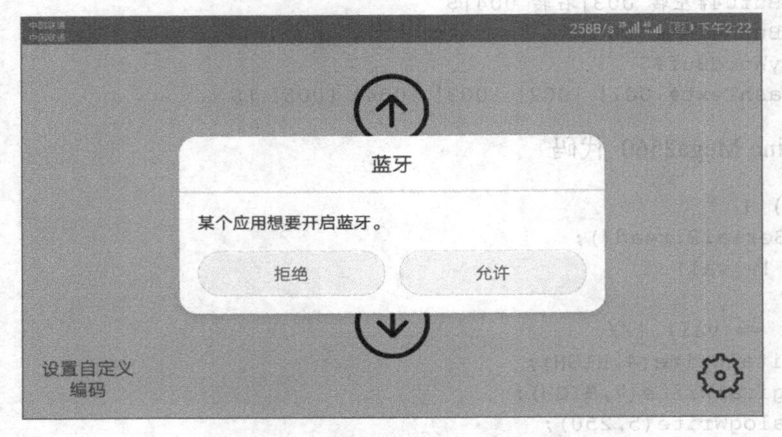

图 5-12　蓝牙控制手机控制端截图

单击打开 App 之后，首先会自动弹出提示要求打开手机蓝牙，可以看到 4 个方向箭头以及中间的“停止”按钮，用来控制小车前进后退和左转右转。做这些操作的前提是要连接上蓝牙小车的蓝牙模块 HC05。这时需要首先单击右下角像螺母的图标，弹出如图 5-13 所示的提示。

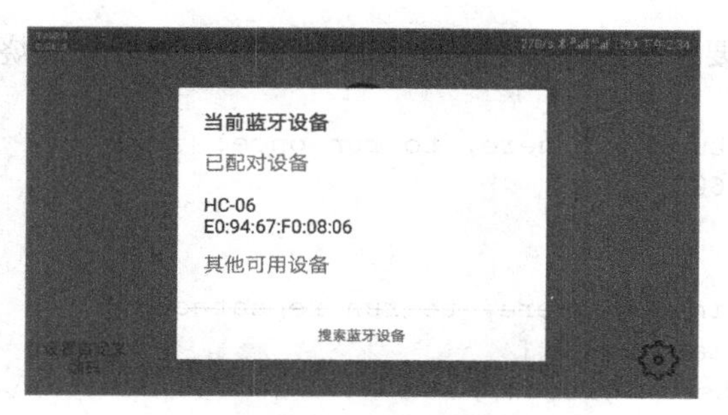

图 5-13 配对蓝牙设备

如果没有上图所示，请单击搜索蓝牙设备，应该会看到一个 HC06。若没有，请确认蓝牙模块电源连接正确。若看到 HC06，单击，如果是第一次配对，需要输入密码：默认是 0000 或者 1234。如果配对过，单击就自动连接了。

蓝牙小车前进后退和左转右转停止，都是一种状态，所以我们用编码去区分。在本实验的 App 里，默认设置为：前进为 3、后退为 4、左转为 1、右转为 2、停止为 0。当然，也可以自定义编码，单击左下角进入设置页面，如图 5-14 所示。

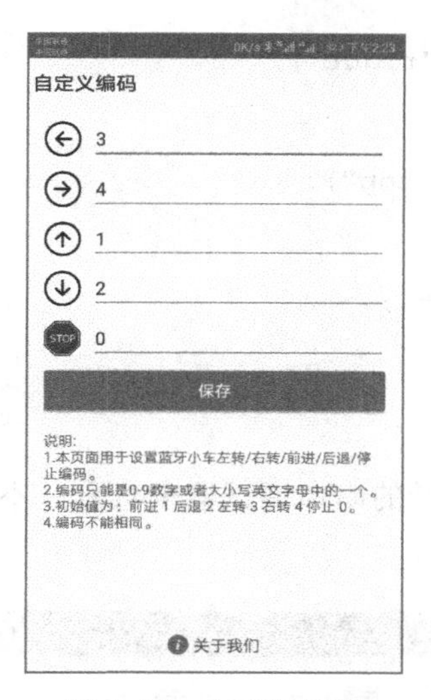

图 5-14 自定义编码

编码只能是数字 0~9 以及 26 个大小写字母。设置完成后的效果如图 5-15 所示。

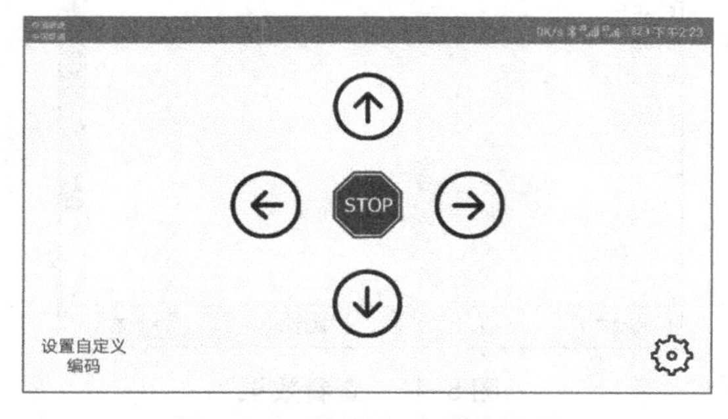

图 5-15 设置完成后的效果

App 端设置好后，要怎么测试编码是否正确呢？可把下面代码烧入 Arduino 2560 板子。

```
void setup() {
  // put your setup code here, to run once:
  Serial.begin(9600);
}
void loop() {
  // put your main code here, to run repeatedly:
  if(Serial.available()>0){
      char ch = Serial.read();
      if(ch == '1'){
          //前进
          Serial.println("up");
      }else if(ch == '2'){
          //后退
          Serial.println("back");
      }else if(ch == '3'){
          //左转
          Serial.println("left");
      }else if(ch == '4'){
          //右转
          Serial.println("right");
      }else if(ch=='0'){
          //停车
          Serial.println("stop");
      }else{
          //其他编码
          Serial.println(ch);
      }
    }
}
```

然后可以用 Arduino IDE 自带的串口调试器来查看，不出意外应该可以看到类似图 5-16 所示的效果。

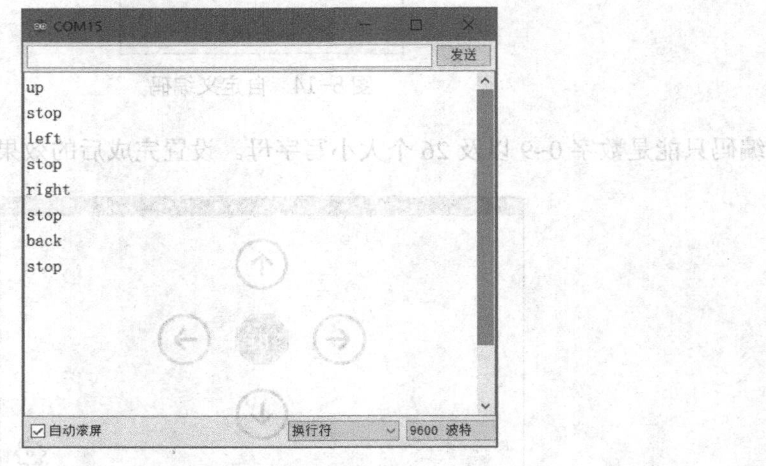

图 5-16　查看效果

5.6 成品实物图

完成后的电路实物及侧视和主视图分别如图 5-17~图 5-19 所示。

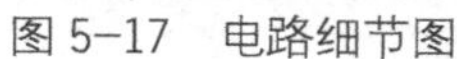

图 5-17 电路细节图

图 5-18 侧视图

图 5-19 主视图

5.7 项目拓展——智能巡线避障小车

1. 材料准备

制作智能巡线避障小车所需的材料如表 5-2 所示。

表 5-2 材料准备

元器件名称	参数规格	数 量	参考实物图
巡线传感器	SEN1595-1D	7	
超声波模块	SRF-04	1	

使用上述材料组装的实物如图 5-20 所示，对应的电路连接如图 5-21 所示。

图 5-20 实物图

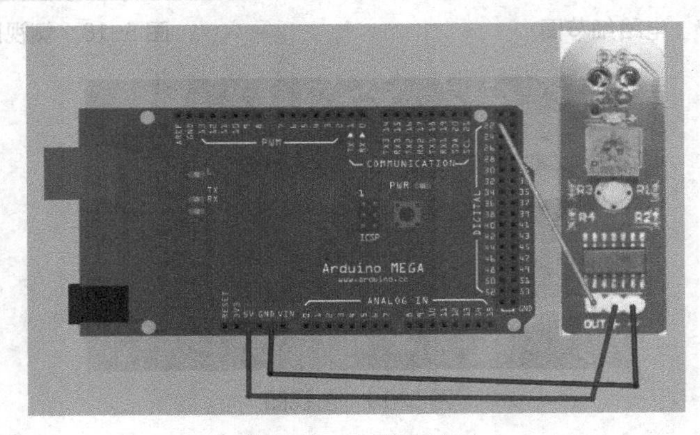

图 5-21 电路连接图

2. 巡线代码

```
#define motor1pin1 4                     //定义 IN1 引脚
#define motor1pin2 5                     //定义 IN2 引脚
#define motor1pwm 11                     //定义 ENA 引脚（我的是 Mega2560 的板子）
#define motor2pin1 6                     //定义 IN3 引脚
#define motor2pin2 7                     //定义 IN4 引脚
#define motor2pwm 8                      //定义 ENB 引脚
void motor(int motorpin1,int motorpin2,int motorpwm,int val)
//定义一个电机转动函数
{
pinMode(motorpin1,OUTPUT);               //输出第一个引脚
pinMode(motorpin2,OUTPUT);               //输出第二个引脚
digitalWrite(motorpin2,0);               //将第二个引脚置低
digitalWrite(motorpin1,1);               //将第一个引脚抬高
analogWrite(motorpwm,val);               //给 EN 引脚设定模拟值，设定转速
}

void setup()
{
  Serial.begin(9600);
```

```
}
void loop()
{
  char num1,num2,num3,num4,num5,num6,num7;
  num1=digitalRead(22);
  num2=digitalRead(23);
  num3=digitalRead(24);
  num4=digitalRead(25);
  num5=digitalRead(26);
  num6=digitalRead(27);
  num7=digitalRead(28);
                          //用 num1~7 保存从左到右 7 个传感器的状态
  if(num1==0)             //第 1 个传感器检测到黑线用 200 的速度左转
  {

   motor(motor2pin1,motor2pin2,motor2pwm,255);
  motor(motor1pin1,motor1pin2,motor1pwm,55);
  delayMicroseconds(2);

  }
 else if(num2==0)         //第 2 个传感器检测到黑线用 150 的速度左转
 {
 motor(motor2pin1,motor2pin2,motor2pwm,255);
 motor(motor1pin1,motor1pin2,motor1pwm,105);
    delayMicroseconds(2);
 }
  else if(num3==0)        //第 3 个传感器检测到黑线用 150 的速度左转
 {
   motor(motor2pin1,motor2pin2,motor2pwm,255);
 motor(motor1pin1,motor1pin2,motor1pwm,105);

   delayMicroseconds(2);
 }

 else if(num5==0)         //第 5 个传感器检测到黑线用 150 的速度右转
 {
  motor(motor2pin1,motor2pin2,motor2pwm,105);
 motor(motor1pin1,motor1pin2,motor1pwm,255);

  delayMicroseconds(2);
 }
 else if(num6==0)         //第 6 个传感器检测到黑线用 200 的速度右转
 {
    motor(motor2pin1,motor2pin2,motor2pwm,55);
 motor(motor1pin1,motor1pin2,motor1pwm,255);

  delayMicroseconds(2);
 }
  else if(num7==0)        //第 7 个传感器检测到黑线用 250 的速度右转
 {
  motor(motor2pin1,motor2pin2,motor2pwm,5);
```

```
motor(motor1pin1,motor1pin2,motor1pwm,255);

  delayMicroseconds(2);
 }
 else                        //其他状态小车直走
 {
   motor(motor2pin1,motor2pin2,motor2pwm,255);
motor(motor1pin1,motor1pin2,motor1pwm,255);
delay(2);
 }
```

3. 超声波代码

```
#include <Servo.h>

//#define send

Servo myservo;
int Echo = A1;        // Echo回声脚(P2.0)
int Trig =A0;         // Trig 触发脚(P2.1)
int in1 = 5;
int in2 = 4;
int in3 = 3;
int in4 = 2;

int rightDistance = 0,leftDistance = 0,middleDistance = 0 ;

void forward()
{
 digitalWrite(in1,HIGH);
 digitalWrite(in2,LOW);
 digitalWrite(in3,HIGH);
 digitalWrite(in4,LOW);
}

void back()
{
 digitalWrite(in1,LOW);
 digitalWrite(in2,HIGH);
 digitalWrite(in3,LOW);
 digitalWrite(in4,HIGH);
}

void turnleft()
{
 digitalWrite(in1,HIGH);
 digitalWrite(in2,LOW);
 digitalWrite(in3,LOW);
 digitalWrite(in4,HIGH);
}
```

```
void turnright()
{
 digitalWrite(in1,LOW);
 digitalWrite(in2,HIGH);
 digitalWrite(in3,HIGH);
 digitalWrite(in4,LOW);
}
void stop()
{
 digitalWrite(in1,LOW);
 digitalWrite(in2,LOW);
 digitalWrite(in3,LOW);
 digitalWrite(in4,LOW);
}

int Distance_test()                //量出前方距离
{
  digitalWrite(Trig, LOW);         //给触发脚低电平2μs
  delayMicroseconds(2);
  digitalWrite(Trig, HIGH);        //给触发脚高电平10μs，这里至少是10μs
  delayMicroseconds(20);
  digitalWrite(Trig, LOW);         //持续给触发脚低电
  float Fdistance = pulseIn(Echo, HIGH);  //读取高电平时间(单位：微秒)
  Fdistance= Fdistance/58;         //为什么除以58等于厘米，  Y米=（X秒*344）/2
  // X秒=（ 2*Y米）/344 ==》X秒=0.0058*Y米 ==》厘米=微秒/58
  return (int)Fdistance;
}

void setup()
{
  myservo.attach(9);
  Serial.begin(9600);              //初始化串口
  pinMode(Echo, INPUT);            //定义超声波输入脚
  pinMode(Trig, OUTPUT);           //定义超声波输出脚
  pinMode(in1,OUTPUT);
  pinMode(in2,OUTPUT);
  pinMode(in3,OUTPUT);
  pinMode(in4,OUTPUT);

  stop();
}

void loop()
{
   myservo.write(90);
   delay(500);
   middleDistance = Distance_test();
   #ifdef send
   Serial.print("middleDistance=");
   Serial.println(middleDistance);
   #endif
```

```
    if(middleDistance<=20)
    {
      stop();
      delay(500);
      myservo.write(5);
      delay(1000);
      rightDistance = Distance_test();

      #ifdef send
      Serial.print("rightDistance=");
      Serial.println(rightDistance);
      #endif

      delay(500);
       myservo.write(90);
      delay(1000);
      myservo.write(175);
      delay(1000);
      leftDistance = Distance_test();

      #ifdef send
      Serial.print("leftDistance=");
      Serial.println(leftDistance);
      #endif

      delay(500);
      myservo.write(90);
      delay(1000);
      if(rightDistance>leftDistance)
      {
        turnright();
        delay(450);
       }
       else if(rightDistance<leftDistance)
       {
        turnleft();
        delay(450);
       }
       else
       {
        forward();
       }
    }
    else
      forward();
}
```

第6章 六足仿生机器人项目设计

6.1 设计思想

六足仿生机器人俗称蜘蛛机器人，因其运动方式有着其他机器人不具有的能力优势，流动性良好，能适应各种崎岖路面，能耗较少，所以主要用于军事侦察、太空探索、抢险救灾等方面，还可应用于家庭娱乐、机器人教育等领域，有着较为广阔的应用前景。

本项目的六足仿生机器人主要由控制板、18个舵机（6条腿）、稳压器、无线模块和一些数据采集传感器（温度传感器等）组成。本项目的蜘蛛机器人有丰富的扩展接口，后期可根据各种应用领域的需要扩充相应的传感器和功能模块，完全能够胜任视觉定位、自主规划判断路径、多传感器组合扩展等功能，具有语音控制、人机对话等多种功能，应用领域广泛，市场前景良好。

6.2 材料清单

设计六足仿生机器人所需的材料如表6-1所示。

表6-1 材料清单

序号	元器件名称	型号参数规格	数量	参考实物图
1	固定板上	自行打印	1块	详见6.3节
2	固定板下	自行打印	1块	详见6.3节
3	膝关节	自行打印	12个	详见6.3节
4	胫关节	自行打印	12个	详见6.3节
5	踝关节	自行打印	6个	详见6.3节
6	脚部支撑	自行打印	6个	详见6.3节
7	Arduino	Mega 2560	1个	

续表

序号	元器件名称	型号参数规格	数量	参考实物图
8	舵机控制器	32 路	1 个	
9	语音模块	非特定人声语音识别模块核心版	1 个	
10	红外避障	C7A4	6 个	
11	超声波传感器	HC-SR04 超声波测距模块	1 个	
12	Open MV	Cam M4-OV7725	1 个	
13	云台支架	自行打印	1 套	
14	数字舵机	MRS-D2009SP	19 个	

续表

序号	元器件名称	型号参数规格	数量	参考实物图
15	电池	1200mA/7.4V	1 个	
16	杜邦线	30cm 公对母	1 捆	
17	杜邦线	20cm 公对母	2 捆	
18	红外接收器	VS1838B 通用一体化红外接收头	1 个	
19	遥控器	ps2 无线手柄	1 个	
20	螺丝	M1.6×5	144 个	
21	螺丝	M1.6×20	72 个	

续表

序号	元器件名称	型号参数规格	数量	参考实物图
22	螺丝	M3×8	36 个	
23	螺母	M3	12 个	

上述清单中的材料中有几处需要特别注意。

（1）第 8 项舵机控制器之所以选用了 32 路是为了日后扩展其他功能所预留的通道。如果没有其他特殊需求，实际上 24 路舵机控制器就可以满足需要。本项目至少需要使用 12 路以上舵机控制器，读者制作的时候可以根据自己的实际需求选定。此外，六足仿生机器人和四足仿生机器人、八足仿生机器人的控制原理基本相同，舵机控制调用方式相同，传感器连接设计方法相同，唯一不同的是步态姿势不同。有兴趣的读者可以在本项目设计完成之后，自行设计其他足数的仿生机器人。

（2）第 9 项是本项目的语音识别、对话功能实现的模块。之所以选择这个型号，是因为其内置了较大的存储空间：用户可以自行定义 2000 句的对话，可以实现人和机器人的对话交流，也能实现用户对机器人的语音控制功能。该语音模块有 3 个版本，分别是核心板、升级版和完全版。核心板的价钱相对较低，本项目建议使用该版本。如果有读者想额外增加语音方面的功能，可以选择后面两个版本。

（3）第 12 项 OPENMV 模块是本项目的视觉模块，因其与 Arduino 兼容性较好，功能调用较为容易而选用。本模块用两个版本，分别为 M4 和 M7。M4 版本固件版本较低，芯片处理速度低于 M7，但是其价格便宜，实现的功能基本相同，没有特别需求的读者可以选择 M4 版本。

（4）第 13 项云台支架，本项目使用的是自行建模 3D 打印的零件，主要目的是降低开发成本。如果有读者想要性能更好的云台或者完成某些测绘、监控任务的需求，可自行选装市面上的各种二轴、三轴无刷云台，提高性能的同时不影响本项目机器人的其他功能实现。

（5）对于第 14 项中的数字舵机，读者也可以根据实际需求选择市面上的数字舵机，根据需要可以选用 180°或者 270°的数字舵机。舵机的扭矩规格可以根据实际情况选用 15~20kg。但是不建议读者选用模拟舵机，因为模拟舵机需要不断接受舵机控制器发送的 PWM 信号才能保持锁定角度，完成相应的操作，并且精度较差，线性度很难达标。而数字舵机仅需接受一次舵机控制器传递的 PWM 信号，就可以锁定角度不变，控制精度较高、线性度良好、相应速度快，能够完成本项目的各项功能需要。特别值得注意的是，并不是舵机的转动角度越大越好，所以读者不要选用 360°舵机，因为目前市面的无死角舵机绝大部分无法接受 PWM

信号控制，不能锁定角度不变，一经上电会不停旋转。

（6）第 18 项和第 19 项的红外接收模块和红外手柄（遥控器）是配套使用的。因成本低廉，本项目选用了红外控制方式。但是需要注意的是，红外接收控制有较多的限制，控制距离较近，不能有明显的遮挡物，并且在电子设备较多的复杂情况容易造成信号丢失，从而导致对机器人失去控制。有条件的读者可以根据本书前几章的内容，选用蓝牙、Wi-Fi、2.4G 技术等控制方式，但前提是不影响机器人的其他功能实现。

6.3 机械零件设计

机械零件包括机身固定板上下两部分、12 个膝关节、12 个胫关节、6 个踝关节和 6 个脚步支撑部件。这些零件的设计图和装配图分别如图 6-1~图 6-7 所示。本项目的机械零件采用 SolidWorks 建模生成。该软件功能强大，能够胜任大部分的工程制图，最重要的是其操作简单、易学易用，特别适合新手使用。

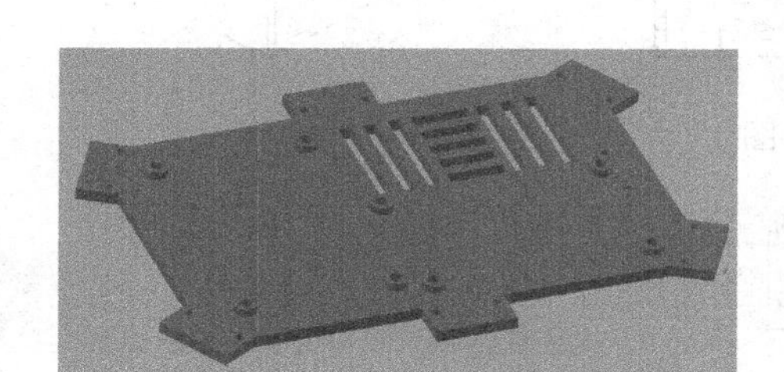

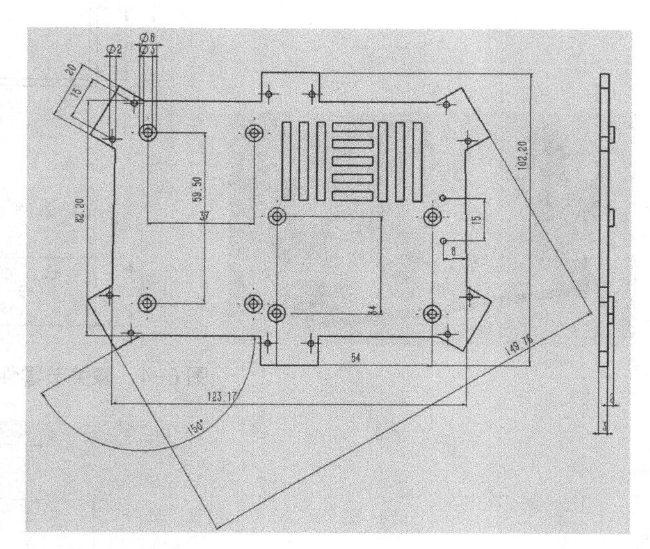

图 6-1　底板零件图

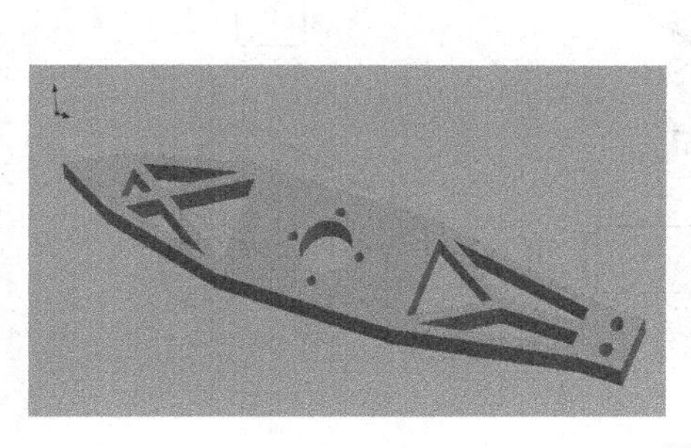

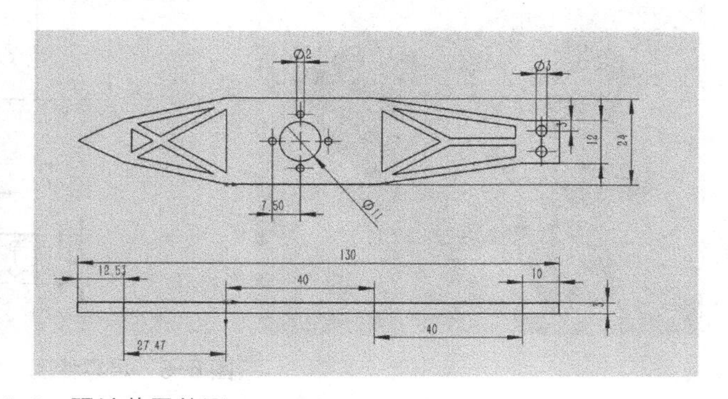

图 6-2　踝关节零件图

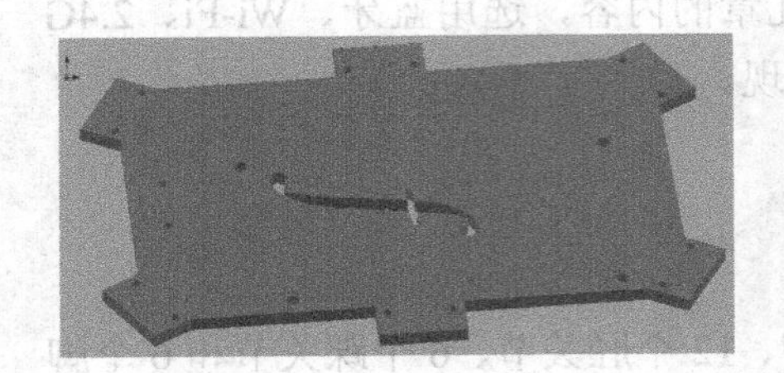

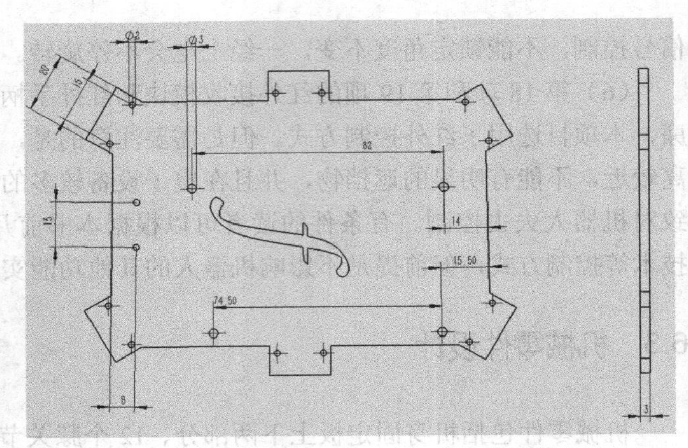

图 6-3　上板零件图

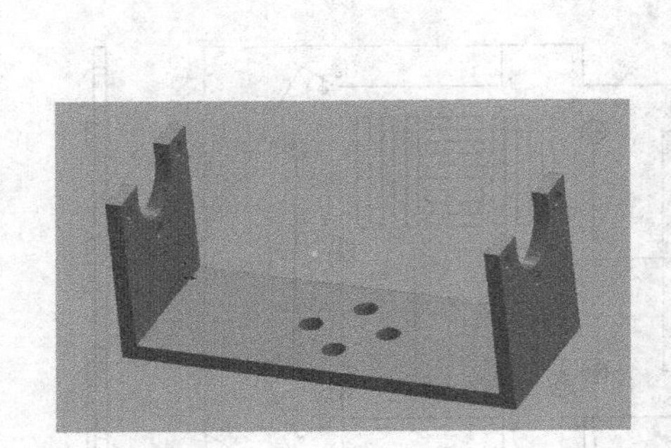

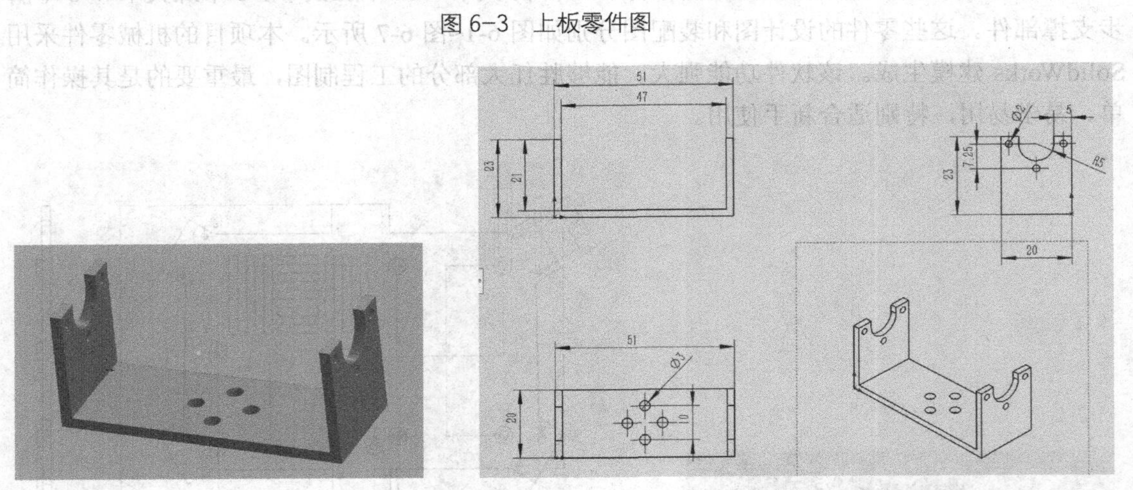

图 6-4　膝关节零件图

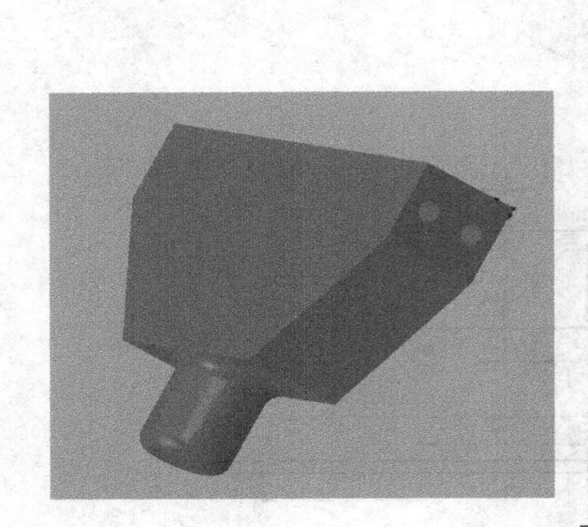

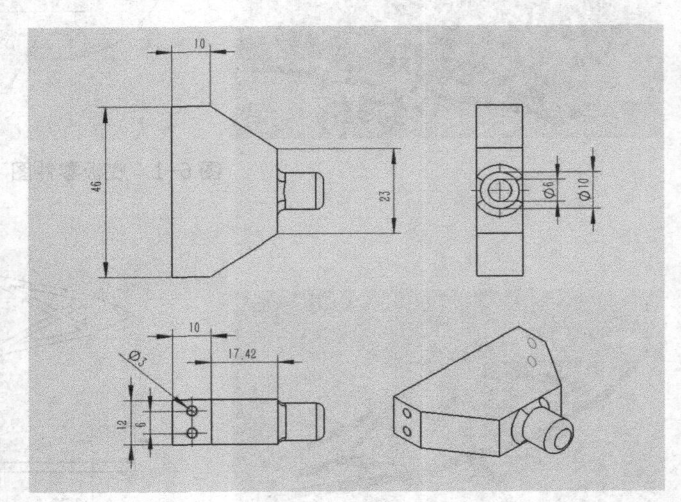

图 6-5　足零件图

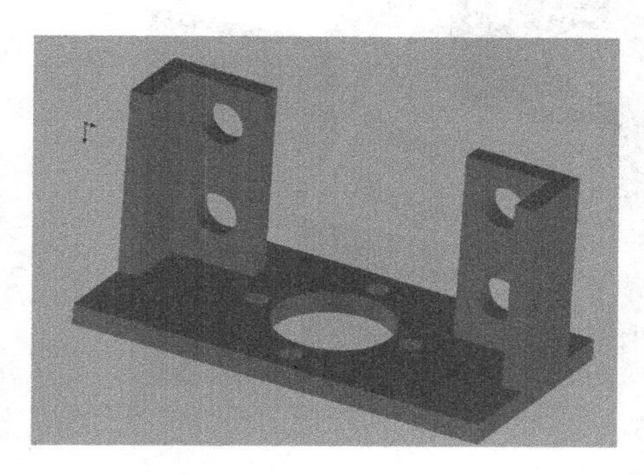

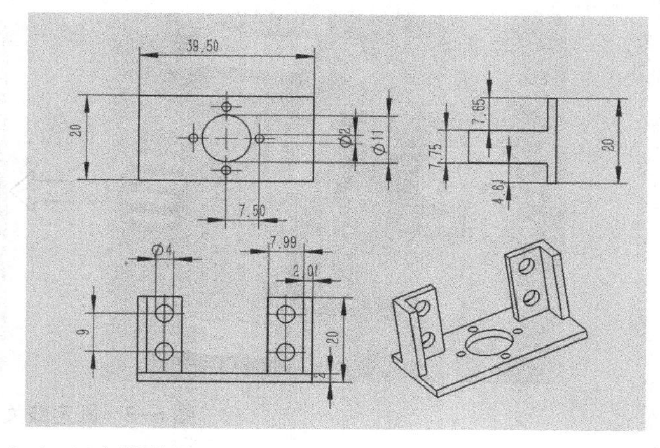

图 6-6 云台零件图

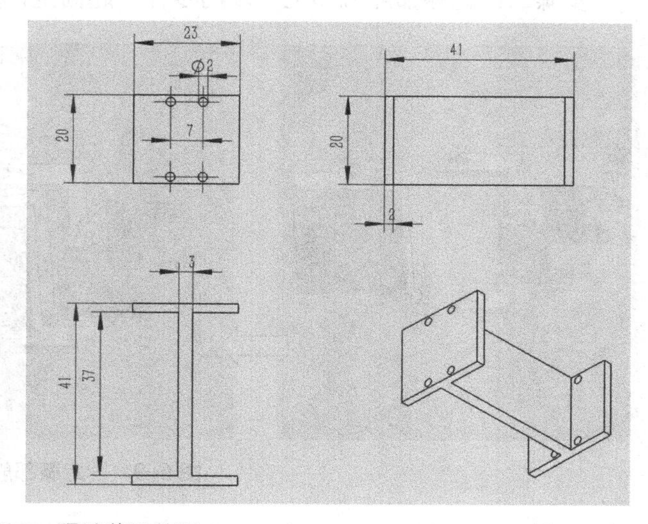

图 6-7 踝关节零件图

本节所提供的零件都是 3D 建模后，自行打印完成的，且上述所有模型的尺寸单位都是 mm。虽然本书使用的建模软件是 SolidWorks，但读者也可以根据自己平时的喜好和习惯选用其他的建模软件操作，只要按照上图所给出的尺寸设计就可以，但是输出文件一定要是“.stl”格式，因为目前市面上常用的桌面级 3D 打印机和准工业级 3D 打印机仅支持这种文件格式。

另外，3D 打印机原则上是选用精度越高越好，但是同学们往往接触到的都是入门级别的设备，所以上述零件图各插口没有做的特别细小，一般的打印机都可以完成。上述零件打印的最低要求标准是机器打印精度 0.2mm，打印层高 0.4mm。

6.4 组装流程

6.4.1 六足组装

步骤一：把两个膝部关节固定在一起，如图 6-8 所示。

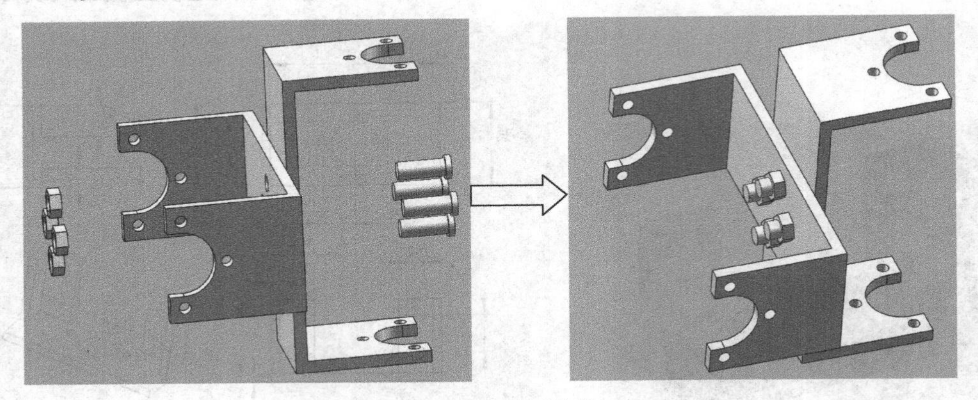

图 6-8　固定膝关节

步骤二：把膝部舵机和上一步的零件一起固定，如图 6-9 所示。

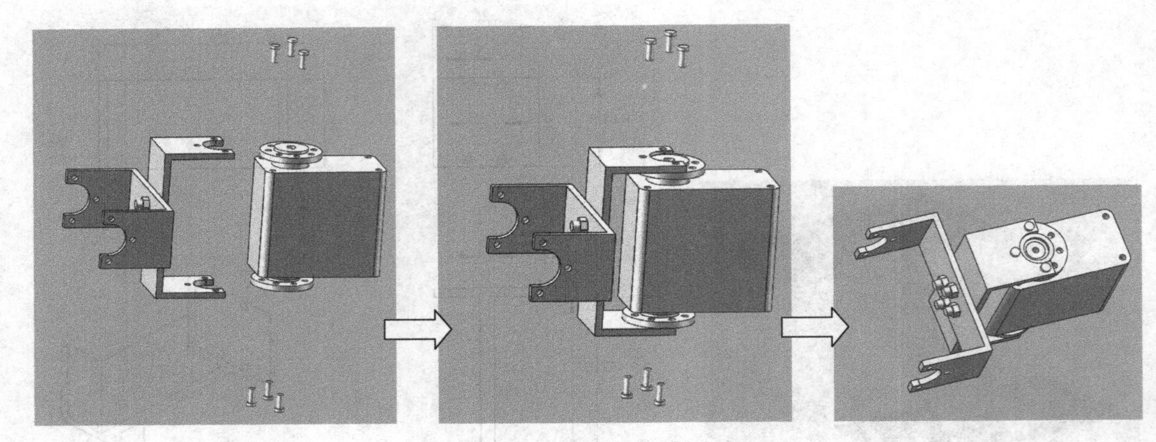

图 6-9　固定膝部舵机

步骤三：将上一步完成的内容与胫部关节连接件固定，如图 6-10 所示。

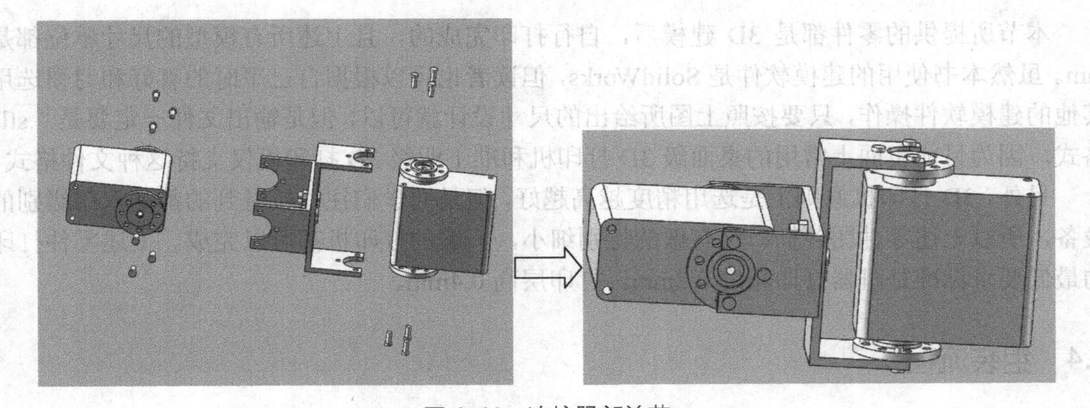

图 6-10　连接胫部关节

步骤四：完成胫部和踝部的连接，如图 6-11 所示。

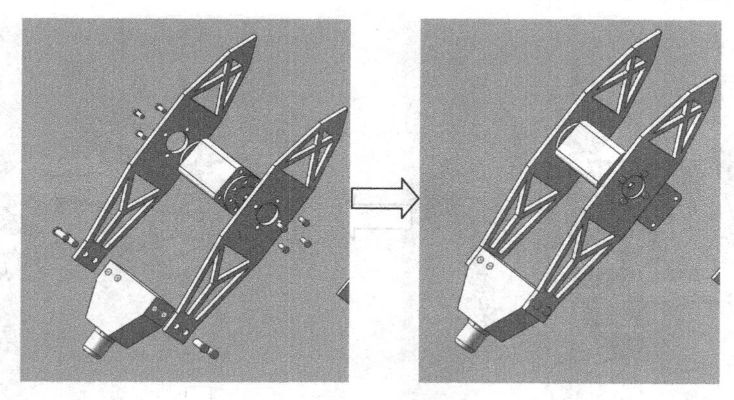

图 6-11　连接胫部和踝部

步骤五：将踝部、胫部、膝部所有零件固定，如图 6-12 所示。

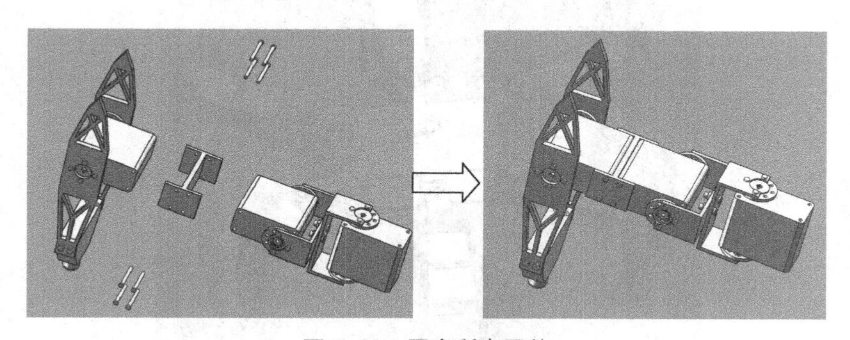

图 6-12　固定所有零件

步骤六：重复前面 5 个步骤，完成其他 5 条腿的组合。

6.4.2　身体部分组装

步骤一：安装云台，如图 6-13 所示。

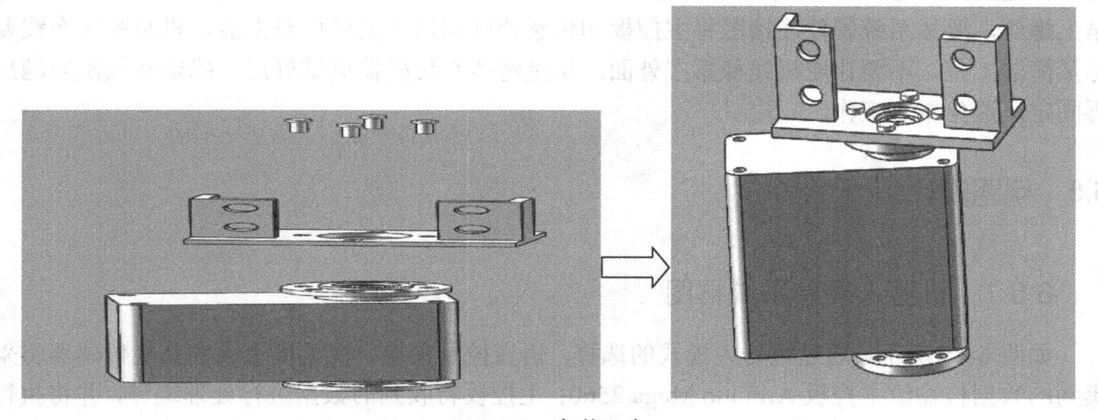

图 6-13　安装云台

步骤二：将上板、底板、云台与 6 只腿拼装起来，如图 6-14 所示。

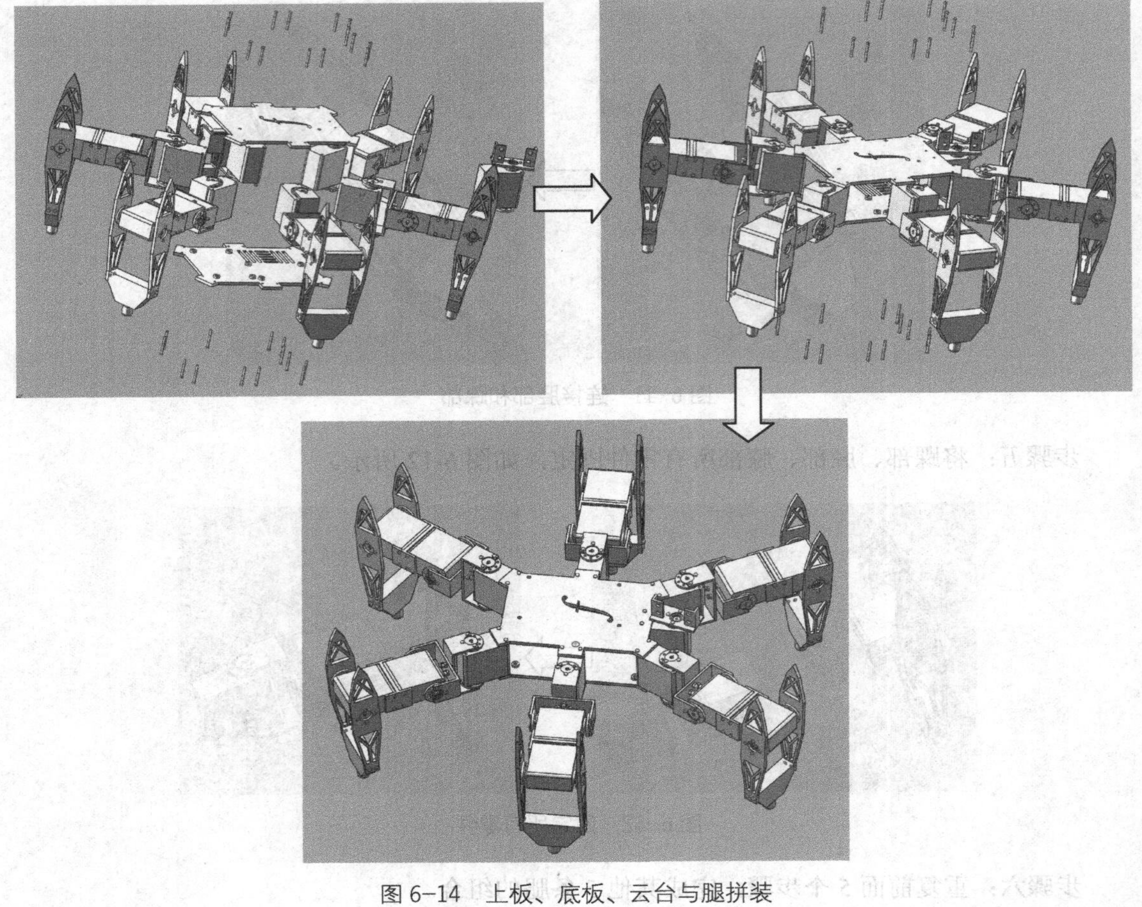

图 6-14　上板、底板、云台与腿拼装

组装过程中，如果个别零件因为打印的原因无法安装螺丝或者打印件有抽丝，可以用刻刀将孔洞适当地钻一下，但是一定要注意力度，不要将孔钻的过大。安装螺丝的时候不宜将螺丝拧过紧，因为 PLA 素材相对较脆，打印机崩太紧极易造成碎裂。此外，机身上板不要提早上螺丝，要按系统硬件连接图将主控板和传感器固定后再安装机身上盖。机身整体布线要尽量简洁工整，不要让舵机线裸露在外面。尽量将所有传感器调试好后，确定布线没问题后再固定，避免重复工作。

6.5 电路设计

6.5.1 机器人硬件系统框图

如图 6-15 所示，通过机器人模式的选择，语音控制模块、视觉模块或者其他传感器将采集到的数据传输给主控板 Arduino Mega 2560；主控板将收到的数据进行处理编译，并将执行命令传输给舵机控制器；舵机控制器根据主控板发送的命令进行操作，驱动相对应的舵机完成指定命令，最终实现对六足机器人的控制。

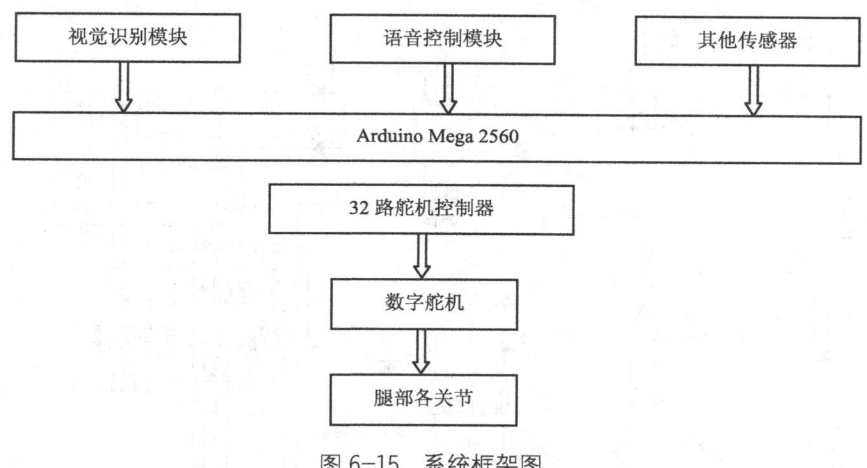

图 6-15 系统框架图

6.5.2 主板连接

1. Arduino Mega 2560 原理图

本系统之所以使用 Arduino Mega 2560 作为控制板，是因为 2560 具有较高的性价比，如图 6-16 所示，其具有 14 路数字输入/输出口、4 路串口信号、6 路外部中断、14 路脉冲宽度调制，具有丰富的扩展功能。本设计的基本功能，Arduino Leonardo 也能够实现，但是从后期开发和扩展等方面考虑，选择 2560 无疑为本项目提供了不断升级的可能。

2. 系统硬件连接

图 6-17 是系统的主要部件连接图。Arduino 在其中起到了中间协调的作用，视觉模块将采集的信息传输给 2560，而 2560 接收到信息并进行处理后发出指令到舵机控制器，舵机控制器转出相应的命令对舵机进行控制。同理，其他的传感器也是这种工作原理。

6.5.3 视觉模块连接

1. 视觉模块

本项目采用了 OpenMV 视觉模块。OpenMV 搭载 MicroPython 解释器，允许用户在嵌入式上使用 Python 来编程。Python 使机器视觉算法的编程变得简单得多。例如，直接调用 find_blobs()方法，就可以获得一个列表，包含所有色块的信息；使用 Python 遍历每一个色块，就可以获取它们所有信息。同时，用户可以使用 OpenMV 专用的 IDE，其有自动提示，代码高亮，而且有一个图像窗口可以直接看到摄像头的图像，有终端可以 debug，还有一个包含图像信息的直方图。OpenMV 摄像头使用标准 M12 镜头，可更换不同焦距的镜头。另外，OpenMV 采用可叠加的设计，方便用户添加各种各样的防护罩。

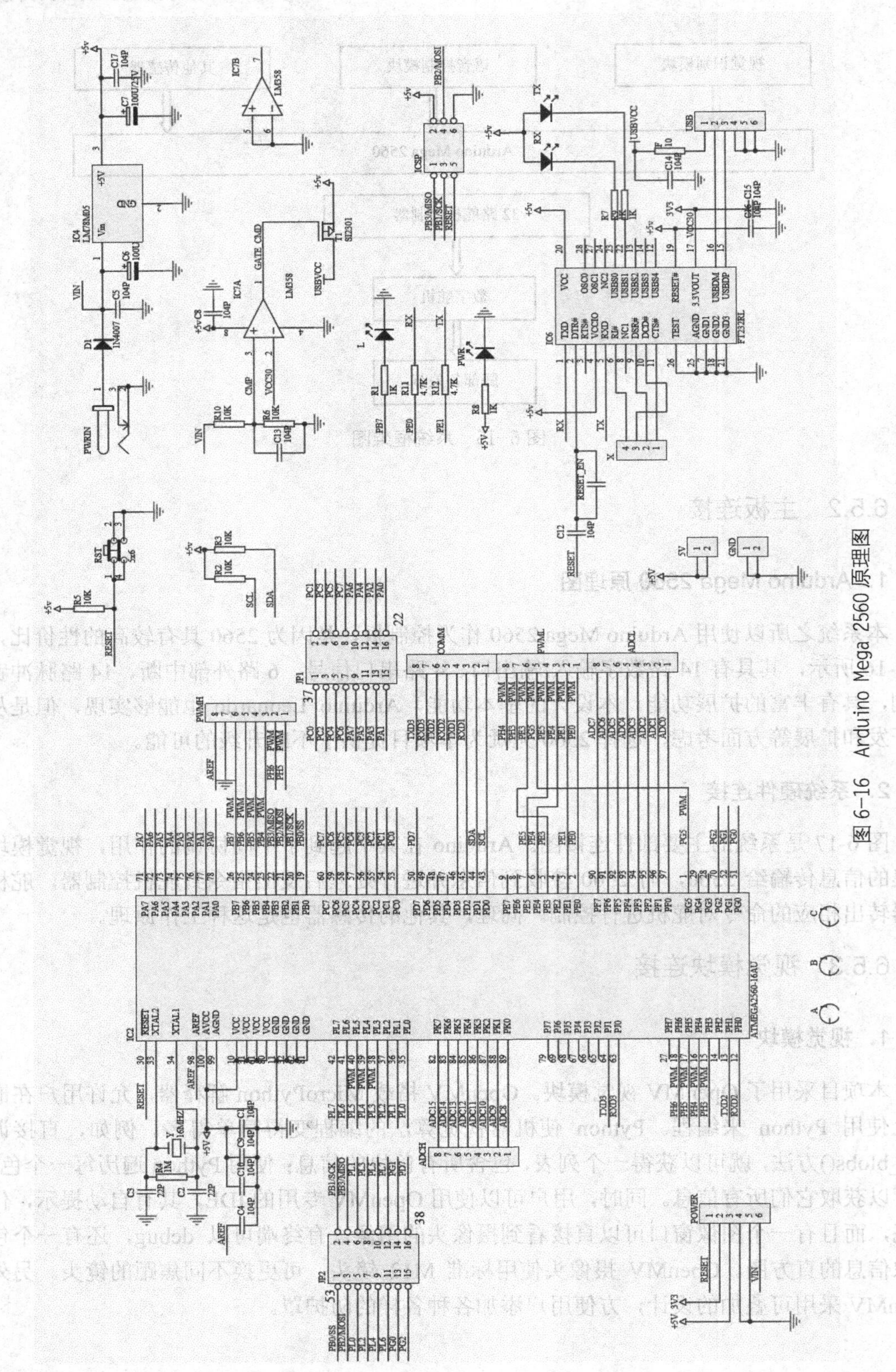

图 6-16 Arduino Mega 2560 原理图

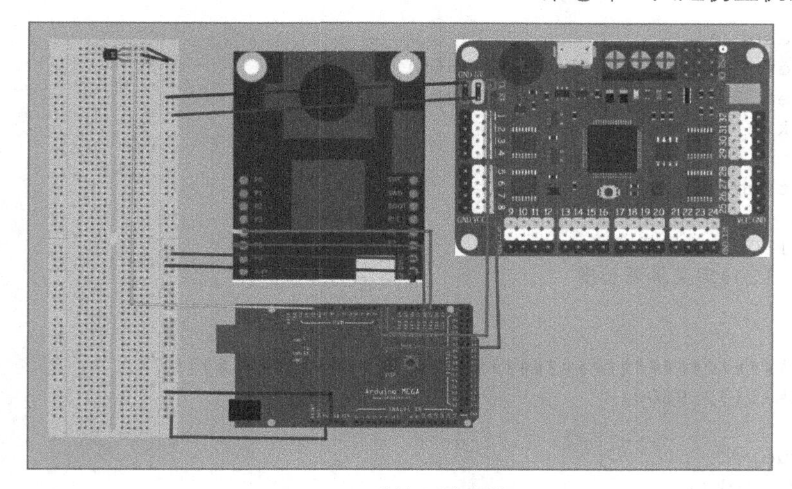

图 6-17 系统硬件连接图

2. OpenMV 与 Arduino 的通信

OpenMV 与 Arduino Mega2560 连接通信方法如表 6-2 和图 6-18 所示。

表 6-2 对应引脚关系图

OpenMV	Arduino Mega
P4（TX）	RX1 19
P5（RX）	TX1 18
GND	GND

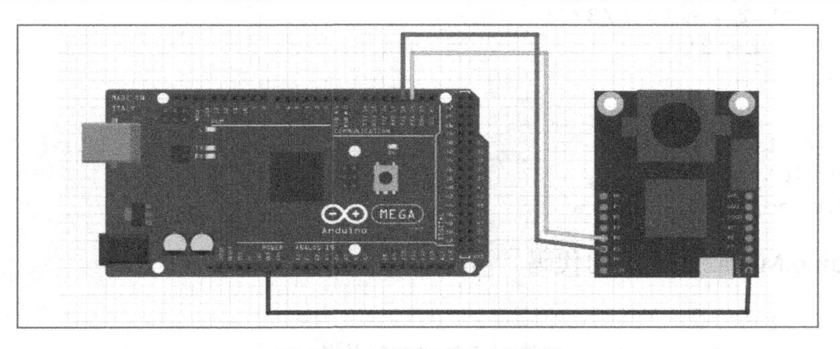

图 6-18 硬件连接示意图

3. 程序代码

（1）OpenMV 上的代码（Python）

```
import sensor, image, time
from pyb import UART

yellow_threshold   = (  60,  80,  20,  40,   20,   45)
#####################################################
######################################################_auto
```

```
sensor.reset()
sensor.set_pixformat(sensor.RGB565)
sensor.set_framesize(sensor.QQVGA)
sensor.skip_frames(10)
sensor.set_auto_whitebal(False)
clock = time.clock()

width = 180#定义屏幕宽度
height = 120#定义屏幕长度
a=0
c=0
##################################################
uart = UART(3, 9600)

while(True):
    clock.tick()
    img = sensor.snapshot()

    blobs = img.find_blobs([yellow_threshold])
    if blobs:
        for b in blobs:
            img.draw_rectangle(b[0:4]) # rect
            img.draw_cross(b[5], b[6]) # cx, cy
            print (b[5], ' ', b[6])
            a=b[5]
            if (a>=width/3)and(a<=width/3*2):
               c='2'
            elif a<width/3:
               c='1'
            elif a>width/3*2:
               c='3'
    else:
               c='4'
    uart.write(c)
    print (c)
    time.sleep(800)
```

（2）Arduino Mega2560 上的代码

```
void sj() {
shijue= Serial1.read(); //读取串口接收到的值
if (-1 != shijue) //没接收到数据时是等于-1 的
 {
   if (1 == shijue) { //前进
     Serial.print("G4F1\r\n");
     delay(100);
   }
   if (2 == shijue) { //向左转 60°
     Serial.print("G2F1\r\n");
     delay(100);
   }
   if (3 == shijue) { //向右转 60°
```

```
        Serial.print("G5F1\r\n");
        delay(100);
        }
        if (4 == shijue) {//向后转
        Serial.print("G5F3\r\n");
        delay(100);
        }
      }
  }
```

6.5.4 语音识别模块连接

本项目的语言识别模块使用了 WEGASUN-M6 核心板。与 5.5.2 节相同，可参见相应章节。本模块程序代码如下。

（1）核心板代码

```
@KeyWordBuf01#开机 001|关机 002|$
@KeyWordBuf02#前进 003|后退 004|$
@KeyWordBuf03#快跑 005|快退 006|$
@KeyWordBuf04#左转 007|右转 008|$
@KeyWordBuf05#左走 009|右走 010|$
@KeyWordBuf06#蹲下 011|起来 012|$
@KeyWordBuf07#攻击姿态 013|攻击 014|$
@KeyWordBuf08#警戒 015|复位 016|$
@KeyWordBuf09#睡 017|醒 018|$
@KeyWordBuf10#开启遥控模式 019|关闭遥控模式 020|$
@KeyWordBuf11#开启自由活动 021|关闭自由活动 022|$
@KeyWordBuf12#开启声音模块 023|关闭声音模块 024|$
@KeyWordBuf13#开启感光模式 025|关闭感光模式 026|$
@KeyWordBuf14#开启震动模块 027|关闭震动模块 028|$
@KeyWordBuf15#开启触摸模块 029|关闭触摸模块 030|$
@WriteKeyWordBuf#$
@WriteFlashText#|001! |002! |003! |004! |005! |006! |007! |008! |009! |010! |011!
|012! |013! |014! |015! |016! |017! |018! |019! |020! |021! |022! |023! |024! |025!
|026! |027! |028! |029! |030! |$
```

（2）Arduino Mega2560 代码

```
void sk() {
  val = Serial2.read();
  if (-1 != val)
  {
    if (1 == val) { //站立
      Serial.print("G0F1\r\n");
    }
    if (2 == val) { //蹲下
      Serial.print("G10F1\r\n");
    }
    if (3 == val) { //前进
```

```
    for (int i = 0; i < 50; i++) {
      Serial.print("G2F1\r\n");
      delay(500);
    }
  }
  if (4 == val) { //后退
    for (int i = 0; i < 50; i++) {
      Serial.print("G3F1\r\n");
      delay(500);
    }
  }
  if (5 == val) { //左转
      Serial.print("G4F1\r\n");
      delay(500);
    }
  if (6 == val) { //右转
      Serial.print("G5F1\r\n");
      delay(500);

  }
  if (7 == val) { //左走
    for (int i = 0; i < 50; i++) {
      Serial.print("G6F1\r\n");
      delay(2000);
    }
  }
  if (8 == val) { //右走
    for (int i = 0; i < 50; i++) {
      Serial.print("G7F1\r\n");
      delay(2000);
    }
  }

 }
}
```

6.6 步态设计

1. 步态设计原理

六足机器人根据仿生学原理，行走方式采用三角步态。六条腿的昆虫行走时，一般不是六足同时直线前进，是把三对足分成两组，以三角形支架结构，互相交替前行。目前，大部分仿生蜘蛛机器人采用了仿昆虫的结构，六条腿分布在身体的两侧，身体左面的前、后足及右面的中足为一组，右面的前、后足和左面的中足为另一组，分别组成两个三角形支架，靠大腿前后划动来实现支撑以及摆动过程。这就是最典型的三角步态行走方式，其主要有身体重心比较低，容易稳定的优点，如图 6-19 所示。

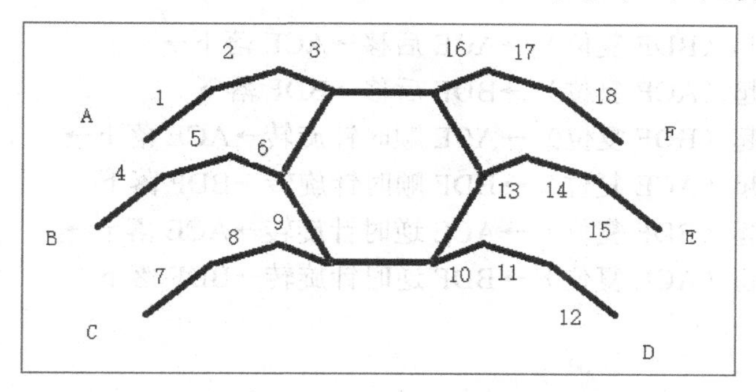

图 6-19　步态设计原理图

2. 步态实现

六足机器人的行走移动依靠 32 路舵机控制器实现，该控制器原理图如图 6-20 所示。

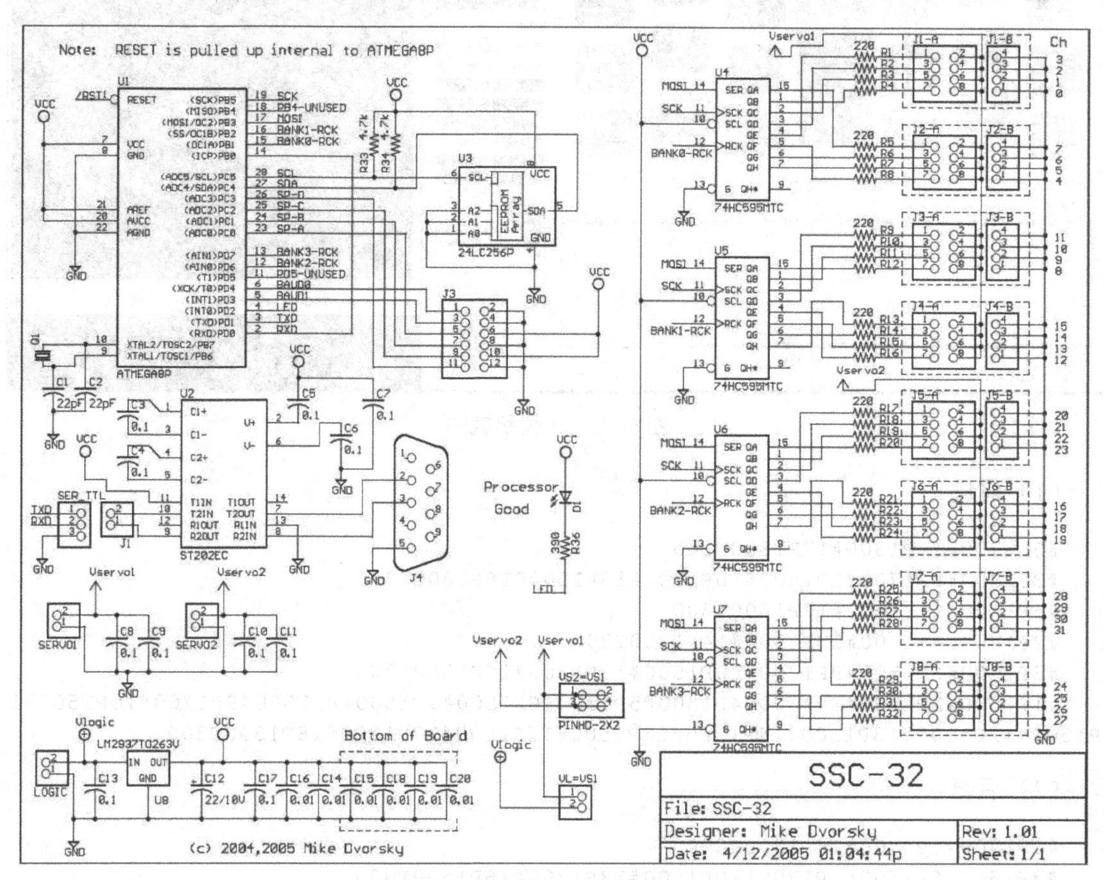

图 6-20　控制器原理图

六足机器人行走移动基本方法如下。

前进：ACE 抬起（BDF 复位）→ACE 前移→ACE 落下→

BDF 抬起（ACE 复位）→BDF 前移→BDF 落下

后退：ACE 抬起（BDF 复位）→ACE 后移→ACE 落下→
　　　BDF 抬起（ACE 复位）→BDF 后移→BDF 落下
左转：ACE 抬起（BDF 复位）→ACE 顺时针旋转→ACE 落下→
　　　BDF 抬起（ACE 复位）→BDF 顺时针旋转→BDF 落下
右转：ACE 抬起（BDF 复位）→ACE 逆时针旋转→ACE 落下→
　　　BDF 抬起（ACE 复位）→BDF 逆时针旋转→BDF 落下

3．控制代码

对应上述动作，相应的操作代码如下，而代码运行的效果如图 6-21 所示。

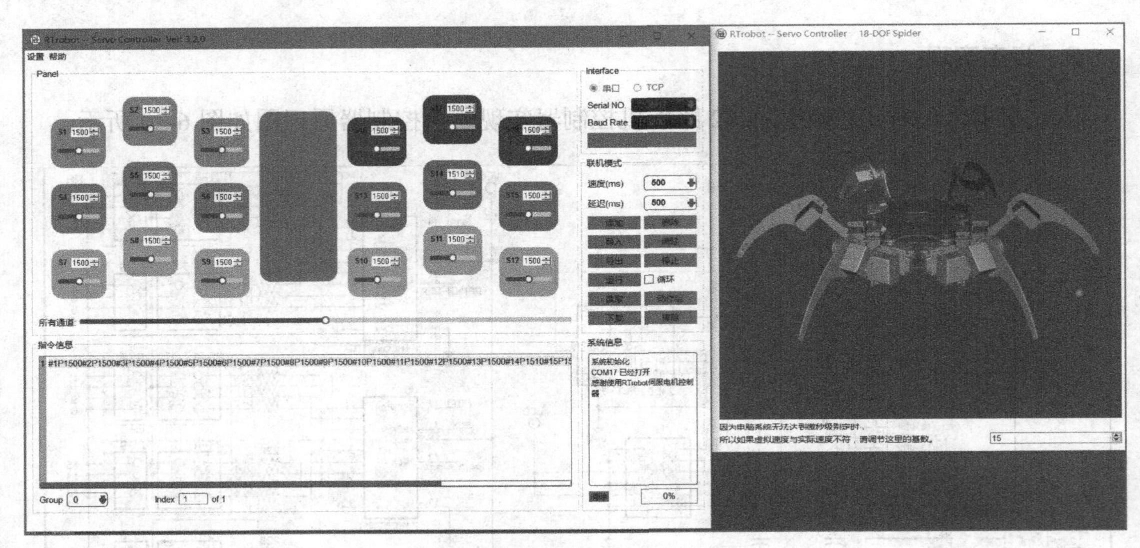

图 6-21　上位机截图

（1）前进

```
#5P1700#11P1300#17P1300T300
#3P1500#6P1700#9P1500#10P1300#13P1500#16P1300T300
#5P1500#11P1500#17P1500T300
#2P1700#8P1700#13P1500#14P1300T300
#3P1700#6P1500#9P1700#10P1500#13P1300#16P1500T300
#1P1500#2P1500#3P1700#4P1500#5P1500#6P1500#7P1500#8P1500#9P1700#10P1500#11P1500#12P1500#13P1300#14P1500#15P1500#16P1500#17P1500#18P1500T300
```

（2）后退

```
#2P1700#8P1700#14P1300T300
#3P1300#6P1500#9P1300#10P1500#13P1700#16P1500T300
#2P1500#8P1500#14P1500T300
#5P1700#11P1300#17P1300T300
#3P1500#6P1300#9P1500#10P1700#13P1500#16P1700T300
#5P1500#11P1500#17P1500T300
```

（3）左转

```
#2P1700#8P1700#14P1300T300
#6P1300#10P1300#16P1300T300
#3P1500#9P1500#13P1500T300
#2P1500#8P1500#14P1500T300
#5P1700#11P1300#17P1300T300
#3P1300#9P1300#13P1300T300
#6P1500#10P1500#16P1500T300
#5P1500#11P1500#17P1500T300
#1P1500#2P1500#3P1500#4P1500#5P1500#6P1500#7P1500#8P1500#9P1500#10P1500#1
1P1500#12P1500#13P1500#14P1500#15P1500#16P1500#17P1500#18P1500T300
```

（4）右转

```
#5P1700#11P1300#17P1300T300
#3P1700#9P1700#13P1700T300
#6P1500#10P1500#16P1500T300
#5P1500#11P1500#17P1500T300
#2P1700#8P1700#14P1300T300
#6P1700#10P1700#16P1700T300
#3P1500#9P1500#13P1500T300
#2P1500#8P1500#14P1500T300
#1P1501#2P1501#3P1501#4P1501#5P1501#6P1501#7P1501#8P1501#9P1501#10P1501#1
1P1501#12P1501#13P1501#14P1501#15P1501#16P1501#17P1501#18P1501T300
```

6.7 红外控制设计

红外接收模块适用于红外线遥控和红外线数据传输。对于不同的遥控器，区别只是接到的数字不同。注意要选择三脚的红外接收头，而不是选择红外对管。当然也可以选择电子积木的红外接收模块。这种模块还多了一块小板和小灯，质量也相对好一些，容易固定，价钱稍贵。因为日光中有红外线，所以在室外使用可能会受到影响。

1. 连接方法

接线方法如下。

① VCC 接 Arduino 3.3V 或 5.5V。

② GND 接 Arduino GND。

③ OUT 接 Digital 11。

具体连接方式如图 6-22 所示。

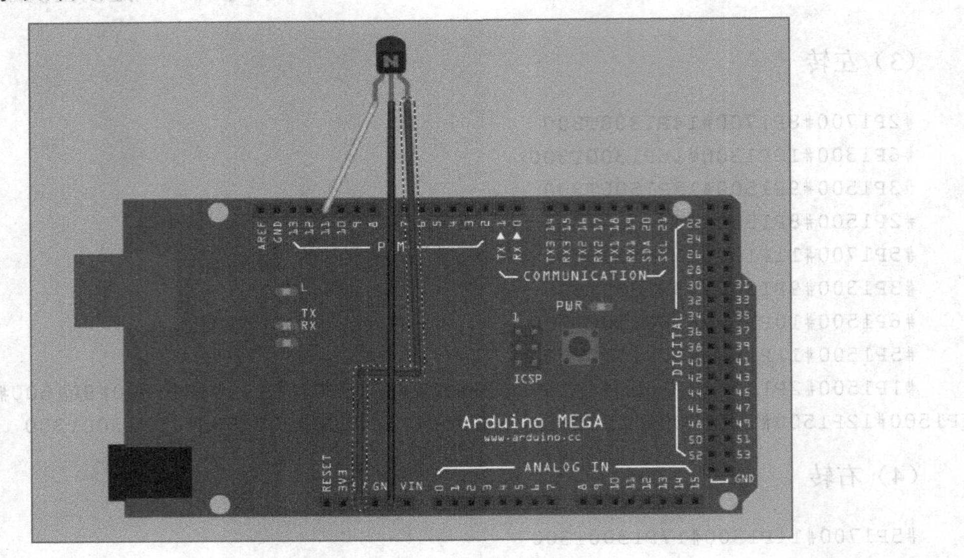

图 6-22 红外控制连接方式

2. 控制代码

```
#include <IRremote.h>
int RECV_PIN = 11;
long CH1 = 0x00FFA25D;     "不同遥控器不同码值"
long CH = 0x00FF629D;
long CH2 = 0x00FFE21D;
long PREV = 0x00FF22DD;
long NEXT = 0x00FF02FD;
long PLAY = 0x00FFC23D;
long VOL1 = 0x00FFE01F;
long VOL2 = 0x00FFA857;
long EQ = 0x00FF906F;
long a0 = 0x00FF6897;
long a100 = 0x00FF9867;
long a200 = 0x00FFB04F;
long a1 = 0x00FF30CF ;
long a2 = 0x00FF18E7 ;
long a3 = 0x00FF7A85 ;
long a4 = 0x00FF10EF ;
long a5 = 0x00FF38C7 ;
long a6 = 0x00FF5AA5 ;
long a7 = 0x00FF42BD ;
long a8 = 0x00FF4AB5 ;
long a9 = 0x00FF52AD ;
IRrecv irrecv(RECV_PIN);
decode_results results;

//********红外遥控***********
  pinMode(RECV_PIN, INPUT);
  irrecv.enableIRIn();          // 开始接收方
```

```
///*************红外*********
void yaokon() {
 if (irrecv.decode(&results))
 {
  if (results.value == a1) {       //左转
   Serial.print("G19F4\r\n");
   delay(9000);
   Serial.print("G0F1\r\n");
  }
  if (results.value == a2 ) {      //前进
   Serial.print("G2F5\r\n");
  }
  if (results.value == a3) {       //右转
   Serial.print("G20F4\r\n");
   delay(9000);
   Serial.print("G0F1\r\n");
  }

  if (results.value == a4) {       //左走
   Serial.print("G5F4\r\n");
  }
  if (results.value == a5) {       //站姿
   Serial.print("G0F1\r\n");
  }
  if (results.value ==a6 ) {       //右走
   Serial.print("G6F4\r\n");
  }
  if (results.value ==a7 ) {       //
   Serial.print("G19F8\r\n");
    Serial.print("G0F1\r\n");

  }
  if (results.value == a8) {       //后退
   Serial.print("G3F2\r\n");
  }
  if (results.value == a9) {       //
   Serial.print("G20F8\r\n");
    Serial.print("G0F1\r\n");
  }

  if (results.value == a100) {     //蹲下
   Serial.print("G10\r\n");
  }

  if (results.value == a200) {     //起立
   Serial.print("G11\r\n");
  }


  if (results.value == PLAY) {     //低姿态
   Serial.print("G12\r\n");
  }
   if (results.value == PREV) {    //低前进
```

```
      Serial.print("G7F1\r\n");Serial.print("G8F2\r\n");
    }
   if (results.value == NEXT) {      //低后退
     Serial.print("G7F1\r\n");Serial.print("G8F2\r\n");
   }
   irrecv.resume();                  //接收下一个值
  }
}
```

6.8 成品实物图

成品组装完成，并编写完相应代码后，六足仿生机器人便可以摆出各种姿态了，如图 6-23~图 6-26 所示。

图 6-23 站立姿态

图 6-24 移动姿态

图 6-25 攻击姿态

图 6-26 俯视图

第7章 基于Arduino控制的3D打印机项目

7.1 设计思想

3D打印技术的出现，为各行各业提供了无限可能。3D打印机迅速拉近了梦想构思和现实的距离，同时也快速推进了各行业的创新速度。3D打印机被誉为第三次工业革命的重要标志，其以个性化、低消耗、小批量、高难度的制造新理念，正在颠覆传统的锻造、切削加工制造模式，给大规模生产线的工业组织方式带来了重大变革。目前，3D打印已形成了从数据采集、材料、打印设备到应用服务的较为完整的产业链，被广泛应用于航空航天、汽车制造、医疗器械、个人消费、教育科研和军工生产等领域。

日常生活中使用的普通打印机可以打印计算机设计的平面物品，而所谓的3D打印机与普通打印机工作原理基本相同，只是打印材料有些不同：普通打印机的打印材料是墨水和纸张；3D打印机内装有金属、陶瓷、塑料、砂等不同的“打印材料”，是实实在在的原材料。打印机与计算机连接后，通过计算机控制可以把“打印材料”一层层叠加起来，最终把计算机上的蓝图变成实物。3D打印分为3个步骤，即三维设计、切片处理、开始打印。每个步骤都有专用的软件进行实现。本项目的设计思想就是设计一款简洁、方便的桌面级3D打印机，能够满足学生和创客的基本需要，以随时将自己的灵感转换成实物，为其创作提供一个强力的支撑工具。因为篇幅限制，本章注重讲授3D打印机的组装调试过程和一些使用方面的注意事项，会给出固件的主要参数和注意事项。对于具体的Arduino主控板设置、项目所用到的软件和固件的详细设置参数以及组装过程中的打印零件的模型等资料，读者可自行下载程序进行调试。

7.2 材料清单

本项目的材料清单如表7-1所示。

表 7-1 材料清单

序　号	元器件名称	型号参数规格	数　量	参考实物图
1	型材	2020 铝材 246mm（X）	2 根	
		2020 铝材 410mm（Z）	2 根	
		2020 铝材 385mm（Y）	2 根	
		2020 铝材 410mm（横梁）	1 根	
		2020 铝材 230mm（横拉）	2 根	
		2020 铝材 150mm（耗材架竖）	1 根	
		2020 铝材 100mm（耗材架横）	1 根	
2	光杆		6 根	
3	丝杆		两根	
4	电源+线	12V/25mA	1 个	
5	热床		1 套	

续表

序号	元器件名称	型号参数规格	数量	参考实物图
6	Arduino 主控板	Mega 2560	1 套	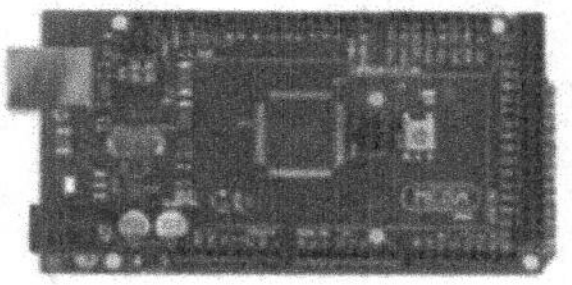
7	电机控制板	Reprap Ramps 1.4	1 套	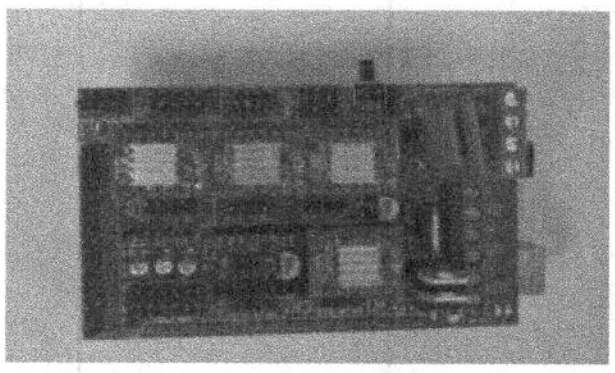
8	电机驱动板	HR-A4988	3 块	
9	打印件	详见教材配套资料	32 个	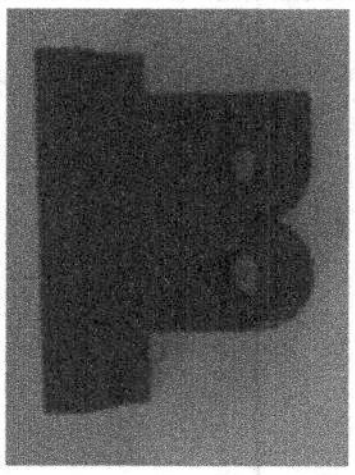
10	角件		15 个	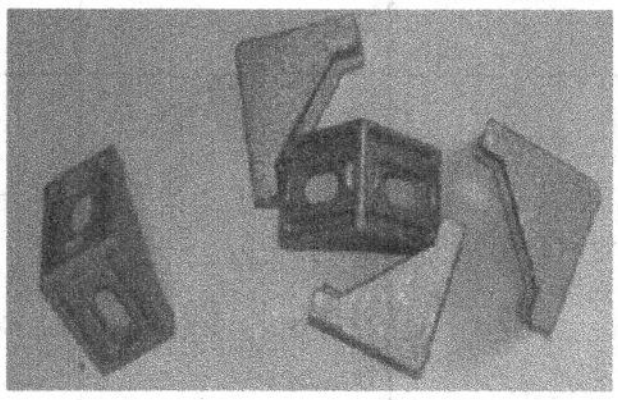
11	螺母	5T	1 袋	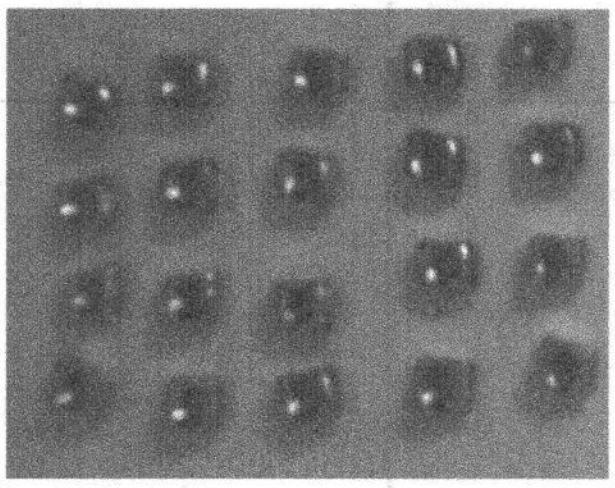
12		4T	1 袋	

续表

序　　号	元器件名称	型号参数规格	数　量	参考实物图
13	直线轴承		10 个	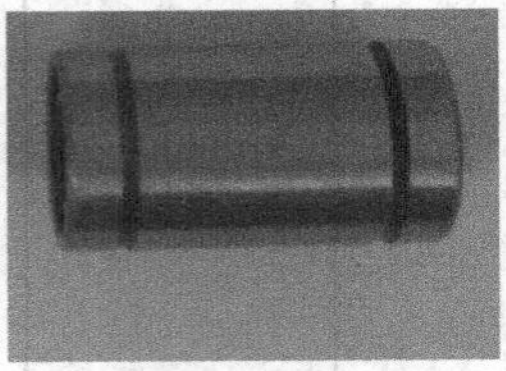
14	燕尾夹		4 只	
15	联轴器		2 只	
16	限位开关	ss-5g	3 只	
17	T8 铜螺母		2 个	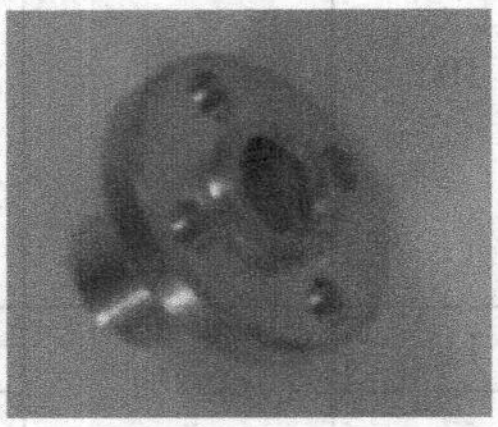
18	轴承	M5	2 个	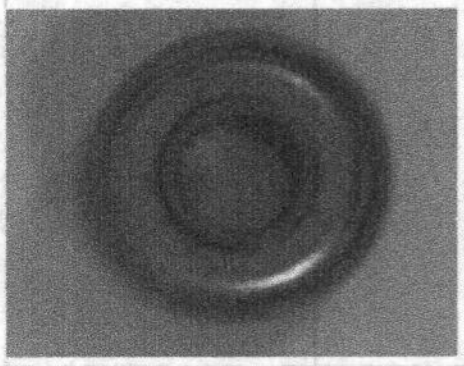

续表

序 号	元器件名称	型号参数规格	数 量	参考实物图
19	弹簧		4只	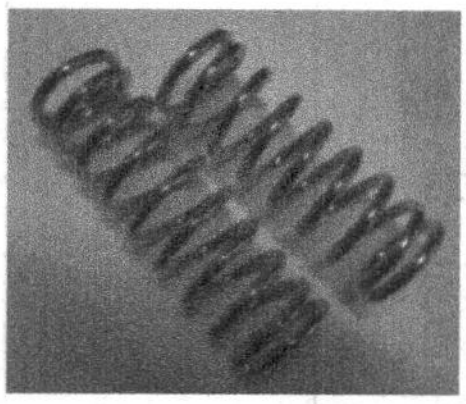
20	张紧弹簧		2只	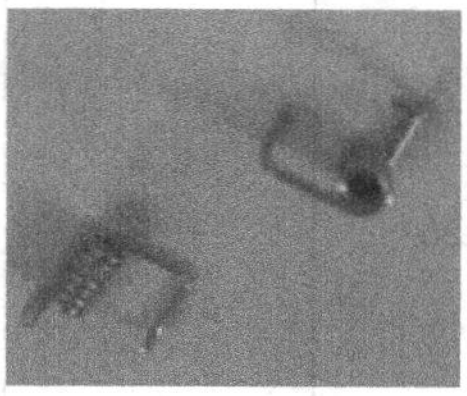
21	同步轮		2个	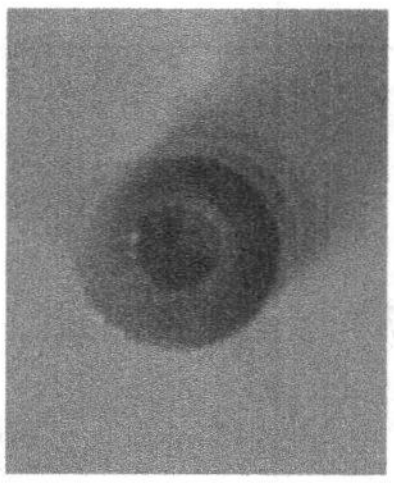
22	同步带		2根	
23	USB线		1根	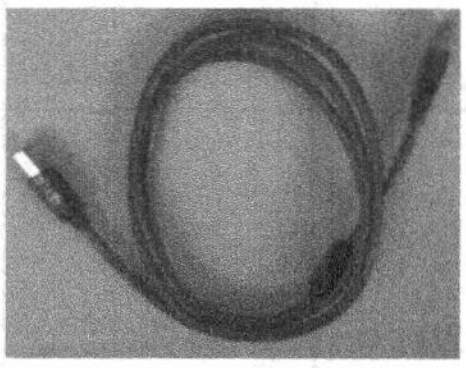
24	电源线	12V	1根	

续表

序　　号	元器件名称	型号参数规格	数　量	参考实物图
25	热缩管		1 根	
26	扎带		若干	
27	杜邦线		3 根	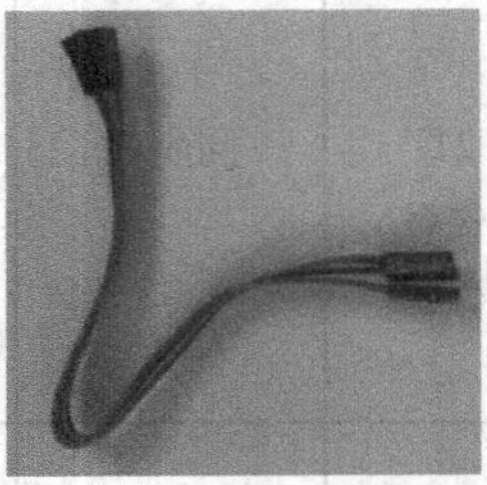
28	风扇		2 只	
29	固体胶		1 支	
30	喷嘴组件		1 套	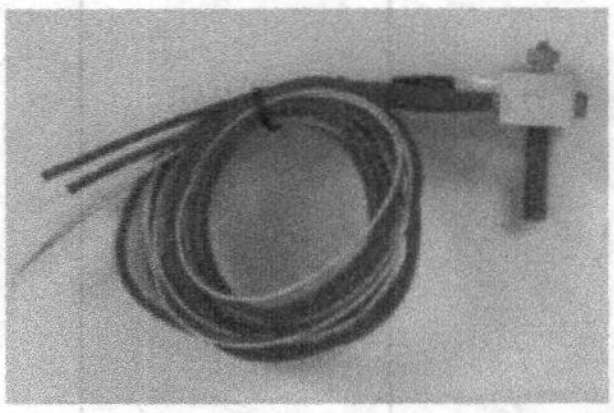

续表

序　号	元器件名称	型号参数规格	数　量	参考实物图
31	螺丝	M5×8	21个	
32		M5×10	3个	
33		M5×25	2个	
34		M3×8	4个	
35		M3×10	11个	
36		M3×14	3个	
37		M3×16	13个	
38		M3×20	2个	
39		M3×25	4个	
40		M3×40	4个	
41		M4×10	22个	
42	包线管		1卷	
43	电机线	17HD40005-22B	5个	

7.3 安装过程

7.3.1 机架安装

首先将所有的型材进行分类，找出X型材（245mm）、Y型材（385mm）、M5螺丝、M5T螺母和角件，如图7-1所示。用螺丝和螺母穿过角件并固定好X、Y型材，按照图7-2的摆放方式进行固定安装。安装的时候注意不要将螺丝拧的特别紧，避免出现脱扣的情况出现。安装时，应该预留一定的松紧度，方便随时调整，确认角度没有问题后将螺丝拧紧，确保结构牢固。

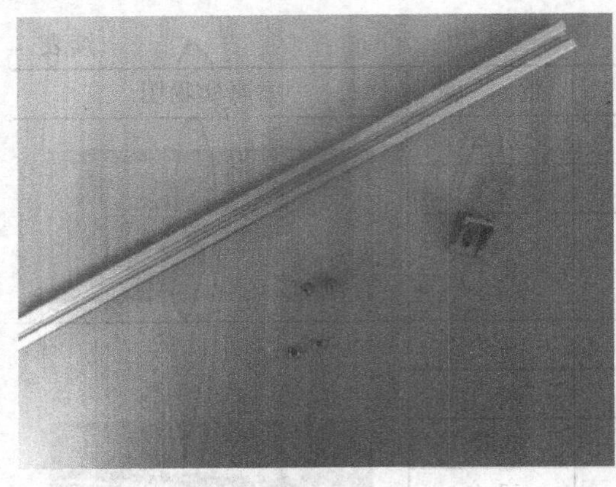

图 7-1　选择型材

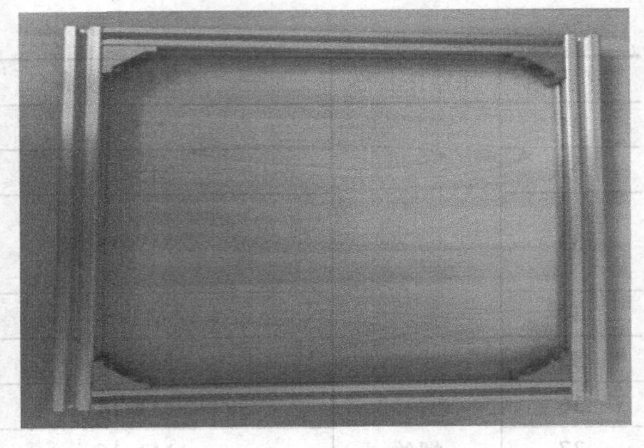

图 7-2　固定安装

找出横梁型材（410mm）1 根、Z 轴型材（310mm）2 根、角件 2 个、M5 螺丝 2 个、M5T 螺母 2 个、M5 扳手 1 个。将上一步的底座四角朝下，在长轴上找出 255mm 的位置并安装 Z 轴。安装的时候要注意两个 Z 轴型材的位置是一样的，如图 7-3 所示。

固定好两个 Z 轴型材后，开始安装横梁。横梁与 Z 轴固定的位置应该留有 62mm 的距离，并注意两边距离相同。安装如图 7-4 所示。

图 7-3　安装 Z 轴

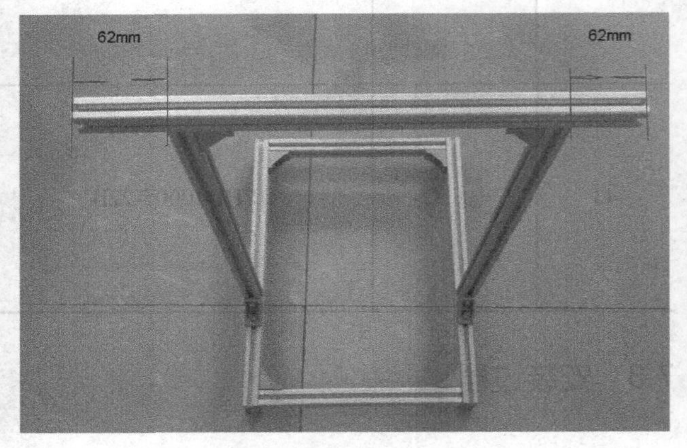

图 7-4　安装横梁

上述步骤完成之后开始安装料架，料架安装在横梁上，应该距离横梁的一侧 245mm，具体安装如图 7-5 所示。

至此，铝型材框架结构就安装完毕了。

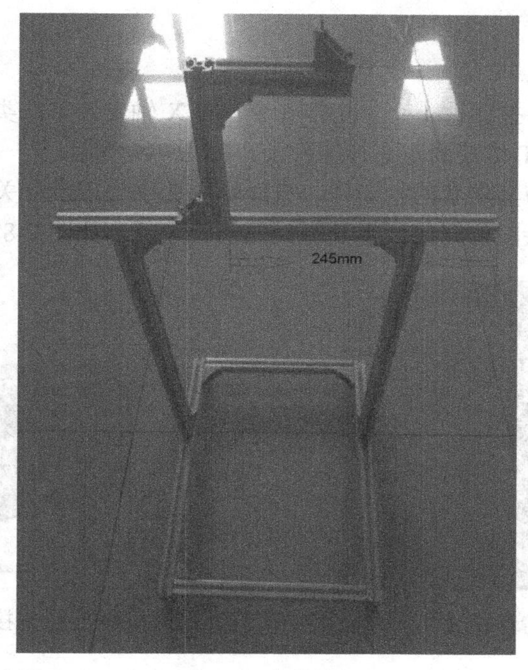

图7-5 安装料架

7.3.2 平台安装

1. 平台安装

找出铝板、直线轴承3个、打印件4个、M3螺丝8个、M3T螺母8个、扎带6个。首先用扎带固定直线轴承在打印件上，之后减掉多余的扎带。然后将3个直线轴承固定在铝板上，如图7-6所示。

图7-6 固定轴承

2. X 平台安装

准备直线轴承 3 个、打印件 1 个、扎带 6 个。和 X 轴安装方法类似，将直线轴承塞入打印件，然后用 M3 和 M3T 将其固定在打印件上，如图 7-7 所示。

准备好电机 1 个，与其配套的打印件、直线轴承 2 个、限位开关 1 个、同步轮 1 个、热缩管 1 段。用杜邦线连接限位开关、常开脚，热缩管包住，如图 7-8 所示。

图 7-7 X 平台安装

图 7-8 连接限位开关

将电机用 M3 螺丝和 M3T 螺母固定在配套的打印件上，确定稳固后将同步轮固定在电机上。这时需特别注意，同步轮的齿轮一定要在打印件的空隙正中处，并能保证正常转动。上述步骤完成后将处理好的限位开关用扎带固定在打印件上，注意扎带要从打印件的空隙处穿过，完成的电机如图 7-9 所示。

找出最短的两根光轴，与上一步的半成件进行组装。此步骤完成后，X 轴平台安装完毕。如图 7-10 所示。

图 7-9 完成的电机

图 7-10 X 轴平台安装完毕

3. Z 平台安装

首先按照图 7-11 准备好想要材料，并将联轴器和电机组装到一起。这个过程要注意，因为联轴器顶丝打在电机 D 面内部两端的直径不同，需要插入直径小的部分中，如图 7-12 所示。完成之后贴近铝型材进行固定，拼装后的完成效果如图 7-13 所示。

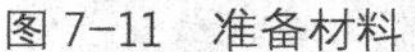
图 7-11 准备材料

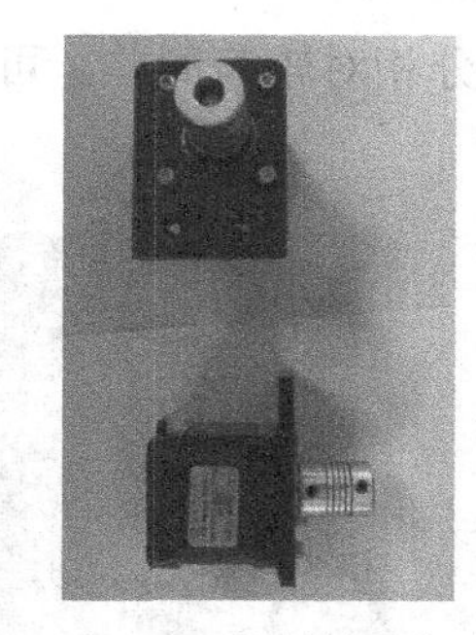

图 7-12 组装联轴器和电机

图 7-13 Z 平台安装完成

找出剩余的两根光轴和丝杆，组装成图 7-14 的样式。安装过程中要特别注意，光杆要轻缓地穿过直线轴承。如果遇到阻塞，可以适当地调节其间的宽度，但是动作一定要轻缓。

找出同步带、扎带、张紧弹簧，按图 7-15 的方法和 Y 轴同步带进行组装，一定要注意张紧弹簧的安装位置。

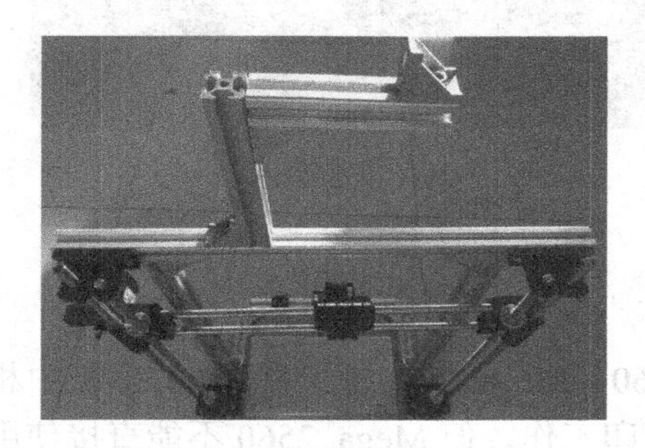

图 7-14 组装光轴和丝杆

图 7-15 和 Y 轴同步带进行组装

4．机械杂件的安装

完成上述安装步骤之后要进行热床的安装，需准备好将热板、4 个弹簧、4 个 M3 自锁螺母、4 个 M3 螺丝，如图 7-16 所示。用 M3 螺丝和螺母插入打印件，将热板固定在铁板上，拧紧 4 个角的螺丝。然后进行限位开关的安装，注意拧的过程不要太紧，因为打印时可能还需要进行调试，如图 7-17 所示。

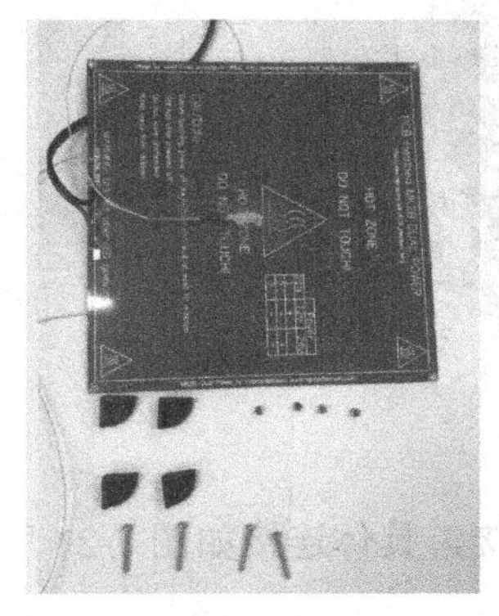

图 7-16 热床准备材料

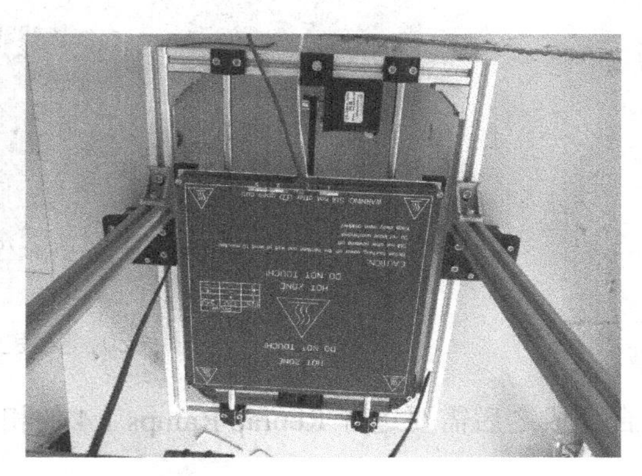

图 7-17 安装限位开关

接下来安装挤出机和电源。这两部分相对较为简单，可直接按照图 7-18 和图 7-19 进行安装。

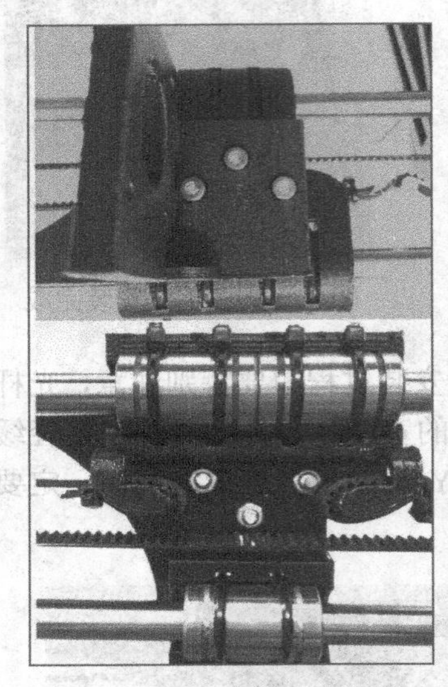

图 7-18　安装挤出机

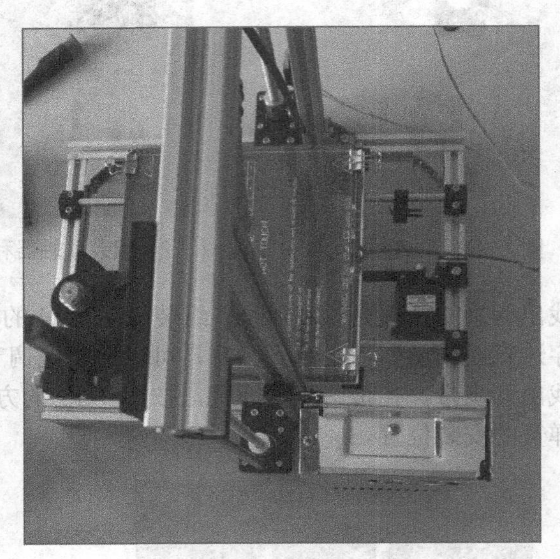

图 7-19　安装电源

7.3.3　控制板安装及布线

本打印机的核心控制单元是 Arduino Mega 2560。Mega 2560 板子在 3D 打印机中相当于大脑，控制这所有的 3D 打印配件来完成复杂的打印工作，但 Mega 2560 不能直接使用，需要上传（Upload）固件（Firmware）才可以使用。本项目采用 Marlin 固件，将在下节进行详细介绍。此外 Mega 2560 需要和 Reprap Ramps 1.4 扩展板进行组合，通过扩展板完成对 3D 打印机的控制。Mega 2560 和 Reprap Ramps 1.4 只需将后者的引脚插入 2560 即可，具体如图 7-20 所示。两者组合的时候要注意不要特别用力，如果某些引脚出现歪了的情况，只需将其掰正即可，不影响正常使用。

图 7-20　安装主控板

组合完成之后需要进行 Reprap Ramps 1.4 的相关电路连接，具体连接如图 7-21 所示。

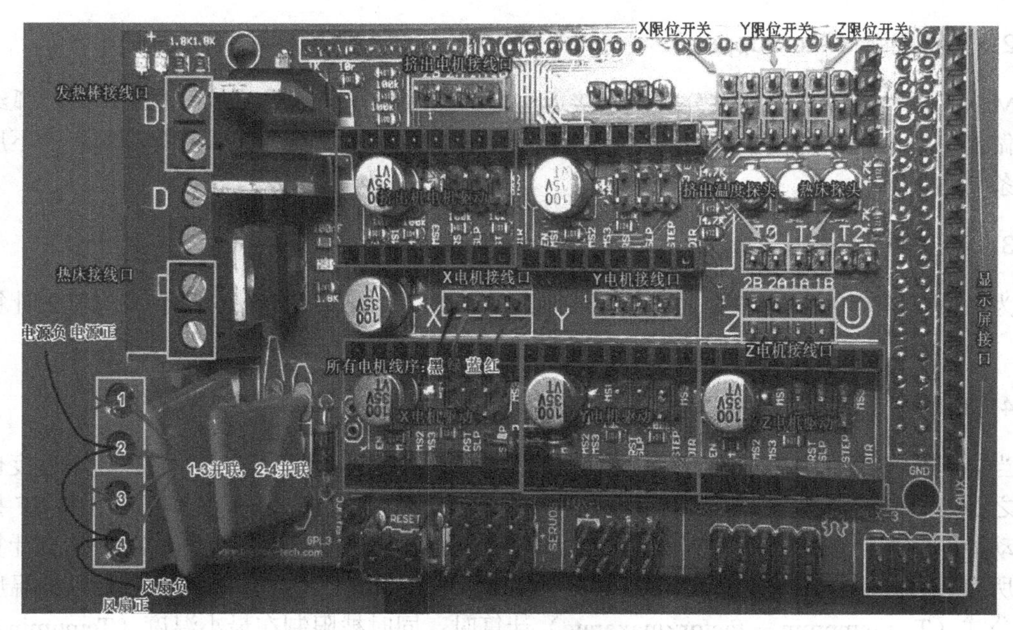

图 7-21 连接相关电路

7.4 固件详解

7.4.1 概述

Sprinter 固件是目前使用较多的 3D 打印机固件，而 Marlin 固件和 Repetier-firmware 固件都是由其派生而来。后两款固件的用户群非常活跃，而 Sprinter 固件已经没有人维护了。在这二者中，Marlin 固件的使用更加广泛，很多打印机控制软件都兼容 Marlin 固件。一般用户在使用 Marlin 固件的时候只需要改变一下 Configuration.h 文件中的一些参数即可，非常方便。本节主要介绍用户设置的基本信息、怎么运用这些设置、根据不同的需求制定特色功能。Marlin 固件可在本书配套资源中找到。固件实际上是通过特定软件写入 Arduino Mega 2560 内部的，通过 Arduino Mega 2560 发送各种控制指令对打印件进行三轴的控制。

7.4.2 Marlin 固件特点

Marlin 相对于 Sprinter 有很多优点，主要有以下几点。

1．预加速功能（Look-ahead）

Sprinter 在每个角处必须使打印机先停下，然后再加速继续运行，而预加速只会减速或加速到某一个速度值，从而速度的矢量变化不会超过 xy_jerk_velocity。要达到这样的效果，必须预先处理下一步的运动。这样一来加快了打印速度，而且在拐角处减少耗材的堆积，曲线打印更加平滑。

2. 支持圆弧（Arc Support）

Marlin 固件可以自动调整分辨率以接近恒定的速度打印一段圆弧，得到最平滑的弧线。这样做的另一个优点是减少串口通信量。因为通过 1 条 G2/G3 指令即可打印圆弧，而不用通过多条 G1 指令。

3. 温度多重采样（Temperature Oversampling）

为了降低噪声的干扰，使 PID 温度控制更加有效，Marlin 采样 16 次取平均值去计算温度。

4. 自动调节温度（AutoTemp）

当打印任务要求挤出速度有较大的变化时，或者实时改变打印速度，那么打印速度也需要随之改变。通常情况下，较高的打印速度要求较高的温度，Marlin 可以使用 M10S BF 指令去自动控制温度。使用不带 F 参数的 M109 指令不会自动调节温度。否则，Marlin 会计算缓存中所有移位指令中最大的挤出速度（单位是 steps/s），即所谓的 maxerate。然后目标温度值通过公式（T = tempmin + factor×maxerate）计算时，同时被限制在最小温度（Tempmin）和最大温度（Tempmax）之间。如果目标温度小于最小温度，那么自动调节将不起作用。最理想的情况下，用户可以不用去控制温度，只需要在开始使用 M109 SBF，并在结束时使用 M109 S0。

5. 非易失存储器（EEPROM）

Marlin 固件将一些常用的参数，例如加速度、最大速度、各轴运动单位等存储在 EEPROM 中，用户可以在校准打印机的时候调整这些参数，然后存储到 EEPROM 中。这些改变在打印机重启之后生效而且永久保存。

6. 液晶显示器菜单（LCD Menu）

如果硬件支持，用户可以构建一个脱机智能控制器（LCD 屏+SD 卡槽+编码器+按键）。用户可以通过液晶显示器菜单实时调整温度、加速度、速度、流量倍率，选择并打印 SD 卡中的 G-Code 文件，以及预加热、禁用步进电机和其他操作。比较常用的有 LCD2004 智能控制器和 LCD12864 智能控制器。

7. SD 卡内支持文件夹（SD card folders）

Marlin 固件可以读取 SD 卡中子文件夹内的 G-Code 文件，不必是根目录下的文件。

8. SD 卡自动打印（SD Card Auto Print）

若 SD 卡根目录中有文件名为 auto[0-9].g 的文件时，打印机会在开机后自动开始打印该文件。

9. 限位开关触发记录（Endstop Trigger Reporting）

如果打印机运行过程中碰到了限位开关，那么Marlin会将限位开关触发的位置发送到串口，并给出一个警告。这对于用户分析打印过程中遇到的问题是很有用的。

10. 编码规范（Coding Paradigm）

Marlin固件采用模块化编程方式，让用户可以清晰地理解整个程序。这为以后将固件升级到ARM系统提供很大的方便。

11. 基于中断的温度测量（Interrupt Based Temperature Measurements）

一路中断去处理ADC转换和检查温度变化，减少了单片机资源的使用。

12. 支持多种机械结构

支持普通的XYZ正交机械、CoreXY机械、Delta机械以及SCARA机械。

7.4.3 基本配置

使用Arduino IDE打开marlin.ino，切换到Configuration.h即可查看并修改该文件。或者使用任何一款文本编辑器（notepad、notpad++等）直接打开Configuration.h也可以。Marlin固件的配置主要包含以下几个方面。

- 通信波特率。
- 所使用的主板类型。
- 温度传感器类型，包括挤出头温度传感器和加热床的温度传感器。
- 温度配置，包括喷头温度和加热床温度。
- PID温控参数，包括喷头温度控制和加热床温度控制。
- 限位开关。
- 4个轴步进电机方向。
- X/Y/Z 3个坐标轴的初始位置。
- 打印机运动范围。
- 自动调平。
- 运动速度。
- 各轴运动分辨率。
- 脱机控制器。

Marlin固件中的Configuration.h将各个配置模块化，非常便于读出和修改，而且注释非常详细，英语基础较好的读者可以很容易地理解各参数的意义。Marlin固件使用C语言编写，“//”后面的是注释语句，不会影响代码的作用。另外，Marlin固件中大量使用#define，简单来讲，就是定义的意思，包括定义某个参数的数值、定义某个参数是否存在。

最开始的两行非注释语句（如下）是定义固件的版本和作者。默认的版本号就是编译时间，这可以不用修改，只需要把作者改为自己的名字即可，注意不能包含中文，否则会乱码。

```
#define STRING_VERSION_CONFIG_H __DATE__ " " __TIME__ // 建立日期和时间
#define STRING_CONFIG_H_AUTHOR "www.abaci3d.cn" // 谁发生这种改变
```

计算机和打印机通过串口进行通信，要定义好端口和波特率。在此定义的是3D打印的主端口和波特率，端口号使用默认的0就可以。Marlin固件默认的波特率是250000，也可以修改为其他值，比如115200，这是标准的ANSI波特率值。

相应代码如下。

```
#define SERIAL_PORT 0
#define BAUDRATE 250000
```

下面定义主板类型。Marlin固件支持非常多种类的3D打印机主板，比如常见的RAMPS1.3/1.4、Melzi、Printrboard、Ultimainboard、Sanguinololu等控制板。需要注意的是，不同主板使用不同的脚口和数量，如果该定义和ArduinoIDE中使用的主板不一致，会导致编译不通过。此处使用的是RAMPS1.4，并且D8、D9、D10控制的是喷头加热、加热床加热和风扇输出，因此定义为33。代码如下。

```
#ifndef MOTHERBOARD
#define MOTHERBOARD 33
#endif
```

接下来是定义挤出头的个数及电源类型。此处使用的是单喷头打印机，因此定义为1。电源有两种类型可以选择，1表示开关电源，2表示X-Box 360 203伏电源，一般都使用的是开关电源，因此定义为1。代码如下。

```
#define EXTRUDERS 1
#define POWER_SUPPLY 1
```

之后定义温度传感器类型，包括每个喷头使用的温度传感器（如果是多喷头）和加热床的温度传感器类型。常用的温度传感器有电热偶和热敏电阻两大类，热敏电阻又分为很多种。目前的3D打印机主要用的是热敏电阻，具体是哪种热敏电阻需要自己判断或询问卖家。一般都是100k ntc热敏电阻，即1。根据注释，1要求4.7kΩ的上拉电阻，而根据RepRap wiki，几乎所有的3D打印机都使用了4.7kΩ的热敏电阻上拉电阻。此处列示几种使用4.7kΩ上拉电阻的电路板电路图，如图7-22所示。

此处使用的打印机为单喷头，因此第一个喷头的温度传感器配置为1，其他配置为0（0表示没有使用），加热床的温度传感器也配置为1。代码如下。

```
#define TEMP_SENSOR_0 1
#define TEMP_SENSOR_1 0
#define TEMP_SENSOR_2 0
#define TEMP_SENSOR_BED 1
```

接下来是温度检测的一些配置，包括双喷头温度差、M109检测配置、安全温度配置。下面分别进行讲解。

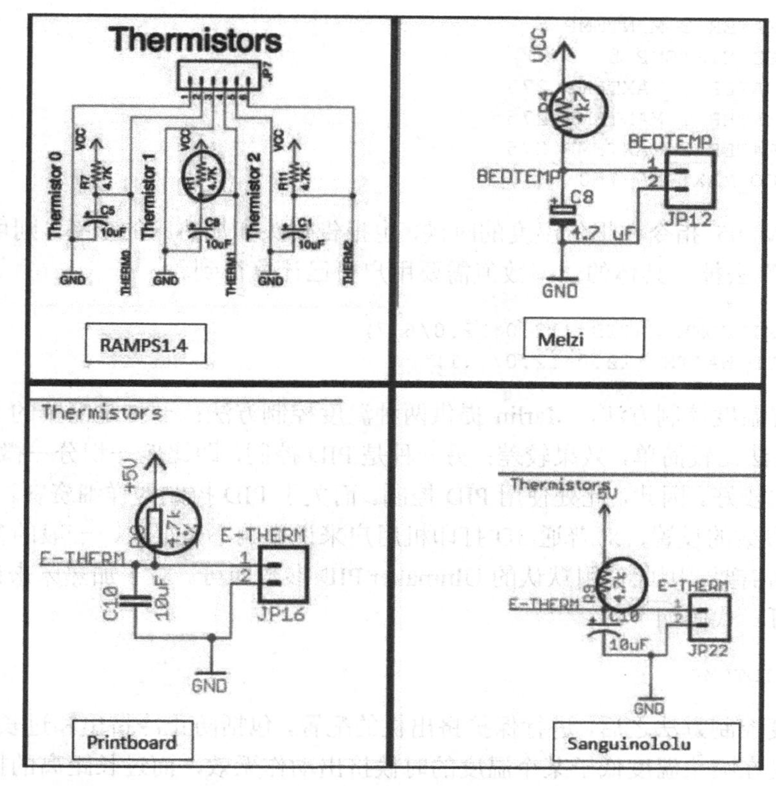

图7-22 几种电路图

首先下面的代码为配置双喷头温差最大值，如果温度超过这个数值，那么打印机会终止工作，因此对于双喷头打印机用户来说，这个参数需要注意。

```
#define MAX_REDUNDANT_TEMP_SENSOR_DIFF 10
```

下面这一段代码可配置M109指令完成的指标。我们知道，M109指令设定喷头温度并等待，那么等待到什么时候呢？下面这3个参数控制这个时间：第一个参数表示温度"接近"目标温度必须持续10s才算加热完成；第二个参数表示和目标温度相差不超过3℃为"接近"；第三个参数表示从温度与目标温度相差不超过1℃开始计时，从此刻开始，温度和目标温度持续接近10s，则完成加热。

```
#define TEMP_RESIDENCY_TIME 10
#define TEMP_HYSTERESIS   3
#define TEMP_WINDOW   1
```

下面配置安全温度范围的下限和上限，包括各个喷头和加热床。如果温度超过下限，那么打印机会抛出MINTEMP的错误并终止工作。如果超过上限，那么打印机抛出MAXTEMP的错误并终止工作。Marlin用这种方式保护3D打印机。下面的配置最小温度都是5℃，喷头的最大温度为275℃，热床的最大温度为150℃。

```
#define HEATER_0_MINTEMP 5
#define HEATER_1_MINTEMP 5
```

```
#define HEATER_2_MINTEMP 5
#define BED_MINTEMP 5
#define HEATER_0_MAXTEMP 275
#define HEATER_1_MAXTEMP 275
#define HEATER_2_MAXTEMP 275
#define BED_MAXTEMP 150
```

如果希望 M105 指令在报告温度的时候，也报告喷头和加热床的功率，则可以将下面两句的前面的“//”去掉。具体的功率数值需要用户自己计算得到。

```
#define EXTRUDER_WATTS (12.0*12.0/6.7)
#define BED_WATTS (12.0*12.0/1.1)
```

接下来配置温度控制方法，Marlin 提供两种温度控制方法：一种是简单的 bang-bang 控制，这种控制方法比较简单，效果较差；另一种是 PID 控制，即比例—积分—微分控制方法，这种控制效果比较好。因此，此处使用 PID 控制。而关于 PID 控制的详细资料，请自行查阅。

关于 PID 参数的设置，对普通 3D 打印机用户来说影响不是很大，一般的参数设置都能满足温度控制的需要，因此使用默认的 Ultimaker PID 参数即可。对于加热床来说，使用默认的控制方法即可。代码如下。

```
#define PIDTEMP
```

配置了温度控制方法之后，进行保护挤出机的配置，包括防止冷挤出和过长距离的挤出。防止冷挤出就是在喷头温度低于某个温度的时候挤出动作无效，而过长距离的挤出是指一次挤出的距离不能大于某个长度。下面的代码中，第一句是防止冷挤出；第三句是定义冷挤出的温度，即 170℃，使用巧克力或食品打印机的朋友需要注意这个温度值；第二句是防止冗长挤出；第四句指明了这个距离的数值，为 X 轴长度与 Y 轴长度之和。

```
#define PREVENT_DANGEROUS_EXTRUDE
#define PREVENT_LENGTHY_EXTRUDE
#define EXTRUDE_MINTEMP 170
#define EXTRUDE_MAXLENGTH (X_MAX_LENGTH+Y_MAX_LENGTH)
```

接下来需为防止温度失控造成着火而进行相关设置。这个配置的具体原理是：如果测得温度在很长一段时间内和目标温度的差大于某个数值，那么打印机会自动终止，从而起到保护打印机的效果。Marlin 默认将这几句注释掉了，即不做这样的保护。如果用户希望做这样的保护，只需要将注释取消即可。下面的代码中，第一句是配置检测时间，第二句是控制温度差距。对于加热床也有类似的配置，需要注意的是，当前越来越大的热床被使用，导致加热速度很慢，要防止误查。

```
#define THERMAL_RUNAWAY_PROTECTION_PERIOD 40
#define THERMAL_RUNAWAY_PROTECTION_HYSTERESIS 4
#define THERMAL_RUNAWAY_PROTECTION_BED_PERIOD 20
#define THERMAL_RUNAWAY_PROTECTION_BED_HYSTERESIS 2
```

下面内容是机械配置部分。首先需要配置的是限位开关。一般的配置是对所有的限位开关都使用上拉电阻，而机械式限位开关连接在常闭段，那么限位开关在正常情况下（未触发），信号端（SIGNAL）为低电位，限位开关触发时，开关处于开路状态，信号端为高电位。这和Marlin中默认的限位开关逻辑相同。

① 保持使用上拉电阻，代码如下。

```
#define ENDSTOPPULLUPS
```

② 所有的限位开关都使用上拉电阻形式，代码如下。

```
#ifdef ENDSTOPPULLUPS
#define ENDSTOPPULLUP_XMAX
#define ENDSTOPPULLUP_YMAX
#define ENDSTOPPULLUP_ZMAX
#define ENDSTOPPULLUP_XMIN
#define ENDSTOPPULLUP_YMIN
#define ENDSTOPPULLUP_ZMIN
#e  ndif
```

下面就是限位开关的逻辑配置。如果限位开关连接方式为GND端连接限位开关的COM端，而SIGNAL端连接的是限位开关的常闭（NC）端，那么就把该限位开关对应的逻辑设置为false，否则设置为true。如果使用的打印机只有最小值处的限位开关，那么保持默认设置即可。代码如下。

```
const bool X_MIN_ENDSTOP_INVERTING = false;
const bool Y_MIN_ENDSTOP_INVERTING = false;
const bool Z_MIN_ENDSTOP_INVERTING = false;
const bool X_MAX_ENDSTOP_INVERTING = true;
const bool Y_MAX_ENDSTOP_INVERTING = true;
const bool Z_MAX_ENDSTOP_INVERTING = true;
```

有的打印机并不是使用了6个限位开关，大多数情况下，都是使用3个最小值处的限位开关，而最大值处的限位开关都没有使用。Marlin固件允许用户指定所使用的限位开关。下面两行代码可以选择去告诉打印机没有使用哪些限位开关。本书此处的打印机只是使用了全部3个最小值处的限位开关，因此禁用最大值处的限位开关，即将第一行的注释符“//”去掉。

```
#define DISABLE_MAX_ENDSTOPS
//#define DISABLE_MIN_ENDSTOPS
```

下面配置步进电机的运动方式，主要配置步进电机的正向反向，根据实际情况改变配置即可。如果发现某个步进电机运动方向不对，则把对应的配置改为相反的值即可。代码如下。

```
#define INVERT_X_DIR true
#define INVERT_Y_DIR false
#define INVERT_Z_DIR true
#define INVERT_E0_DIR false
```

紧接着配置回归初始位位置，其中，–1表示初始位置为坐标最小值处，1表示初始位在坐标最大值处。本书此处的打印机配置如下。

```
#define X_HOME_DIR -1
#define Y_HOME_DIR -1
```

```
#define Z_HOME_DIR -1
```

接下来是关于 Marlin 如何确定步进电机已经达到边界的位置。软限位的方式是通过判断喷头的坐标值是否越过打印机范围，否则根据限位开关的状态判断是否越位。因为此处的打印机限位开关都在最小值处，为了节省计算资源，只需要对最大值使用软限位方式。配置如下。

```
#define min_software_endstops false
#define max_software_endstops true
```

为了正确判断喷头是否越位，需要正确配置打印机的打印范围。MAX 为最大坐标，而 MIN 为最小坐标。此处的打印机范围为 200×200×160mm，因此配置如下。

```
#define X_MAX_POS 200
#define X_MIN_POS 0
#define Y_MAX_POS 200
#define Y_MIN_POS 0
#define Z_MAX_POS 160
#define Z_MIN_POS 0
```

接下来是自动调平。不过，当前 3D 打印机都存在一个平台不平整的问题，自动调平的作用不太明显，因此此处没有使用自动调平，即确保下面一句处于注释状态。

```
//#define ENABLE_AUTO_BED_LEVELING
```

接下来配置步进电机的运动选项了。首先是定义轴的数量，对于单喷头机器，应是 4 轴，分别是 X 轴、Y 轴、Z 轴和 E 轴。然后是回归初始位的速度，注意单位是 mm/s。轴回归初始位的速度比较慢，E 轴不存在初始位，因此设置为 0。代码如下。

```
#define NUM_AXIS 4
#define HOMING_FEEDRATE {50*60, 50*60, 4*60, 0}
```

接下来配置很重要的 4 个参数。每个轴的运动分辨率，即每个轴方向上发生 1mm 的移动，对应的步进电机应该转动多少步。一般来说，X 轴和 Y 轴都是步进电机+同步带结构轴为步进电机+丝杆结构，而挤出机为步进电机+齿轮结构。这四个参数可以通 Repetier-Host 软件中的计算器（工具菜单中）计算得来。对于 X 轴和 Y 轴来说，计算原理为步进电机转一周为 360°。与此同时，同步轮发生周的转动。假如同步轮为 17 齿，那么同步带上一点就运动了 17 个齿距的长度。如果使用步带齿距为 2mm，那么就发生 34mm 的运动。而假如步进电机步距角为 1.8，同时驱器的细分数为 1/16，那么步进电机转一圈就发生 360/1.8×16=3200 步。因此 X 轴和 Y 轴的辨率就是 3200/34≈94.12。

对于 Z 轴来说，步进电机转一周，同样转动了 3200 步。而假如使用的丝杆导程为 8mm，即丝杆转一圈，丝杆螺母运动 8mm，那么 Z 轴的分辨率就是 3200/8=400。而对于挤出机来说，如果为近端挤出，不需要加减速器，那么步进电机转一周，带动出齿轮转一周，耗材就被挤出“挤出齿轮的周长”这个距离，假如挤出齿轮直径为 10mm，那么 E 轴分辨率就是 3200/(10×3.14)≈101.91。如果挤出机电机带有减速器，这个值还要除以减速比。因此本项目配置如下。

```
#define DEFAULT_AXIS_STEPS_PER_UNIT {74.12,74.12,400,101.86}
```

剩下的就是最大速度及加速度的配置。一般来说，使用默认值即可。如果发现打印机振动很厉害，可能是因为加速度过大的原因，可以将第二行中的前两个数值改为3000，把三行的默认加速度数值改为1000，代码如下。

```
#define DEFAULT_MAX_FEEDRATE {500, 500, 5, 25}
#define DEFAULT_MAX_ACCELERATION {9000,9000,100,10000}
#define DEFAULT_ACCELERATION 3000
#define DEFAULT_RETRACT_ACCELERATION 3000
#define DEFAULT_XYJERK 20.0
#define DEFAULT_ZJERK 0.4
#define DEFAULT_EJERK 5.0
```

市面上经常使用的主板是RAMPS1.4，可以选用很多脱机智能控制器，即可以不用联机，使用显示屏里面的菜单就可以控制打印机。此处使用的是LCD12864控制器，因此将下面一句的注释符去掉，通知固件使用这款控制器。

```
#define REPRAP_DISCOUNT_FULL_GRAPHIC_SMART_CONTROLLER
```

另外一款比较常用的控制器是LCD2004控制器，使用这一款就需要把下面一句的注释去掉，并把其他的控制器选项都注释。用户也可以选择其他的控制器，只需做相应的配置即可。

```
#define REPRAP_DISCOUNT_SMART_CONTROLLER
```

智能控制器都有预热菜单，即选择预热PLA和预热ABS，具体的温度可以进行更改。此处打印PLA，一般喷头温度设置为210℃，而加热床温度设置为40℃；打印ABS，喷头温度设置为230℃，加热床温度设置为60℃。因此配置如下。

```
#define PLA_PREHEAT_HOTEND_TEMP 210
#define PLA_PREHEAT_HPB_TEMP 40
#define PLA_PREHEAT_FAN_SPEED 255
#define ABS_PREHEAT_HOTEND_TEMP 230
#define ABS_PREHEAT_HPB_TEMP 60
#define ABS_PREHEAT_FAN_SPEED 255
```

至此，Marlin基本配置已经完成。可以通过Arduino IDE选择相应的端口和板子类型，然后编译上传到主板上。可以通过Repetier-Host或者PrintRun软件调试打印机，发现问题再调整固件的参数，重新上传，直到打印机正常工作。

7.5 打印过程的注意事项

7.5.1 翘边的处理方法

翘边是3D打印最常见的问题。只要方法得当，可以有效减少翘边。下面介绍5个解决翘边问题的方法。

想要解决问题，首先要知道问题的根源。为什么在打印过程中总是会翘边呢？主要原因就是塑料的热胀冷缩，从喷嘴挤出来的塑料在冷却的过程中会收缩，导致模型边缘或者两头翘起来，与平台分离。尤其是 ABS 材料，比 PLA 材料更易翘边。当模型底部面积不大时，收缩造成的影响并不明显。但面积较大时，每单位面积产生的收缩累积起来，向内产生的拉力就变得相当强大，造成边缘翘起。下面是经过测试的解决办法，读者可以根据自己遇到的实际情况选择不同的方法。

1. 加宽第一层线宽

线宽越宽，从挤出孔挤出的料就越多，塑料和打印平台挤压的力量也会越强。这样可以增加模型与平台的黏合力，进而减少翘边的状况。

2. 首层不开风扇（适用于 Creator 系列和 Dreamer 系列）

风扇吹风可以让模型加速冷却，如果打印的模型很小，来不及冷却就开始印下一层，则很容易就过热了，造成模型变形，所以一般都需要吹风来加速冷却。但是打印较大的模型时，风扇吹风会让塑料冷却过快而收缩，造成边缘翘起。因此，通常模型面积较大时，首层打印可以不开风扇，后面再开风扇。因为首层的打印时间比较长，有足够的时间让塑料冷却，不开风扇也可以。

3. 减慢打印速度

如果发现打印机总是出现翘边的情况，可以降低一下打印速度。总结大量的打印经验，可发现减慢速度的确有助于减少翘边。这种方法尤其适合三角洲打印机，降低标准速度 30% 左右，除了大大的降低了翘边的可能性，打印质量也有明显提升，精度明显高于高速打印。

4. 使用各种胶

胶可以带来不错的附着力，降低翘边出现的概率，例如 PVP 固体胶、各种防翘边胶水、防翘边贴膜、美纹纸等。涂胶也有技巧，一定要均匀涂抹，选择黏度较强的胶。不要某一区域特别厚，而其他区域特别薄，这样反而会影响调平效果，造成打印失精等情况发生。

5. 改善模型

修改下模型底部的形状，也是可以减少翘边的，例如在模型底部加老鼠耳朵一样的边缘，可增加附着力，如图 7-23 所示。

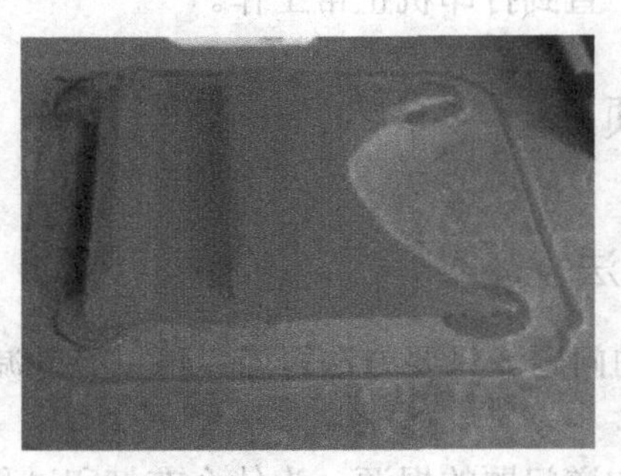

图 7-23　改善模型底部形状

此外，还可以在切片时多加几圈裙边，或使用底筏（RAFT）来增加模型的附着力。部分特殊的模型可以额外增加支撑，打印完成后，再用各种工具将支撑掏空。

7.5.2　打印时耗材无挤出

对于刚接触到3D打印的用户来说，打印时无耗材挤出是一个比较常见的问题。挤出机不挤出耗材，一般来说是4种因素造成的。本节将逐一说明各种情况，并介绍如何来解决这一问题。

1．打印开始前，挤出机没有装填耗材

大多数挤出机都有一个问题：当挤出头处于高温静止状态时会漏料。喷嘴中加热的耗材，总是倾向于流出来，从而导致喷嘴内是空的。这种静止垂料的问题，可能发生在打印开始阶段预加热挤出头的时候，也有可能发生在打印结束后、挤出机慢慢冷却时。如果挤出机因为垂料流出了一些耗材，那么下次挤出时可能需要多等一会儿，塑料才开始从喷嘴中挤出。当挤出机发生垂料后，打印开始后出料会延迟。要解决这个问题，需要保证挤出机已经填充好，喷嘴中充满塑料。在Simplify3D中，解决这个问题的通常做法是，使用一种叫“裙边”（Skirt）的东西。裙边是围绕着打印件的线，在打印裙边时，会让挤出机中充满塑料。如果需要填充更多，可以在Simplify3D的“附件”（Additions）标签页中，设置增加裙边的圈数。有的用户可能也会于打印开始前，在Simplify3D的设备控制面板，使用控制手柄，手动挤出耗材。

2．喷嘴离平台太近

如果喷嘴离平台太近，将导致没有足够的空间，导致塑料从挤出机中挤出。喷嘴顶端的孔会一直被堵住，塑料无法出来。识别这种问题的一个简单方法是：看是不是第1或第2层不挤出，第3或第4层左右又开始正常挤出了。对于这个问题，可以在Simplify3D的“G代码”（G-Code）标签页中，通过修改G代码偏移设置来解决。这种方法可能让用户非常精确地调整Z轴坐标原点，而不必去修改硬件。例如，如果设置Z轴的G代码偏移量为0.05mm，那么喷嘴将远离平台 0.05mm。每次增加一点，增大这个值，直到喷嘴平台之间有足够的空间让塑料挤出。

3．线材在挤出齿轮上打滑（刨料）

多数3D打印机通过一个小齿轮来推动线材前进或后退。齿轮上的齿咬入线材中，精确地控制线材的位置。然而，如果仔细观察塑料上的齿印，你会发现线材上，有些小段上没有齿印。这有可能是因为驱动齿轮刨掉了太多塑料。当这种现象出现时，驱动齿无法抓住线材，来前后驱动线材。这个问题可以通过提高挤出机温度和降低打印速度来解决。

4．挤出机堵了

如果试过上述3个方法都没法解决问题，那么有可能挤出机堵了。情况如下：当外部碎片卡住喷嘴，塑料在挤出机中淤积太多；或者挤出机散热不充分，耗材在预期熔化的区域之外，就开始变软了。解决堵头的问题，需要拆开挤出机，用专用的细针清理挤出机，将淤积的耗材全部推出。

7.5.3 打印时耗材无法粘到平台上

打印的第一层与平台紧密粘住是很重要的。只有这样，接下来的层才能在此基础上建构出来。如果第一层没能粘在平台上，那将导致后面的层出问题。有很多方法来处理第一层不粘的问题。所以，在下面只排查几种常见的情况，并说明分别如何处理。

1. 建构平台不水平

很多打印机都有几个螺丝或手柄用来调整平台的位置。如果打印机有可调节的平台，遇到了第一层不着床的问题，那么首先需要确认一下，平台是不是平的，放置是否水平。如果不水平，平台的一边会更接近喷嘴，而另一边又太远。第一层要打印的完美，需要一个水平的平台。Simplify3D 中有一个非常有用的平台调平指南，来引导用户做调整操作。用户可以打开“工具”→“平台调整”（Tool→Bed Leveling Wizard），然后照着屏幕上的提示来做。

2. 喷嘴平台太远

当平台已经调平后，仍然需确定喷嘴的起始位置与平台的间距是否合适。用户需将喷嘴定位到与平台距离合适的位置。线材需轻轻粘在平台上，以获得足够的附着力。虽然可以通过调整硬件来实现，但是通过修改 Simplify3D 中的设置，可能更容易、更精确。可以单击“修改切片设置”（Edit Process Settings）来打开设置界面，然后选择“G 代码标签页”。可以通过修改 Z 轴偏移 G 代码，来调整喷嘴的位置。

例如，若在 Z 轴偏移中输入–0.05mm，刚喷嘴将从靠近平台 0.05mm 的位置开始打印。请注意，这个设置每次只做很小的调整。打印件每层只有 0.2mm 左右，很小的调整，实际影响都会很大。

3. 第一层打印太快

当挤出机在平台上打印第一层时，你希望第一层塑料能恰当地粘在平台的表面上，以便接下来打印其他层。如果第一层打印太快，塑料可能没有足够多的时间粘在平台上。常用的方法是将第一层的打印速度降低。Simplify3D 提供了一个设置，专门来实现这一特性。单击“修改切片设置”（Edit Process Settings），打开“层”（Layer）标签页你会看到名叫“第一层速度”（First Layer Speed）的设置项。例如，若设置第一层的速度为 50%，那么第一层的打印速度，会比其他层打印速度慢一半。如果觉得打印机第一层打印得太快，可以试着减少这个设置。

4. 温度或冷却设置有问题

当温度降低时，塑料会收缩。为了形象说明，举例说明：一个 100mm 宽的 ABS 塑料印件，挤出机打印时的温度是 230℃，但平台是冷的，塑料会从喷嘴中挤出后，快速地冷却。一些打印机还有冷却风扇，当它们启动时，会加速冷却的过程。如果这个 ABS 打印件冷却到室温 30℃，那 100mm 宽的打印件，会收缩 1.5mm！但是，打印机上的平台不会收缩这么多，因为它一直处于同一个温度。因为这种现象存在，塑料冷却时，总是倾向于脱离平台。在打印第一层时，这是需要记住的一个很重要的因素。如果观察到，第一层好像很快粘到平台上，但后来随着温度降低又脱离了，那么很可能是温度和冷却相关的设置问题。

为了打印如ABS一样需高温才熔化的塑料，许多打印机配备了一个可加热的平台。在打印过程中，如果平台被加热，一直保持在110℃，它将使第一层一直是热的，进而不会收缩。通常认为，PLA在热床加热到60~70℃之间时，会很好地着床，而ABS在100~120℃时较好。你可以在Simplify3D中修改这个设置，单击“修改切片设置”（Edit Process Settings），打开“温度”标签页（Temperature），在左边的列表中，选择平台加热项目，然后为第一层修改温度。可以双击数值来修改它。

如果打印机有冷却风扇，可以在前几层打印时禁用它，以使这几层不致冷却得太快。单击“修改切片设置”（Edit Process Settings），打开“冷却”（Cooling）标签页。可以在左边设置风扇速度。例如，你希望第一层打印时，禁用风扇，然后到第5层时，全速开启风扇。这时，需要在列表中添加两个控制点：第一层0%，第5层100%的风扇转速。如果你使用的是ABS塑料，通常是在整个打印过程中，都禁用风扇。这时可以只添加一个控制点（第一层0%风扇转速）。如果你处在一个比较通风的环境中，需要将打印机封闭起来，使风吹不到打印件。

5. 平台表面处理（胶带、胶水及材质）

不同的塑料与不同的材质材料黏合度不一样。因此，许多打印机都有一个特别材质的平台，专门来适用它们的耗材。例如，一些打印机将与PLA能很好黏合的“BuildTak”片放置在平台上。有些打印机生产商则选择经过热处理的硼化硅玻璃平台。这种玻璃在加热后，能与ABS很好地黏合。如果你打算在这些平台上直接打印，那么在打印开始前，请检查一下平台上是否有灰尘、油脂之类的杂质。使用水或酒精清理一下平台，会产生很不一样的效果。

如果打印平台不是特殊材料的，还有一些其他办法处理平台。有几种类型的胶带，能与常用的3D打印耗材黏合。条形胶带能很方便地粘到平台表面，同时也能很轻松地移除或更换，以适应打印不同的耗材。例如，PLA能和蓝色美纹胶（注：3M正品）带黏合得很好。而ABS则与Kapton胶带（也称聚酰亚胺树脂胶带）黏合得好。许多用户也会用胶水涂在平台表面。在其他办法都无效时，发胶、棒胶或者其他黏性物质也很好用。你可以试试哪种方式最适合。

当以上方法都不行时，我们就需从溢边和底座入手来解决问题。

有时需打印一个非常小的模型时，会出现模型表面没有足够的面积与平台表面黏合的状况。Simplify3D有一些其他选择来帮助增加与平台的附着面积。一种叫“溢边”（Brim）。溢边是在打印件外围增加额外的边，与帽子的帽檐增大帽子周长一样。在“附件”（Additions）标签页的最下面，开启“使用溢边和底座”（Use Skirt/Brim）的选项。Simplify3D也允许用户在打印件底部增加一层底座，也可以增大着床面积。如果对这个方法感兴趣，请参考底座、裙边、溢边指南里的详细解释。

7.5.4 出料不足

Simplify3D中包括一些设置，来决定3D打印机挤出多少塑料。3D打印机并没有反馈多少塑料实际已经流出了喷嘴。因此，有可能实际挤出的塑料，比软件期望的要少，即所谓的出料不足（Under-Extrusion）。出现这种情况，你可能会注意到各相邻层之间会有间隙。测试打印机是否挤出足量的方法是打印一个简单的边长20mm的正方体，设置至少打印3层边线。

检查一下，在方块的顶部的 3 条边线是否紧密地黏合在一起。如果 3 条连线之间有间隙，那么就是遇到了出料不足的问题。如果这 3 条边线互相紧靠，并且没有间隙，那有可能遇到是另一种问题。如果确定遇到出料不足，以下方法可以解决这个问题。如图 7-24 所示。

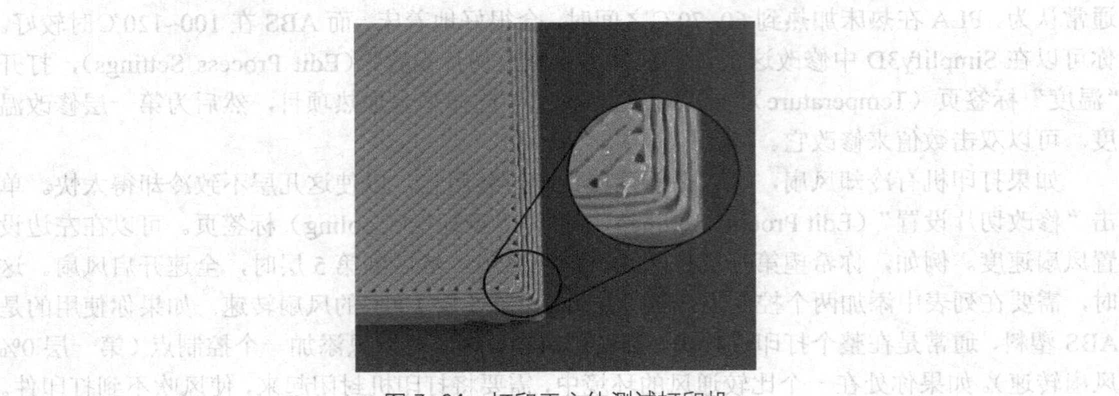

图 7-24　打印正方体测试打印机

1. 不正确的线材直径

需要确认的第一件事是耗材的直径。单击“修改切片设置（EditProcess Settings)，打开“其他”标签。确认设置的值，与线材直径是一致的。甚至，需要用卡尺测试线材，以确定软件中设置的值是正确的。最常见的线材直径是 1.75mm 和 2.85mm。许多线材卷的包装上，也有正确的直径。

2. 增加挤出倍率

如果线材直径是正确的，但是仍然看到出料不足的问题，那么需要调整挤出倍率。这是 Simplify3D 中一个非常有用的设置，允许用户轻松修改挤出机挤出量（也被称为流量倍率）。单击“修改切片设置”（Edit Process Settings），打印“挤出机”（Extruder）标签页。打印机上的每个挤出机都有一个单独的挤出倍率，所以，如果想修改某一个挤出机的流量倍率，请确保在列表上选择了与之对应的设置项。例如，如果挤出倍率原来是 1.0，修改它为 1.05，这意味着将比以前多挤出 5%的塑料。比较典型的是，打 PLA 时设置挤出倍率为 0.9 左右，打印 ABS 时，设置接近 1.0。尝试着增加 5%，然后再打印测试方块，看边线上是否仍然有间隙。如图 7-25 所示。

图 7-25　使用不同挤出倍率打印

7.5.5　出料偏多

软件与打印机是一起工作的，需要确认从喷嘴中挤出了准确数量的塑料。精确挤出是获得高质量打印件的重要因素。然而，大多数3D打印机，没有方法监测到底挤出了多少塑料。如果挤出机设置不正确，打印机有可能挤出超过软件预期的塑料。出料偏多将导致打印件的外尺寸出问题。要解决这个问题，在Simplify3D中，只需要进行简单的设置。请参考“出料不足”章节，以获得更详细的说明。可以参考相同的设置项，解决出料偏多的问题，只需要相反的设置。例如，增加挤出倍率可以解决出料不足的问题，可以减少挤出倍率来解决出料偏多的问题。如图7-26所示。

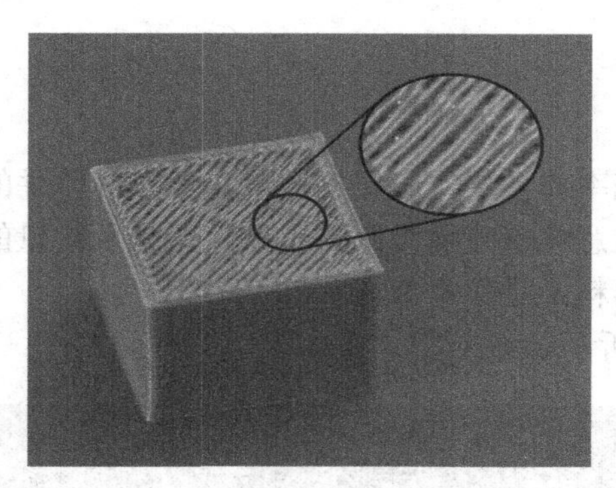

图7-26　出料偏多的打印件

7.5.6　顶层出现孔洞或缝隙

为了节省塑料，大多数3D打印件都是由一层实心的壳和多孔中空的内芯构成。例如，打印件的内芯的填充率只有30%，也即意味着，内芯只有30%的是塑料，其他部分是空气。虽然打印件的内芯是部分中空的，但我们希望表面是实心的。为了达到这个目标，Simplify3D允许设置在打印件中顶部和底部有多少实心的层。例如，打印一个上下各有5层实心层的方块，软件将在上下各打印5层完全实心的层，但是其他中间的层，将部分中空。这个技术可以节约大量的塑料和时间，但同时又能创造出结实的打印件。当然，这取决于使用何种设置。你有可能注意到，打印件的顶层并不是完全实心的。在挤出机建构这些实心层时，可能看到孔洞或间隙。如果遇到这种问题，以下有几个简单的设置，可以对其进行调整，以解决问题。

1. 顶部实心层数不足

调整顶层实心填充层的数量，是最先被用到的。当在部分中空的填充的层上，打印100%的实心填充层时，实心层会跨越下层的空心部分。此时，实心层上挤出的塑料，会倾向下垂到空心中。因此，通常需要在顶部打印几层实心层，来获得平整完美的实心表面。一般是要求顶层实心部分打印的厚度至少为0.5mm。所以如果使用0.25mm为层高，则需要打印2层顶部实心层。如果打印层高更低，例如只有0.1mm，则需要在顶部打印5个实心层来达到同样的效果。如果在顶层发现挤出丝之间有间隙，首先是尝试着增加顶部实心层的数量。如果发现这个问题，而只打印了3个顶部实心层，那试试打印5个实心层，看有没有改善。注意，增加实心层只会增加打印件里面塑料的体积，但不会增加外部尺寸。可以单击“修改切片设置”（Edit Process Settings），打印“层”（Layer）标签页来调整实心层的设置。

2. 填充率太低

打印件内部的填充会成为它上面层的基础。打印件顶部的实心层需要在这个基础上打印。如果填充率非常低，那填充中将有大量空的间隙。例如，只使用 10%的填充率，那么打印件里面剩下 90%将是中空的。这将会导致实心层，需要在非常大的中空间隙上打印如果你试过增加顶部实心层的数量。这时，在顶部仍然能看到间隙，可以尝试增加填充率，来看间隙是否会消失。例如，填充率之前设置的是 30%，试着用 50%的填充率，因为这样可以提供更好的基础来打印顶部实心层。

3. 出料不足

如果已经尝试增加填充率和顶层实心层的数量，但在打印件的顶层仍能看到间隙，那可能遇到挤出不足的问题。这意味着喷嘴没有挤出软件所预期数量的塑料。关于这个问题的完整解决办法，可以参考“出料不足”章节。

效果示意图如图 7-27 所示。

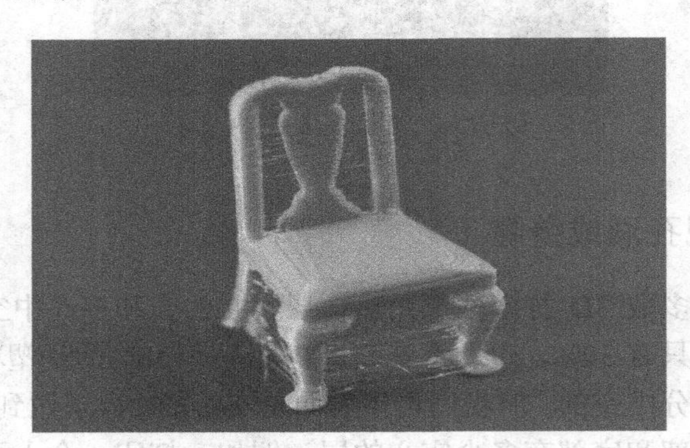

图 7-27 示意图

7.5.7 拉丝或垂料

当打印件上残留细小的塑料丝线，即发生了拉丝。通常这是因为当喷嘴移到新的位置时，塑料从喷嘴中垂出来了。在 Simplify3D 中，有几种设置可有助于解决这个问题。解决拉丝问题，最常用的是方法是“回抽”。如果回抽是开启的，那么当挤出机完成模型一个区域的打印后，喷嘴中的线材会被回拉。这样再次打印时，塑料会被重新推入喷嘴，从喷嘴顶部挤出。要确认回抽已经开启了，可以单击“修改切片设置”（Edit ProcessSettings），打开“挤出机”（Extruder）标签页，确认每个挤出机都开启了回抽选项。在下面的几节中，将探讨这个重要的回抽设置，也会探讨其他几个处理拉丝问题的设置，例如挤出机温度设置。

1. 回抽距离

回抽最重要的设置是回抽距离。它决定了多少塑料会从喷嘴拉回。一般来说，从喷嘴中拉回的塑料越多，喷嘴移动时，越不容易垂料。大多数直接驱动的挤出机，只需要0.5~2.0mm的回抽距离。一些波顿（Bowden）挤出机，可能需要高达15mm的回抽距离，因为挤出机驱动齿轮和热喷嘴之间的距离更大。如果打印件出现拉丝问题，试试增加回抽距离，每次增加1mm，观察改善情况。

2. 回抽速度

下一个回抽相关的设置是回抽速度，它决定了线材从喷嘴抽离的快慢。如果回抽太慢，则塑料将会从喷嘴中垂出来，进而在移动到新的位置之前，就开始泄漏了。如果回抽太快，线材可能与喷嘴中的塑料断开，甚至驱动齿轮的快速转动，可能刨掉线材表面部分。回抽效果比较好的范围为1200~6000mm/min（20~100mm/s）。Simplify3D已经提供了一些内置的默认配置，来确定多大的回抽速度，效果很好。但是，最理想的值，需根据实际你使用的材料来确定。所以，需要做试验来确定不同的速度是否减少了拉丝量。

3. 温度太高

如果已经检查了回抽设置，下一个最常见的导致拉丝问题的因素是挤出机温度。如果温度太高，喷嘴中的塑料会非常黏稠，进而更容易从喷嘴中流出来。如果温度太低，塑料会保持较硬状态，而难以从喷嘴中挤出来。如果回抽设置是正确的，还是出现这个问题，试试降低挤出机温度降5~10℃，将对最后的打印质量有明显地影响。通过单击“修改切片设置”（Edit Process Settings），打开“温度”（Temperature）标签页做相关调整。从列表中，选择相应的挤出机，在想修改的温度值上双击。

4. 悬空移动距离太长

拉丝发生在挤出机喷嘴在两个不同的位置间移动时。在移动过程中，塑料从喷嘴中垂下来。移动距离的大小，对拉丝的产生有很大的影响。短程移动足够快，料没有时间从喷嘴中重落下来。大距离的移动，更有可能导致拉丝。Simplify3D包含了一个非常有用的特性，来使移动路径尽可能小。软件能自动调整移动路径，来保证喷嘴悬空移动的距离非常小。事实上，在多数时候，软件都可以找到合适的路径，来避免悬空移动很远。这意味着没有拉丝的可能性，因为喷嘴一直在实心的塑料上方，而且不会移动到打印件外部。要使用这个特性，单击“高级”（Advanced）标签页，开启“避免移动超出轮廓”的选项。

效果示意图如图7-28所示。

图7-28 示意图

7.5.8 过热

从挤出机挤出的塑料，至少有 190~240℃。当塑料仍然是热的，它仍然是柔软的，可以轻易地塑造成不同的形状。当它冷却后，它迅速变成固体，并且定型。你需要在温度和冷却之间取得正常的平衡，进而使塑料能顺利地从喷嘴中流出，但又能迅速凝固，可获得打印件尺寸的精度。如果未能达到平衡，用户会遇到一些打印质量问题，例如打印件的外型不精准。如图 7-28 所示，金字塔顶部挤出的线材，没能尽快冷却定型。下面的内容将排查几种常见的导致过热的情况，并提示相关解决方案。

1. 散热不足

最常见的导致过热的原因是塑料没能及时冷却。冷却缓慢时，塑料很容易改变形状。对于塑料来说，快速冷却已经打印的层，来防止它们变形是比较好的方法。如果打印机有冷却风扇，试着增加风扇的风力来使塑料冷却更快。单击“修改切片设置”（Edit ProcessSettings），打开“冷却”（Cooling）标签页，只需要双击需要修改的风扇的控制点就可以做相应设置。这个额外的冷却，有助于塑料成型。如果打印机没有完整的冷却风扇，你可能需要试着安装一个自己配的风扇，或者使用手持风扇来加快层的冷却。

2. 打印温度太高

如果已经使用了冷却风扇，但仍然有问题，可能需要试着降低打印温度。如果塑料以低一些的温度从喷嘴中挤出，它将可能更快地凝固成型。试着降低打印温度 5~10℃来看效果。可以单击“修改切片设置”（Edit Process Settings）并打开“温度”（Temperature）标签页做相应设置。只需要简单地双击需要修改的温度的控制点。注意，不要降温太多，以致塑料不够热，而无法从喷嘴细小的孔中挤出。

3. 打印太快

如果打印每个层都非常快，则可能导致没有足够的时间让层还没有正确地冷却，就又开始在它上面打印新的层了。在打印小模型时，仍然需要降低打印速度，来确保有足够的时间让层凝固。Simplify3D 有一个非常简单的选项来处理这个问题。如果单击“修改切片设置”（Edit Process Settings），打开“冷却”（Cooling）标签页，你会看到“速度重写”（Speed Overrides）的设置项。这个设置项是用来在打印小的层时自动降低速度，以确保在开始打印下一层时，它们有足够多的时间冷却和凝固。例如，在打印时间少于 15s 的层时，允许软件调整打印速度，程序会为这些小层自动降低打印速度。对于解决高热问题，这是一个关键的特性。

4. 打印多个

当以上这些办法都无效时，试试一次打印多个打印件，如图 7-29 所示。

如果你已经尝试了以上 3 个办法，但仍然在冷却方面有问题，有另一种办法，你可以试一下：将要打印的模型复制一份（“编辑”→“复制/粘贴”）（Edit→Copy/Paste），或者导入另一个可以同时打印的模型。通过同时打印两个模型，用户能为每个模型提供更多冷却时间。喷嘴将需要移动到不同的位置，去打印第二个模型。这就提供了一个机会让第一个模型冷却。

这种方法很简单，但却是一个很有效的解决过热问题的策略。

图 7-29 打印多个打印件

7.5.9 层错位

多数 3D 打印机使用开环控制系统。它们没有关于喷头实际位置信息反馈。这样的打印机只是简单地尝试移动喷头到某个位置。多数时候这样是可行的，因为驱动打印机的步进电机是非常有力的，不会有巨大的负载来阻止喷头移动。但如果出现了问题，打印机将没有办法发现这种移动。例如，在打印的时候，突然撞击打印机，可能导致喷头移动到一个新的位置，而机器没有反馈来识别这种情况。所以，它会继续打印。如果你发现打印机中的层错位了，它可能是因为下面列出的原因之一导致的。一旦这些错误发生，打印机没有办法发现问题和处理问题。以下将探讨如何解决这个问题。

1．喷头移动太快

如果以一个很高的速度打印，3D 打印机的电机将全速运转。如果以更快的速度打印，以至于超过了电机能承受的范围，通常会听到咔咔的声音，电机没法转动到预期的位置。此种情况下，接下来的打印层会与之前打印的所有层错位。如果你觉得你的打印机打印太快了，试着降低 50%的打印速度来看是否有帮助。可以单击“修改切片设置”（Edit Process Settings），再打开“其他”（Other）标签页进行设置。同时调整“默认打印速度”和“X/Y 轴移动速度”。默认打印速度，决定了挤出头挤出塑料时的速度。“X/Y 轴移动速度”决定了打印头空程时的移动速度，如果任意一个速度太快，都有可能导致错位。如果调整更多高级设置，也可以考虑降低打印机固件中的加速度设置，使加速和减速更加平缓。

2．机械或电子问题

如果降低了速度，错位问题还一直出现，那有可能打印机存在机械或电子问题。例如，多数 3D 打印机使用同步带来做电机传动，以控制喷头的位置。同步带一般是橡胶再加某种纤维来制成，使用时间一长，同步带可能会松弛，进而影响同步带带位喷头的张力。如果张力不够，同步带可能在同步轮上打滑，这意味着同步轮转动了，但同步带没有动。如果同步带原本安装得太紧，也会出现问题。过度绷紧的同步带，会使轴承间产生过大的摩擦力，从而阻碍电机转动。理想的情况是，皮带足够紧，防止打滑，但又不太紧，以免阻碍系统运行。处理错位问题需要确认所有同步带的张力是合适的，没有太松或太紧。如果觉得可能有问题，请与打印机提供商沟通，以便知道如何调整皮带张力。

多数 3D 打印机都包括一系列的同步带、驱动同步带的同步轮，并使用一个止付螺丝（也称顶丝）来固定到电机上。这种顶丝将同步轮锁紧在电机的轴上，这样二者可以同步旋转。因此，如果顶丝松动了，同步轮不再与电机轴一同旋转。这意味着，可能电机在旋转，而同步轮和同步带却没有运动。这种情况下，喷头也不会到达预期的位置，进而导致接下来的所有层错位。所以，如果层错位了的问题重复出现，需要确认所有电机上的紧固件都已经上紧了。

还有另外一些常见的电子方面的问题会导致电机失步。例如，如果电机的电流不足，电机将没有足够的力矩转动。也可能是电机驱动板过热，这会导致电机间歇性地停止转动，直到电路冷却下来。效果图如图 7-30 所示。

图 7–30　层错位效果图

7.5.10　层开裂或断开

3D 打印通过一次打印一层来构建模型。每个后续的层都是打印在前一个层上，最后构建出想要的 3D 形状。然后，为了使最后的打印件结实可靠，需要确保每层充分地与它下面的层黏合。如果层与层之间不能很好地黏合，最后打印件可能开裂或断开。接下来将会探讨一些典型的原因，及相应的解决办法。

1. 层高太高

多数 3D 打印机喷嘴直径都在 0.3~0.5mm 之间。塑料从这个很小的孔中挤出，形成非常细的挤丝，进而构建细节丰富的打印件。然而，这些小喷嘴也导致层高的限制。当在一层上打印另一层塑料时，需要确保新的层被挤压到下面那层上，从而两层可以黏合在一起。一般来说，需要确保选择的层高比喷嘴直径小 20%。例如，如果喷嘴直径是 0.4mm，那使用的层高不能超过 0.32mm，否则每层上的塑料将无法正确地与它下面的层黏合。所以，如果发现打印件开裂，层与层之间没能粘在一起，首先需要检查的是层高与喷嘴直径是否是匹配的。试试减少层高，来看看是否能让层粘得更好。你可以单击“修改切片设置”（Edit Process Settings），并打开“层（Layer）”标签页来设置。

2. 打印温度太低

相比冷的塑料，热的塑料总是能更好地粘在一起。如果层与层之间不能很好黏合，并且确定层高设置并没有太高，那么可能是线材需要以更高的温度来打印，以便更好地黏合。例如，尝试在 190℃下打印 ABS 塑料，则你可能会发现层与层之间很容易分开。这是因为 ABS 一般需要在 220~235℃时打印，以便使层与层与有力地黏合。所以如果你觉得可能是这个问题，那使用正确的打印温度。尝试增加温度，每次增加 10℃，来看看黏合是否有所改善。你可以单击“修改切片设置”（Edit Process Settings），并打开“温度”（Temperature）标签页来设置。这时只需要双击想修改的温度设置点就可设置。

效果图如图 7-31 所示。

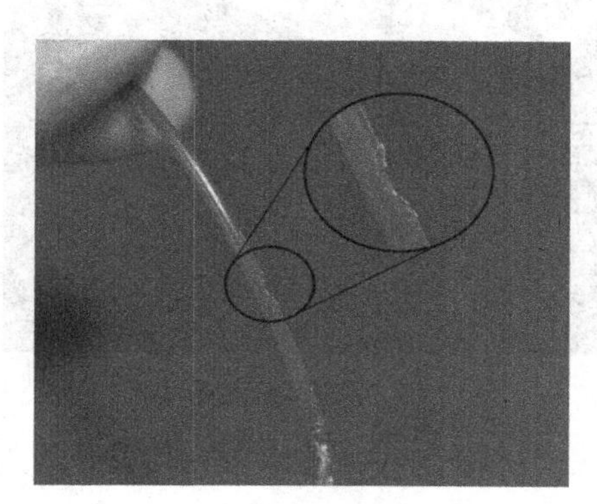

图 7-31　层开裂断开效果图

7.5.11　刨料

多数 3D 打印机都使用一个小齿轮与另一个轴承夹住线材，以使齿轮抓住线材。驱动齿轮有尖利的齿，可以咬进线材中，然后依靠齿轮的旋转方向来推动线材前后运动。如果线材不能移动，但齿轮却在继续转动，则这时齿轮可能会从线材上刨掉部分塑料，以致齿轮没地方再抓住线材，这种情况叫“刨料”。因为太多塑料被刨掉了，导致挤出功能不正常。如果这种情况出现在打印机上，通常会看到许多塑料碎片散落一地。可以看到，挤出机在转动，但线材却没有被推送到挤出机内部。在下面将介绍解决这个问题的最简单的方法。

示意图如图 7-32 所示。

1. 提高挤出机温度

如果一直遇到刨料的问题，那可试着把挤出机的温度提高 5~10℃。这样塑料挤出易一些。你可以单击“修改切片设置”（Edit Process Settings），并打开“温度”（Temperature）标签页来设置。从列表左边选择相应的挤出机，然后双击想修改的温度定位点。塑料在温度高时，总是更容易挤出，所以这是可以调整的一个非常有用的设置。

2. 打印速度太快

在提高了温度后，如果仍然遇到刨料的问题，需要降低打印速度。这样，挤出机的电机不必再那般高速转动，因为线材需要更长的时间来挤出。降挤出机的电机转速，有助于避免刨料问题。可以单击“修改切片设置”（Edit ProcessSettings），并打开“其他”（Other）标签页来设置。调整“默认打印速度”，可以控制挤出机挤出塑料时的运动速度。

3．检查喷嘴是否堵塞

在降低的温度和打印速度之后，如果仍然有刨料的问题，那么可能是喷嘴堵塞了。请阅读“喷嘴堵塞”章节来获知如何处理这个问题。

图 7-32　示意图

7.5.12　喷头堵塞

3D 打印机的生命周期里，需要熔化和挤出数千克的塑料。所有的塑料都必须通过一个大小如沙粒一般的孔中挤出。这样不可避免地会出现一些问题，致使挤出机不能再推动塑料通过喷嘴。这种堵塞经常是因为有某些东西在喷嘴中，阻碍了塑料正常挤出。接下来我们会介绍几个简单的解决方法来修复被堵的喷嘴。效果图如图 7-33 所示。

1．手工推送线材进入挤出机

首先，尝试手工推送线材进入挤出机。打开 Simplify3D 的设备控制面板，加热挤出机到塑料需要的温度。然后使用控制手柄，挤出少量塑料。当挤出机电机旋转，用手轻轻地帮助推送线材进入挤出机。多数情况下，这额外的力量，以使线材通过出问题的位置。

2．重新安装线材

如果线材仍然没有移动，要拆下线材，确认挤出机温度正确，然后使用 Simplify3D 的控制面板，从挤出机中拔出回抽线材。当线材被拔出后，使用剪刀剪掉线材上熔化或损坏了的部分。然后重新安装线材，看这段新的没有损坏的线材能不能挤出。

3．清理喷嘴

如果还是不能挤出这段新的塑料通过喷嘴，那么在继续操作前，可能需要清理喷嘴。很多用户通过加热挤出机到 100℃，然后手工挤出线材（希望没有东西堵在喷嘴中）。另外一些人，更喜欢用吉它上的E弦，将喷嘴中东西反向顶出来。不同的挤出机有不一样的处理方法，所以可以联系打印机提供商，来获得可靠的指导。

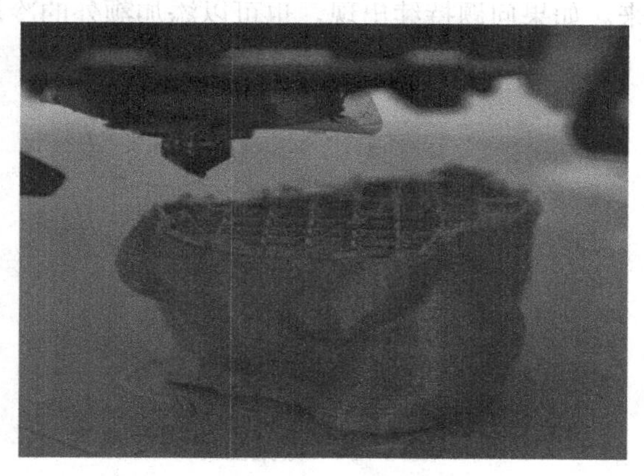

图7-33 效果图

7.5.13 打印中途，挤出停止

如果打印机在开始的时候挤出正常，但后来突然停止挤出，那有可能出现了以下问题。我们将逐个探讨常见的原因，并提供建议解决问题。如果打印机在刚开始的时候挤出有问题，请参考“打印开始后，耗材无挤出”。效果图如图7-34所示。

1. 耗材耗尽

这种情况显而易见。但是在检查其他问题时，首先确认一下是否有耗材送入挤出机中。如果线材卷中线材耗尽，在开始打印前，需要安装一卷新的耗材。

2. 线材与驱动齿轮打滑

在打印过程中，挤出机的电机会不停地转动，以推动线材进入喷嘴。这样打印机能持续挤出塑料。如果试图打印太快，或试图挤出太多塑料，那就可能会导致电机刨掉线材，直到驱动齿轮抓不住线材为止。如果挤出机电机在转动，但是线材没有移动，那么很可能是这个原因。请参考“刨料”章节，来获得解决该问题的更详细说明。

3. 挤出机堵塞

如果不是前面的任何一种情况，那么很可能是挤出机堵塞了。如果这种情况发生在打印过程中，需要检查并确认线材是干净的，并且线材卷上没有灰尘。线材上粘上足够多灰尘后，可能导致打印过程中堵住喷头。还有其他一些可能的原因导致喷头堵塞，请参考“喷嘴堵塞”章节获取更多信息。

4. 挤出机电机驱动过热

在打印过程中，挤出机的电机负载非常大。它持续地前后旋转，推拉线材向前向后。这些快速运动需要较大的电流。如果打印机的电路没能有效散热，可能导致电机驱动电路过热。

这种电机驱动通常有过热保护，当温度过高时，它会使电机停止工作。这种情况出现时，XY 轴的电机，会旋转移动喷头，但挤出机的电机却完全不动。解决这个问题的唯一办法是关闭打印机，使电机冷却下来。如果问题持续出现，也可以添加额外的冷却风扇。

图 7-34 效果图

7.5.14 填充不牢

3D 打印件中的填充部分，在增加模型强度方面扮演着非常重要的角色。在 3D 打印中，填充负责连接外层的壳，同时，也支撑着将要打印其上的外表面。如果填充显得不牢或纤细，你需要在软件中，调整几个设置，来增强这部分。效果图如图 7-35 所示。

1. 试试更换填充纹理

首先你需要研究的设置是你在打印中使用的填充纹理。你可以单击“修改切片设置”（Edit Process Settings），并打开“填充”（Infill）标签页来找到该设置。“内部填充纹理”决定了打印件内部，使用什么纹理。有些纹理比其他更结实一些。例如，网格、三角和实心蜂巢都是结实的填充纹理。其他纹理，如线性或快速蜂巢可能牺牲强度，以换取更快的打印速度。如果在产生结实可靠的填充方面有问题，可以尝试不同的纹理，看是否会不一样。

2. 降低打印速度

3D 打印过程上，填充速度通常比其他部分的打印速度要快。如果打印速度太快，挤出机将可能跟不上。这时在模型内部，会出现出料不足的问题。这种出料不足，将产生无力的、纤细的填充，因为喷嘴无法像软件期望的那样，挤出足够多的塑料。如果你尝试了几种填充纹理，但仍然填充不牢，试试降低打印速度。单击“修改切片设置”（Edit ProcessSettings），并打开“其他”（Other）标签页来设置。调整“默认打印速度”，这个参数直接决定填充时所使用的速度。例如，你之前以 3600mm/min（60mm/s）的速度打印，试试将这个值减小一半，看是否填充开始变得更结实。

3. 增大填充挤出丝宽度

Simplify3d 中另外一个非常有用的特性是其能修改用于填充打印件的挤出丝宽度。例如，可以使用 0.4mm 的挤出丝宽度打印外围，也可以使用 0.8mm 的挤出丝宽度。这将创造更厚、更结实的填充壁，可以提高 3D 打印件的强度。修改该设置，可以单击“修改切片设置”（Edit

Process Settings)，打开“填充”(Infill)标签页。“填充挤出丝宽度”是以正常挤出丝宽度的百分比来设置的。例如，若输入 200%，那填充挤出线的宽度将是外围的 2 倍。要记住：调整这个设置时，软件也会维持设置的填充率，所以如果设置填充宽度是 200%，那每条填充线将使用 2 倍的塑料。为了维持相同的填充率，填充线之间的距离将变远。因此，在增加了填充挤出丝宽度后，许多用户倾向于提高填充率。

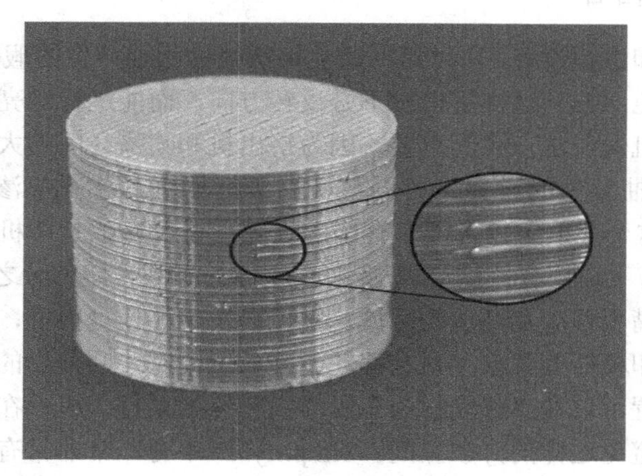

图 7-35 填充不牢效果图

7.5.15 斑点和疤痕

3D 打印过程中，当挤出机移动到不同位置时，必须持续停止或开始挤出。多数挤出机在运行时，能产生一致的挤出线。每次挤出机关闭再开启后，它会产生明显地变化。例如，观察 3D 打印件外壳，会发现表面有一些细小的痕迹出现在挤出开始的区域。挤出机必须从 3D 模型的外壳的某个位置开始打印，当整个壳打印完后，喷头会返回那个位置，这通常被称作斑点或疤痕。可以想象，在没有留下任何标记的情况下，很难将两片塑料连接在一起。但是 Simplify3D 提供了几个方法，可以尽量减小这种表面瑕疵。效果如图 7-36 所示。

1. 回抽和滑行

如果你注意到打印件上的小瑕疵，找出导致此现象原因的最好办法是，仔细观察打印件上的每条沿边，是否这些瑕疵出现在挤出机开始打印沿边时；或者它只出现在沿边完成之后，挤出机要停止时。如果小瑕疵正好出现在开始环开始的地方，那么很可能是回抽设置需要稍微调整一下。单击“修改切片设置”(Edit Process Settings)，并打开“挤出机”(Extruders)标签页。在回抽距离设置下方，会有一个名叫“额外重新开始距离”的选项，其决定了当挤出机停止时的回抽距离。这与挤出重新开始装填时的距离之间的不同。如发现表现瑕疵正好在沿边打印开始时，那么挤出机可能挤出了过多塑料。你可以通过在重新开始装填设置中，输入一个负值，来减少装填距离。例如，如果回抽距离是 1.0mm，然后重新装填距离是–0.2mm（注意负号)，那么每次挤出机停止，它会回抽 0.1mm 的塑料。然而，每次挤出机重新启动，它将只需推送 0.8mm 的塑料回喷嘴。调整这个设置，直到挤出机开始打印沿边时的瑕疵不再出现。

如果这种瑕疵只在沿边结束，挤出机就要停止时才出现，那么有另一个不同的设置，这个设置叫滑行（Coasting）。你可以在挤出机标签页的回抽设置下找到。在沿边将要结束时，滑行将关闭挤出机一小段距离，以消除喷嘴跌压力。开启这个设置并增加值，直到不再看到瑕疵出现在沿边快结束，挤出机将来停止的时候。通常，滑行距离设置在 0.2~0.5mm 之间，就可以获得很明显的效果。

2. 避免非必要的回抽

上面说到的回抽和滑行设置，可以帮助避免每次喷嘴回抽产生的瑕疵，然后有些情况下，更好的办法是完全避免回抽。这样挤出机不必反转方向，而能进行漂亮一致的挤出。对于使用 Bowden 挤出机的机器，这点尤其重要，因为挤出机和喷嘴之间的大距离，使得回抽更麻烦。调整这个控制回抽发生的设置，可以打开高级标签页，寻找“渗出控制行为”（Ooze Control Behavior）。这个菜单中包含很多有用的设置，可以修改打印机的行为。就像我们在“拉丝”一节中提到的，回抽主要用于当喷嘴在打印件的不同打印部分之间移动时，防止喷嘴垂料。然而，如果喷嘴不移动到开放的区域，垂料会发生在模型内部，从外面无法看到。因为这个原因，很多打印机需要开启“只在移动到开放空间时才回抽”的设置。

另一个相关的设置可以在“移动行为”段落找到。如果打印机只在移动到开放空间时，才回抽，那么应尽量避免这样的开放空间。Simplify3D 中有一个非常有用的设置，可以使挤出机的移动路径转向，从而避免与轮廓外沿相交。如果通过修改挤出机动路径，来避免与轮廓相交，那么回抽将是不需要的了。如需使用这个特性，只需简单地开启“避免移动路径与外轮廓相交”选项。

3. 非固定的回抽

Simplify3D 另外一个非常有用的特性是能实现非固定回抽。这对波顿挤出机尤为有用，打印的时候，喷嘴中有非常大的压力。通常这类机器停止挤出后，挤出机静置，由于内部的压力，它仍然会挤出一小坨。所以，Simplify3D 增加了一个独特的选项，执行回抽动作时，允许保持喷嘴一直运动。这意味着，你更不容易看到静止的小坨。因为在这个过程中，挤出机一直在运动。这需要修改一些设置。首先，单击“修改切片设置”（Edit Process Settings），打开“挤出机”（Extruders）标签页，确保“擦嘴”（Wipe Nozzle）选项是开启的。这将告诉打印机，在打印结束前，擦拭喷嘴。而“擦拭距离”（Wipe Distance）选项设置为 5mm，是一个比较好的起点。打开高级标签页，开启“在擦拭移动过程中执行回抽”选项。这将避免静止回抽，因为打印机已经被命令在回抽时擦拭喷嘴。这是一个非常强大而有用的特性。如果你仍然面临打印件表面瑕疵的问题，可以试一试这种方法。

4. 选择起点位置

如果仍然在打印件表面看到瑕疵，Simplify3D 也提供了另一个选项，可以控制这些点出现的位置。单击“修改切片设置”（Edit Process Settings），打开“层”（Layer）标签页。多数情况下，这些位置的选择是为了优化打印速度。可以让这些位点随机化，或者设置它们到一个特定的位置。例如，打印一个雕像时，需要设置所有的起点，若希望起点从模型背面开始，则需开启“选择以最靠近某个位置的地方为起点”的选项，然后输入希望作为起点开始位置的 XY 坐标。

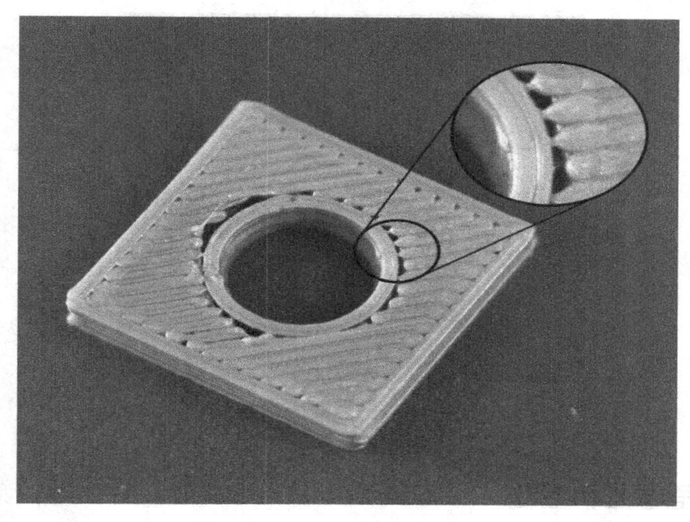

图7-36 效果图

7.5.16 填充与轮廓之间的间隙

打印件都是由轮廓沿边和填充构成的。轮廓的外沿边路径，构成了打印件结实而精准的外表面。填充打印在沿边的里面，用于填充层的剩余空间。通常填充使用快速的往返纹理，这样打印速度更快。填充有不同的纹理，打印件的轮廓与填充这两部分结实黏合在一起很重要。如果你发现在填充的边缘有间隙，需要检查一下以下几个设置。效果图如图7-37所示。

1．轮廓重叠不够

Simplify3D有一个设置允许你调整外轮廓与填充之间的黏合强度。这个设置称作“轮廓重叠”（Outline Overlap），其决定了多少填充会重叠在轮廓上来使用这两部分连接起来。单击“修改切片设置”（Edit Process Settings），再打开“填充”（Infill）标签页可以找到该设置。这个值是根据挤出丝宽度的百分比来定的，所以对于不同规格的喷嘴，它很容易扩展和调整。例如，如果设置20%的重叠，则意味着软件会命令打印机填充会与最里面的外沿边重叠20%。这种重叠，有助于确保这两部分黏合有力。例如，之前是使用20%的重叠，试着增加到30%，看沿边与填充之间的间隙是否消失。

2．打印太快

打印件填充部分的速度比轮廓快太多，会导致没有足够多的时间与外轮廓黏合。如果试着增加轮廓重叠，但是仍然看到轮廓与填充之间的间隙，那么需要降低打印速度。可以单击“修改切片设置”（Edit Process Settings），并打开“其他”（Other）标签页来设置。调整“默认打印速度”，以确定挤出机处于挤出塑料状态时，所有移动的速度。例如，之前设置打印速度是3600mm/min（60mm/s），试试这个值减少到一半，看填充与轮廓间的间隙会不会消失。如果在低速时，间隙不再出现，可逐步提高打印速度，直到找到打印机的最佳速度。

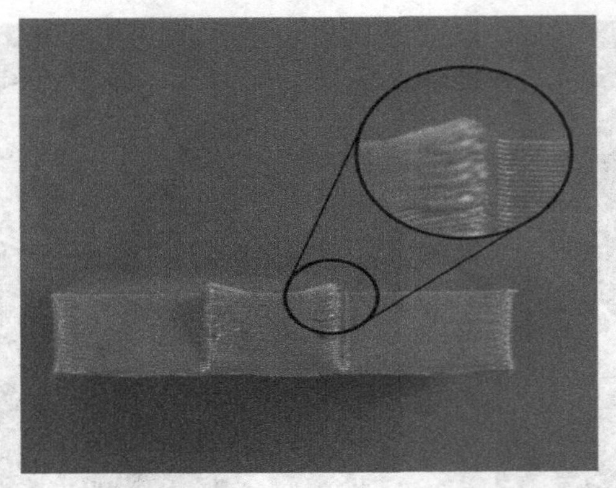

图 7-37　间隙效果图

7.5.17　边角卷曲和毛糙

如果在打印后期，发现卷曲问题，通过意味着存在过热问题。这时，塑料被以一个很高的温度从喷嘴中挤出，没能及时冷却，随着时间过去，可能会变形。卷曲可以通过对每层快速的冷却来解决，使得塑料在凝固前没有机会变形。请参考“过热”章节来获得更详细的描述及解决办法。如果你在打印开始没多久，就发现卷曲，可以参考“打印的耗材没有粘到平台上”。出现边角卷曲和毛糙的打印件，如图 7-38 所示。

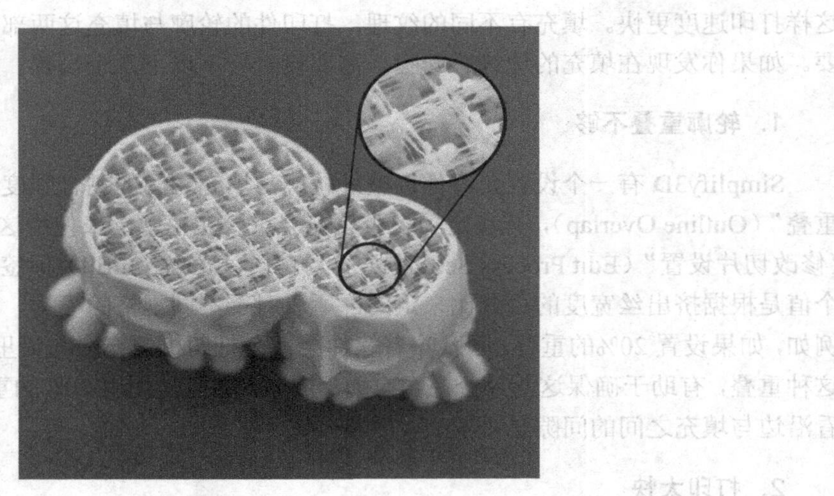

图 7-38　打印件边角卷曲、毛糙

7.5.18　顶层表面疤痕

3D 打印的好处是每个打印件一次建构一个层。这意味着每层是独立的，喷嘴可以自由移动到平台的任何位置，而此时打印件仍在下方建构中。这时，你在打印件的上表面可能看到喷嘴在前一层表面移动时会留下痕迹。这种痕迹产生在喷嘴移动到新的位置过程中，从之前打印的塑料上拖曳而过。下面的章节将探讨几种可能的原因，并提供相应的建议，以避免问题出现。效果如图 7-39 所示。

1. 挤出塑料过多

首先需要确定的是挤出机没有挤出过多塑料。如果挤出过多塑料，每层将倾向于比预设的要厚。这意味着，当喷嘴从每层上移动通过时，它可能会拖拽之前过度挤出的塑料。在检查其他设置前，需要确定有没有挤出过多塑料。请参考“挤出过多”章节来了解更多。

2. 垂直抬升（Z 抬升）

如果确定挤出机挤出塑料量正确，但仍然遇到喷嘴在上表面拖拽的问题，那么要看一下 Simplify3D 中的垂直抬升设置。开启这个选项，将使喷嘴在之前打印的层上面运动前抬升一段距离。当它到达目标位置，喷嘴将移回到原来高度，以备打印。通过向上移动一定的高度，可以避免喷嘴刮伤打印件的上表面。要开启这个功能，需单击“修改切片设置”（Edit Process Settings），并打开“挤出机”（Extruder）标签页。确定回抽开启，然后设置“回抽垂直抬升”的距离。例如，输入 0.5mm，在移动到一个新位置前，喷嘴将总是抬升 0.5mm。请注意，抬升只会在回抽动作时发生。如果想确保在打印机每一个移动发生前都回抽，请单击“高级标签页”，然后确保“只在通过开放区域时回抽”和“最小化回抽移动”，这两个选项是关闭的。

图 7-39 疤痕效果图

7.5.19 底面边角上的孔洞和间隙

3D 打印时，每层在前一层基础上构建。然而，用于打印的塑料量也是一个因素，因此，基础的强度与使用的塑料量之间需要平衡。如果基础不够结实，在层与层之间，将会出现孔洞和间隙。这种情况尤其会在尺寸有变化的边角处容易出现（例如，在一个边长 40cm 的广场上，打印一个边长 20cm 的方块）。当打印转换到更小的尺寸，需要确保有足够的基础来支撑 20mm 方块的边墙。导致基础不牢的原因通常有以下几种。接下来将会逐个探讨，然后说明在 Simplify3D 中如何设置来改进打印质量。效果如图 7-40 所示。

1．边沿数量不足

为打印件增加更多轮廓外沿，将明显增强基础。因为打印件里面通常是部分中空的，外沿墙薄厚将影响很大。单击“修改切片设置”（Edit Process Settings），并打开“层”（Layer）标签页来调整。例如，你先打印两层外沿，再试试打印 4 层外沿，看看间隙是否消失。

2．顶层实心层数不足

另一个常见的导致基础不牢的原因是：打印顶层实心填充层数量不足。太薄的上壁，无法充分支撑在它上面打出来的结构。修改这个设置，需单击“修改切片设置”（Edit Process Settings），打开“层”（Layer）标签页。如果之前使用 2 层顶层实心层，可试试 4 层实心层，看会不会有改善。

3．填充率太低

最后一个需要检查的设置是填充率。在“切片设置”下方或“填充”标签页下，通过一个滑动条可控制填充率。顶层实心层是建构在顶层填充之上的，所以需足够的填充以支撑这些层。例如，之前设置的填充率是 20%，试试增加这个值到 40%，看打印质量是否有改善。

图 7-40　效果图

7.5.20　侧面线性纹理

3D 打印件的外表由成百上千的层组成，如果一切正常，这些层会看起来像是一个整体平滑的表面。如果仅仅是某一层出现问题，在打印件的外表面，都能很清楚地被发现。这些不正确的层，会导致打印件的外表看起来像线性纹理。通常这种瑕疵会周期性出现。这意味着线条是有规律出现（例如，每 15 层出现一次）。接下来将讨论几种常见的成因。效果如图 7-41 所示。

1．挤出不稳定

这个问题最可能的原因是线材质量问题。如果线材公差较大，会在打印件的外壁会发现这种变化。例如，整卷耗材直径只波动 5%，从喷嘴中挤出的塑料线条宽度将改变 0.05mm。这种额外的挤出量，将导致相应层比其他层更宽，在打印件的外壁将看到一条线。为了产生一个平滑的表面，打印机需要一个稳定的挤出条件，要求高质量的线材。

2. 温度波动

大多数 3D 打印机，使用针脚来调节挤出机的温度。如果针脚调节不正常，那挤出机的温度将会随着时间变化而波动。鉴于针脚控制的原理，这种波动会频繁重现。这意味着温度会像正弦波一样波动。当温度太高时，塑料的挤出顺畅度跟它更冷一些的时候相比，是不同的。这会导致打印机挤出的层不一样，导致打印件外表面出现纹理。一个正确调节的打印机，应该可以将挤出机的温度控制在±2℃之间。在打印过程中，可以使用 Simplify3D 的设备控制面板来监控挤出机的温度。如果它的波动超过 2℃，需要重新校准针脚控制器。请与打印机提供商联系，以获得关于操作的更详尽的信息。

3. 机械问题

如果确认不稳定的挤出和温度波动不是罪魁祸首，那么有可能是机械故障导致了打印件表面的线性纹理。例如，打印平台在打印过程中晃动，会导致喷嘴位置波动导致有的层会比其他层更厚。这些较厚的层，将在打印件外表产生线性纹理。另一个常见的问题是 Z 轴丝杆没有正确安装。例如，回差问题或者电机细分控制不足。即使平台出现很小的变化，都将对每层的打印质量产生明显地影响。

图 7-41 挤出线性纹理效果图

第 8 章　解魔方机器人项目设计

8.1　设计思想

随着机器人学、计算机科学、计算机视觉等学科的发展，智能机器人技术得到了广泛关注。成为当今世界高科技领域的热点课题。近年来，智能机器人逐渐走进人类的日常生产和生活，而解魔方机器人因其无与伦比的趣味性和炫酷的交互性，正成为人工智能的研究热点。由于解魔方机器人融合了计算机视觉、图像处理、机器人控制、虚拟现实交互、魔方算法等多方面的知识，所以实现一个快速、稳定的解魔方机器人具有很大的挑战性。

本项目的解魔方机器人通过设计稳定的机械结构，采用当今世界上复原步数最少的 Kociemba 算法，优化传统的通过设定阈值的颜色识别策略，极大提高了整个系统工作的稳定性。通过优化魔方复原指令解析算法，进一步减少了魔方复原指令解析得到的舵机执行步数。解魔方机器人在复原魔方的快速性和稳定性两方面都达到了很好的效果，例如，复原魔方平均不会超过 70s，达到了解魔方机器人设计的预期。通过本项目的训练可以锻炼学生的电路连接、元器件搭载、程序调试、传感器运用、算法调用及优化等多方面能力，能够将工科学生之前学到的相关课程进行一次梳理和整合，教会学生如何学以致用，并能够激发学生的学习兴趣和创新热情。

8.2　材料清单

本项目的材料清单如表 8-1 所示。

表 8-1　材料清单

序号	元器件名称	型号参数规格	数量	参考实物图
1	基板	亚克力定制	1 个	

续表

序号	元器件名称	型号参数规格	数量	参考实物图
2	机械手	自行打印	4个	
3	连接条	自行打印	4个	
4	增高块	自行打印	4块	
5	stm32开发板	stm32F103RCT6最小系统开发版	1个	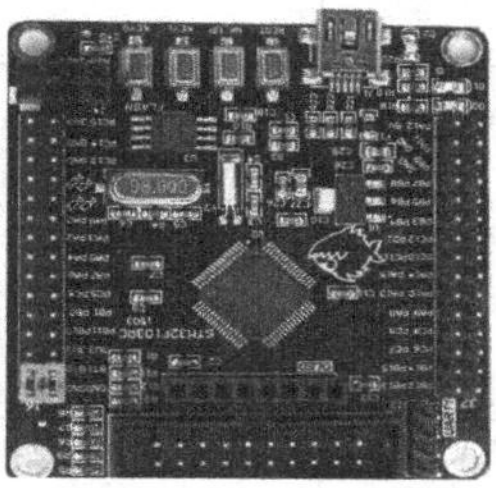
6	蓝牙串口模块	HC-05	1个	
7	金属齿轮舵机	MG995/55g	8个	
8	75W大功率稳压模块	DC-DC可调压	1个	
9	5.7cm万能板	5.7cm	1个	
10	杜邦线	20cm母对母	1捆	

续表

序号	元器件名称	型号参数规格	数量	参考实物图
11	接线端子	—	1 个	
12	铜柱	M3	12 个	
13	单排排针	2.54mm	10 个	
14	船型开关	KCD3-101N KCD2	1 个	
15	舵机延长线	15cm	1 捆	
16	舵机延长线	30cm	1 捆	
17	锂电池充器	IMAXBC 充电器	1 个	
18	锂电池	15C 格氏 7.4V	1 个	

续表

序号	元器件名称	型号参数规格	数量	参考实物图
19	大电流镀锡铜芯硅胶线	1 米/红色/22AWG	1 个	
20	大电流镀锡铜芯硅胶线	1 米/黑色/22AWG	1 个	
21	滑块	MGN15c	4 个	
22	导轨	MGN15c/孔距40mm/长度120mm/需定制	4 个	
23	海绵胶带	1cm 宽/3cm 厚/5m 长，单面	1 卷	
24	防松螺母	M2	4 个	
25	普通螺母	M2	12 个	
26	螺丝	16mm/M2	8 个	

续表

序号	元器件名称	型号参数规格	数量	参考实物图
27	螺丝	18mm/M2	8 个	
28	螺母	M3	24 个	
29	螺丝	12mm/M3	16 个	
30	螺丝	20mm/M3	20	
31	螺丝	35mm/M3	12 个	
32	螺丝	45mm/M3	4 个	
33	螺母	M4	16 个	
34	螺丝	45mm/M4	16 个	
35	亚克力胶水	500g	1 瓶	

续表

序号	元器件名称	型号参数规格	数量	参考实物图
36	STM32 仿真器 STM32 编程器	ST-LINK/V2 (CN)	1 个	

上述清单中的材料中有以下几点需要特别注意。

（1）第 2~4 项使用的是自行建模 3D 打印的零件，主要目的是降低开发成本。如果有读者想追求更好的性能，可以联系相关商家进行定制，定制件具有精准性更高等优点。

（2）第 7 项中的数字舵机，读者也可以根据实际需求选择市面上的数字舵机。推荐使用 NG995/55g 舵机。本舵机可以在同等电压下旋转 180° 的时间更短，极大地提升了魔方的还原速度。但是不建议选用模拟舵机，因为模拟舵机需要不断地接受舵机控制器发送的 PWM 信号才能保持锁定角度，完成相应的操作，并且精度较差，线性度很难达标。而数字舵机仅需接受一次舵机控制器传递的 PWM 信号就可以锁定角度不变，控制精度较高、线性度良好、相应速度快，能够完成本项目的各项功能需要。特别值得注意的是，并不是舵机的转动角度越大越好，不要选用 360° 舵机，因为目前市面的无死角舵机绝大部分无法接受 PWM 信号控制，不能锁定角度不变，一经上电会不停旋转。

（3）本项目 1 和 22 项为特殊定制件。需要注意相关的细节问题，以免由于个人疏忽造成不必要的经济损失。

（4）第 36 项是 STM32 系统的专用仿真器，选择时需注意对应的型号和相应配置，如果型号和 STM32 开发板不匹配，则无法进行数据的下载和导入。

8.3 机械零件设计

图 8-1~图 8-4 为亚克力定制工程图，因为考虑项目整体的可塑性和便携性，不建议用钢板、塑料等其他材料。选用亚克力板作为本设计的底盘是因其材料具有较好的透明性、易加工、不容易变形、表面光泽度较高、成本相对较低等优点。

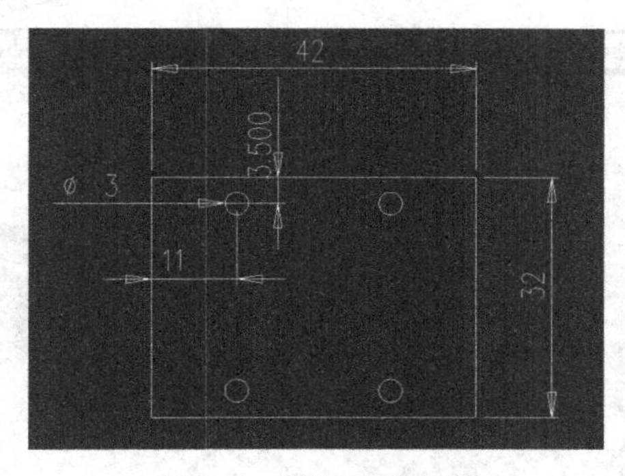

图 8-1 滑块增高块图

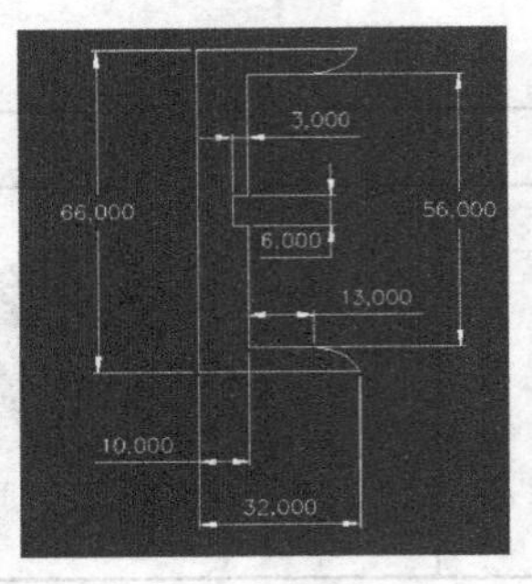

图 8-2　机械手工程图

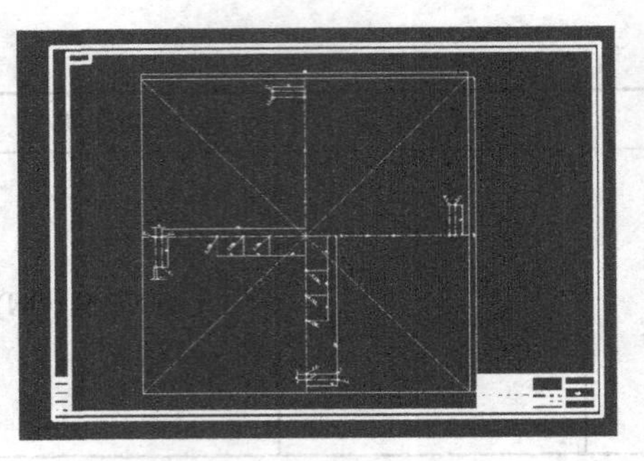

图 8-3　基板工程图

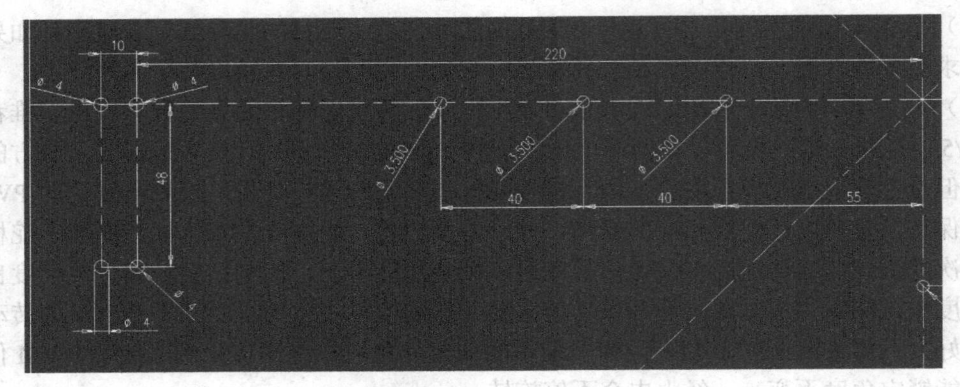

图 8-4　基板工程图细节

图纸中所有单位均为 mm，比例为 1∶1，透明亚克力材质。

具体参数要求如下。

① 滑块增高块厚度为 30mm，数量 4 个。

② 机械手厚度为 10mm，数量 4 个。

③ 基板厚度为 8mm，数量 1 个。

本项目的连接条和转魔方的机械手，根据硬度和韧性的要求，选择使用 PLA 材料，即通过自主建模，通过 3D 打印制作完成。图 8-5、图 8-6 为 3D 打印件的工程图。

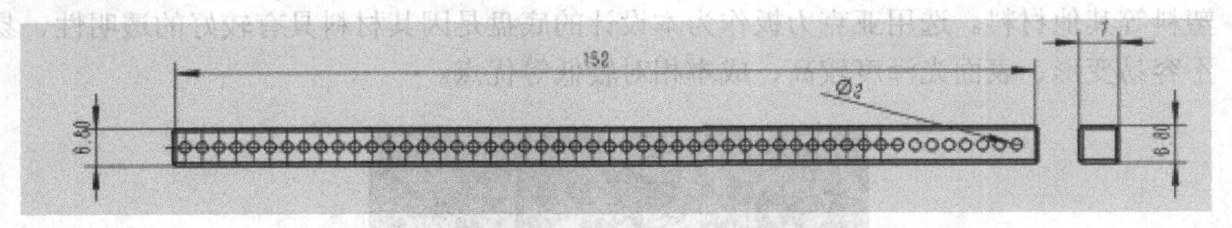

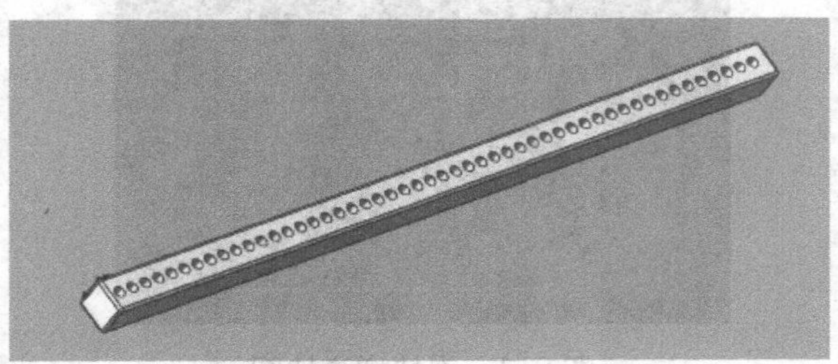

图 8-5　连接条

进行 3D 打印材料时，应该尽量选用质量好的 PLA 耗材。这样才能保证成品的质量。一般耗材选择 1.75mm，公差不超过±0.02mm 的材料。另外，3D 打印机原则上是选用精度越高越好，但是读者往往接触到的都是入门级别的打印机，所以上述零件图各插口没有做的特别细小，一般的打印机都可以完成。上述零件打印的最低要求标准是：机器打印精度 0.2mm，打印层高 0.4mm。

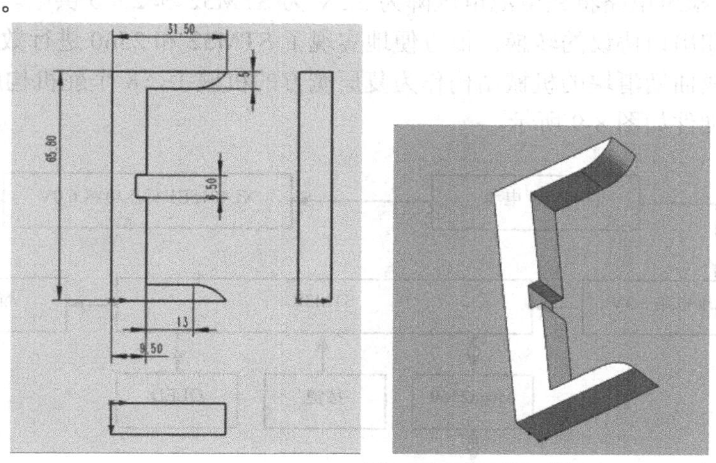

图 8-6　机械手

8.4　电路设计

8.4.1　硬件框图

1. 解魔方机器人设计方案主要的系统组成

本设计方案中，手机 App 主要功能是在颜色识别过程中获取魔方 6 个面的 6 张图片；STM32 通过控制舵机让魔方旋转到特定的角度；Arduino Mega 2560 实现了 STM32 和各个传感模块之间的数据交换，其通过控制蓝牙模块实现了人对解魔方机器人的各种控制，并利用蓝牙手机端 App 来完成魔方复原的核心工作，如图 8-7 所示。

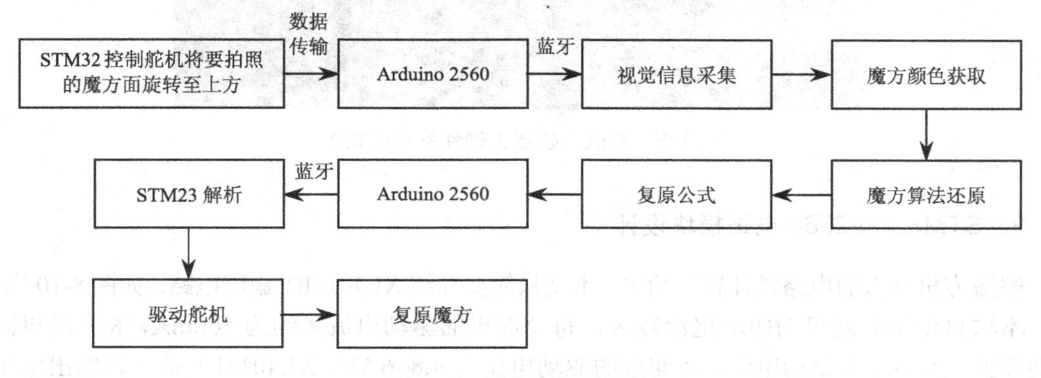

图 8-7　魔方复原全过程

硬件电路设计部分主要包括：STM32 和 Arduino 进行数据交换；通过视觉模块将信息逐步传递；根据移植的相应算法进行计算；将具体的步骤以指令的形式转给主控器；主控器将具体命令通过蓝牙模块发出，驱动舵机运作，最终实现对魔方的转动。如图 8-8 所示，7.4V 的锂电池为整个 STM32 和 2560 硬件系统供电，其经 XL4015E1 稳压电路降为 6.0V 为舵机供电，而 AMS1117 稳压电路将锂电池电压降为 3.3V 为 STM32 和 2560 供电。蓝牙串口模块可以实现蓝牙协议和串口协议的转换，很方便地实现了 STM32 和 2560 进行数据传输。本项目舵机两两一组构成曲柄滑块的机械结构作为复原魔方的机械手，8 个舵机构成 4 组机械手。解魔方机器人的硬件如图 8-9 所示。

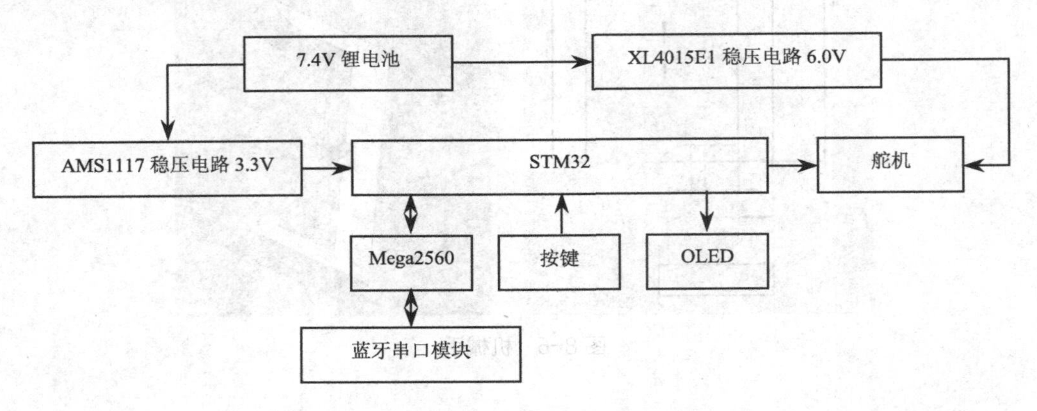

图 8-8　解魔方机器人硬件电路框图设计

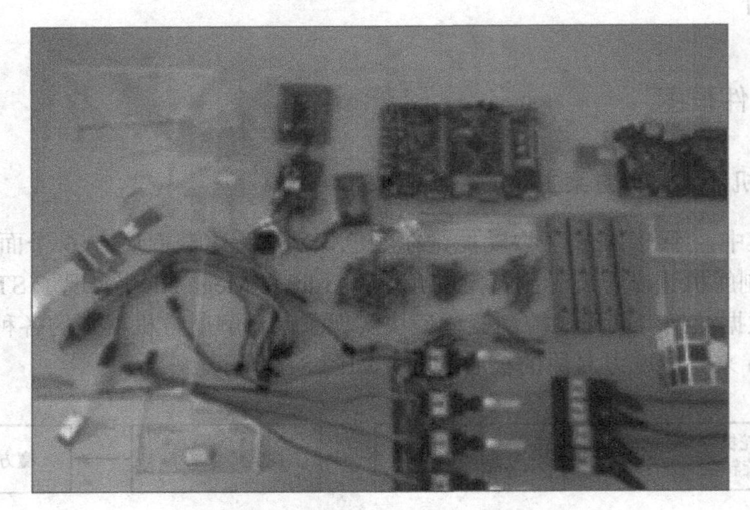

图 8-9　解魔方机器人硬件系统实物图

2. STM32 和 2560 电路模块设计

解魔方机器人的电路设计较为简单，本文只简要介绍 XL4015E1 稳压电路，如图 8-10 所示。

本项目使用的舵机的驱动电流较大，每个舵机的驱动电流大约为 500mA，8 个舵机同时驱动需要至少 4A 的驱动电流，而舵机的驱动电压为 4.8~6.5V。XL4015E1 是一款输出电压可调的开关电源稳压器，最大输出电流为 5A，输出电压为 1.25~32V，可以满足舵机的驱动电流和电压需求。XL4015E1 开关频率为 180kHz，能量转换效率高达 96%，负载调整率<0.8%，电压调整率<0.8%。图 8-10 是 XL4015E1 稳压电路的原理图。输出电压的计算公式如下。

$$VOUT=1.25\times(1+R1/R2)$$

公式中，1.25 为参考电压，单位为 V；R1 的阻值为固定值 10kΩ；R2 为可调电阻，最大阻值为 10kΩ，当输出电压为 6.0V 时，R2 的阻值约为 2.6kΩ。

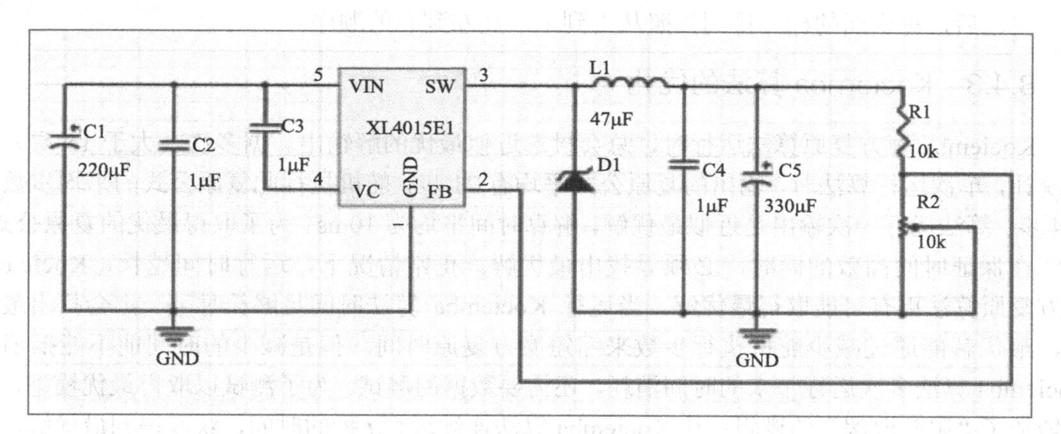

图 8-10　XL4015E1 稳压电路

8.4.2　魔方算法

图 8-11 是本文移植的 Kociemba 算法的 Java 测试软件的截图，其中，按钮 Scramble 可以随机打乱一个魔方，并在界面中显示出来；Move Limit 设定复原魔方公式的最大步数；Time Limit 设定复原的最大时间；按钮 Solve Cube 运行 Kociemba 算法并生成复原公式，当超过设定的时间还没有解算出来或者设定的步数过短时，软件会有提示。

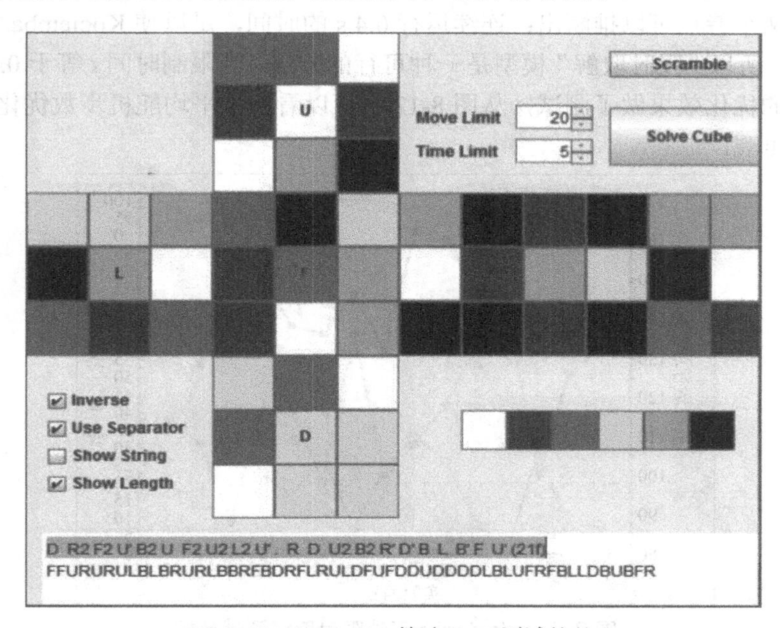

图 8-11　Kociemba 算法 Java 测试软件

测试软件的主界面是魔方 6 个面的展开图。魔方中心块上的字母代表这个面所处的方位：F（Front）代表前面，B（Back）代表后面，L（Left）代表左面，R（Right）代表右面，U（Up）代表上面，D（Down）代表下面。一个魔方共有 6 种颜色，某种颜色的颜色标号用中心块为该颜色的面所处的方位（F、B、L、R、U、D）来表示。Kociemba 算法的输入参数即为魔方 54 个颜色块的标号排列，颜色标号的排列按照一定的顺序，6 个面的顺序依次为上、右、前、下、左、后，每个面的标号排列按照从上到下、从左到右的顺序。

8.4.3 Kociemba 算法的优化

Kociemba 魔方复原算法运行时，总会挑选近似最优的解输出。据多次（大于 15 次）测试统计，单次运行算法时，输出的复原公式平均有 21 步，舵机执行此复原公式的平均步数为 144 步。算法运行一次输出是近似最优解，解算时间平均为 10ms。为了取得最优的复原公式，系统在保证时间高效的同时，必须寻找出最优解。正常情况下，运行时间越长，Kociemba 魔方复原算法更有可能取得最优解。当运行 Kociemba 算法时间足够长时，一定会找出最优解，最优解能通过减少舵机执行步数来缩短魔方复原时间。但是减少的时间能不能抵消掉 Kociemba 算法多次运行带来的时间消耗，还需要数据的测试。为了测试以取得最优模型，我们增加了“限时取解”的逻辑：让 Kociemba 算法连续运行 t 秒的时间，获取得到最优解，然后通过对比寻找最优解的时间消耗与最优解带来的时间收益，来判断“限时取解”是否是一种可行的方法。测试过程中，我们取限制时间 t 为 0.4s 和远大于 0.4s 的时间，如 5s。同时我们统计出每次运行算法得到的复原公式对应的舵机步数，通过多次测试统计得出以下结果。

（1）Kociemba 算法连续运行 0.4s 或超过 0.4s 的时候，能获取到最优解，并且运行 0.4s 与运行超过 0.4s 两种情形下取得的最优解执行效率相差不大。

（2）连续运行 0.4s 时，Kociemba 算法取得的最优解大大减少了舵机运行步数，舵机执行最优解时平均步数为 116 步，最优解带来的时间收益大于寻找最优解花费的时间消耗。

基于以上两个特点可以推断出：连续运行 0.4 s 的时间，足以使 Kociemba 算法找出魔方复原的最优解，所以“限时取解”模型是一种可行的方法。当限制时间 t 等于 0.4s 时，对“限时取解”模型的优化效果做了测试，从图 8-12 中可以看出，平均舵机步数优化比例为 20%，优化效果较为可观。

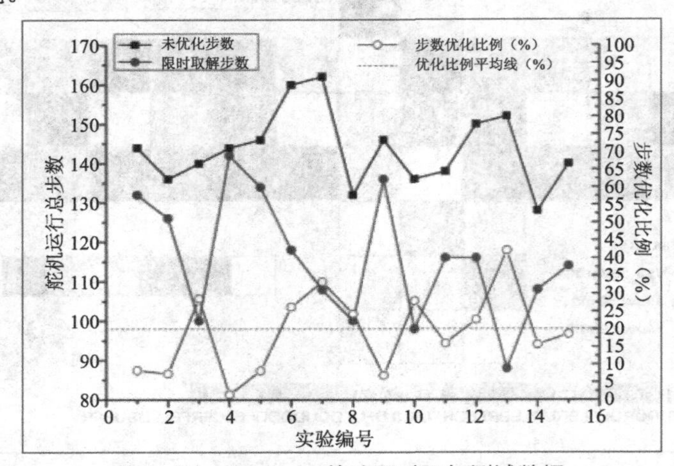

图 8-12 Kociemba 算法限时取解测试数据

8.4.4 魔方复原指令的优化

解魔方机器人有两套指令系统。第一套指令系统是现在世界各地的解魔方教程中所使用的一套复原指令系统，也就是 Kociemba 算法得到的复原指令中使用的指令系统。第二套指令系统是解魔方机器人在执行魔方复原时用到的指令系统。其实对于复原指令优化程序来说，一方面是通过优化指令缩短魔方复原的时间，另一方面也是把第一套指令系统转变为第二套指令系统。这样 STM32 才能在接收到指令后进行解析，并复原魔方。所以第一套指令系统称为未优化指令系统，第二套指令系统称为优化后指令系统。

L	R	F	B	U	D	L'	R'	F'	B'	U'	D'	L2	R2	F2	B2	U2	D2

图 8-13 未优化指令系统

图 8-13 给出了解魔方机器人的未优化指令系统，共有 18 种单指令。图中字母 L（Left）代表左面，R（Right）代表右面，F（Front）代表前面，B（Back）代表后面，U（Up）代表上面，D（Dowm）代表下面。字母后面加'代表逆时针旋转 90°，例如 F'表示将魔方的前面逆时针旋转 90°，单独一个字母表示顺时针旋转 90°，字母后面有数字 2 表示将相应的面旋转 180°，由于逆时针旋转 180° 和顺时针旋转 180° 的效果是一样的，所以不做区分。

L^	R^	F^	B^	L'	R'	B'	L'	L2	R2	F2	B2	LL	RR	FF	BB

图 8-14 优化后指令系统

图 8-14 给出了解魔方机器人优化后指令系统，共有 16 种单指令。指令系统中所有和未优化指令系统相同的指令表示的含义也相同，优化后指令系统中字母后面加^和未优化指令系统中单字母表示的含义相同。两个字母相同的代表翻转指令，例如 LL 代表把魔方向左翻转 90°。

8.4.5 硬件系统连接

1. 下位机连接

下位机连接如图 8-15 所示。

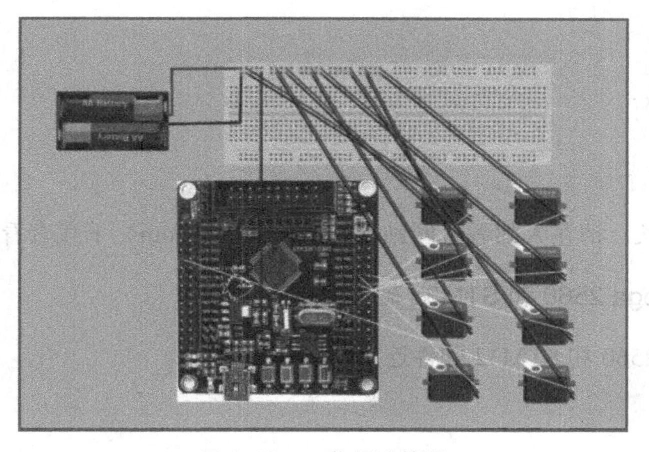

图 8-15 下位机连接图

读者在此处需要注意的是，电源端的地线必须和 stm32 的 GND 相连舵机信号线分别连接 PA1 到 PA8。

Stm32 单片机驱动舵机的代码如下。编程环境为 keil，使用的语言为 C 语言。此处使用的软件版本为 Vision4。

```
#include "stm32f10x.h"
#include "movement.h"
#include "motor.h"
#include "usart.h"
#include "instruction.h"

static const u16 original_position[4]={1430,1440,1390,1500};
static const u16 clockwise90_position[4]={580,540,545,660};
static const u16 anticlockwise90_position[4]={2310,2440,2345,2470};

static const u16 clockwise180_position[4]={2270,2310,2340,2340};

static const u16 wrasp_position[4]={1940,1638,1780,1678};
static const u16 loosen_position[4]={1410,1155,1230,1125};

…
…
case 15:
{
PWM8=1;
TIM3_Set_Time(pwm[7]);
} break;
case 16:
{
PWM8=0;
TIM3_Set_Time(2500-pwm[7]);
flag_vpwm=1;
i=0;
} break;
default:break;
    }
i++;
}
```

此参考代码较长，请在人邮教育网站（www.ryjiaoyu.com）下载查看完整代码。

2. Arduino Mega 2560 和 STM32 硬件连接

Arduino Mega 2560 和 STM32 硬件连接如图 8-16 所示。

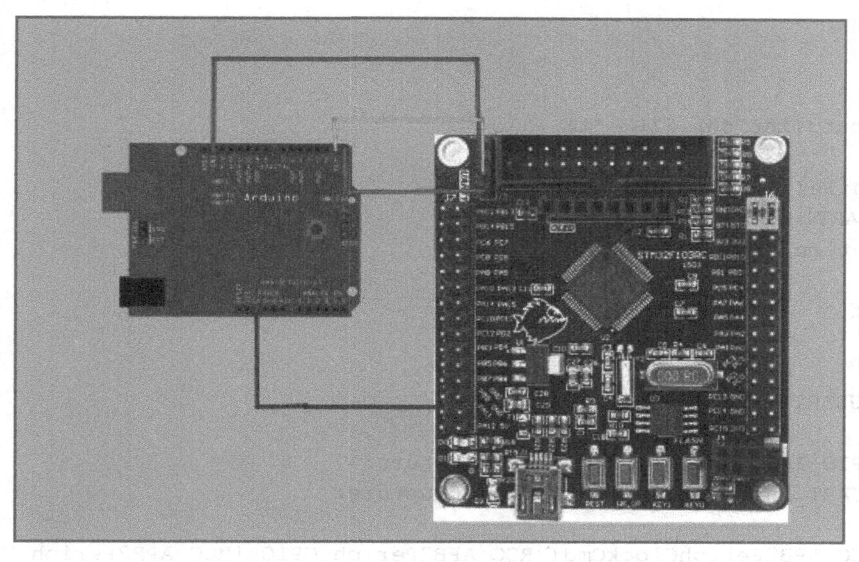

图 8-16 Arduino Mega 2560 和 stm32 通信图

（1）Arduino Mega2560 的调试代码如下。

```
ly= Serial1.read();
abcd=Serial.read();
void setup() {
  Serial.begin(9600);
  Serial1.begin(9600);
}

void loop() {
  //重复运行主代码
 Serial.print(ly);
 Serial1.print(abcd);
}
```

（2）Stm32 的调试代码如下。

```
#if 1
#pragma import(__use_no_semihosting)

struct __FILE
{
    int handle;

};

FILE __stdout;


_sys_exit(int x)
{
    x = x;
```

```
}


int fputc(int ch, FILE *f)
{
    while((USART1->SR&0X40)==0);
   USART1->DR = (u8) ch;
    return ch;
}
#endif


void USART1_Config(void)
{
    GPIO_InitTypeDef GPIO_InitStructure;
    USART_InitTypeDef USART_InitStructure;

    RCC_APB2PeriphClockCmd( RCC_APB2Periph_GPIOA|RCC_APB2Periph_USART1,
ENABLE);

    GPIO_InitStructure.GPIO_Pin = GPIO_Pin_9;
    GPIO_InitStructure.GPIO_Mode = GPIO_Mode_AF_PP;
    GPIO_InitStructure.GPIO_Speed = GPIO_Speed_50MHz;
    GPIO_Init(GPIOA, &GPIO_InitStructure);

    GPIO_InitStructure.GPIO_Pin = GPIO_Pin_10;
    GPIO_InitStructure.GPIO_Mode = GPIO_Mode_IN_FLOATING;
    GPIO_Init(GPIOA, &GPIO_InitStructure);


      USART_InitStructure.USART_BaudRate=9600;
   USART_InitStructure.USART_WordLength = USART_WordLength_8b;
   USART_InitStructure.USART_StopBits = USART_StopBits_1;
   USART_InitStructure.USART_Parity = USART_Parity_No;
   USART_InitStructure.USART_Mode = USART_Mode_Rx | USART_Mode_Tx;
   USART_InitStructure.USART_HardwareFlowControl =
USART_HardwareFlowControl_None;
      USART_Init (USART1,&USART_InitStructure);
      USART_ITConfig(USART1, USART_IT_RXNE, ENABLE);    /*Enables USART1
interrupts,USART_IT_RXNE: Receive Data register not empty interrupt */
      USART_Cmd (USART1,ENABLE);

      NVIC_USART1_Configuration();

}

u8 num_to_asc(u8 num)
{
    u8 asc;
    switch(num)
    {
```

```
        case 0:asc=0x30;break;
        case 1:asc=0x31;break;
        case 2:asc=0x32;break;
        case 3:asc=0x33;break;
        case 4:asc=0x34;break;
        case 5:asc=0x35;break;
        case 6:asc=0x36;break;
        case 7:asc=0x37;break;
        case 8:asc=0x38;break;
        case 9:asc=0x39;break;
    }
    return asc;
}


u8 asc_to_num(u8 asc)
{
    u8 num;
    switch(asc)
    {
        case 0x30:num=0;break;
        case 0x31:num=1;break;
        case 0x32:num=2;break;
        case 0x33:num=3;break;
        case 0x34:num=4;break;
        case 0x35:num=5;break;
        case 0x36:num=6;break;
        case 0x37:num=7;break;
        case 0x38:num=8;break;
        case 0x39:num=9;break;
    }
    return num;
}


     {
       USART_SendData (USART1,asc_shi);
      while(USART_GetFlagStatus (USART1,USART_FLAG_TC)!=SET);
     }


    USART_SendData (USART1,asc_ge);
     while(USART_GetFlagStatus (USART1,USART_FLAG_TC)!=SET);


     USART_SendChar8(' ');

//   USART_SendData (USART1,'\r');
//     while(USART_GetFlagStatus (USART1,USART_FLAG_TC)!=SET);
//
//   USART_SendData (USART1,'\n');
```

```
//    while(USART_GetFlagStatus (USART1,USART_FLAG_TC)!=SET);

    USART_ClearFlag (USART1,USART_FLAG_TC);

}



void USART_SendString (unsigned char *str)
{

    while(*str != '!')
    {
        USART_SendData (USART1,*str++);
        while(USART_GetFlagStatus (USART1,USART_FLAG_TC)!=SET);

    }

}



void USART_SendChar(u8 siglechar)
{
   USART_SendData (USART1,siglechar);
   while(USART_GetFlagStatus (USART1,USART_FLAG_TC)!=SET);
   USART_ClearFlag (USART1,USART_FLAG_TC);
}

void NVIC_USART1_Configuration(void)
{
    NVIC_InitTypeDef NVIC_InitStructure;

    /* Enable the USARTy Interrupt */
    NVIC_InitStructure.NVIC_IRQChannel = USART1_IRQn;
    NVIC_InitStructure.NVIC_IRQChannelPreemptionPriority = 1;
    NVIC_InitStructure.NVIC_IRQChannelSubPriority = 1;
    NVIC_InitStructure.NVIC_IRQChannelCmd = ENABLE;
    NVIC_Init(&NVIC_InitStructure);
}



void USART1_IRQHandler(void)
{
   static u8 i=0;

    if(USART_GetITStatus(USART1, USART_IT_RXNE) != RESET)  /*Receive Data
register not empty interrupt*/
    {
        rece_string[i++]=USART1->DR;
```

```
    if(((rece_string[i-1]=='!')&&(rece_string[0]=='#')&&(rece_string[1]!='E')
)||((rece_string[i-1]=='!')&&(rece_string[0]=='@'))||((rece_string[i-1]=='!')
&&(rece_string[0]=='%')))
            {
                i=0;
                rece_flag=1;
              USART_ClearFlag (USART1,USART_IT_RXNE);          /*clear
Receive data register not empty flag*/
            }

        }

    }
```

3. 手机端设置

上位机为手机 App，其操作简单方便，便于使用，此处就不作过多说明，具体如图 8-17 所示。

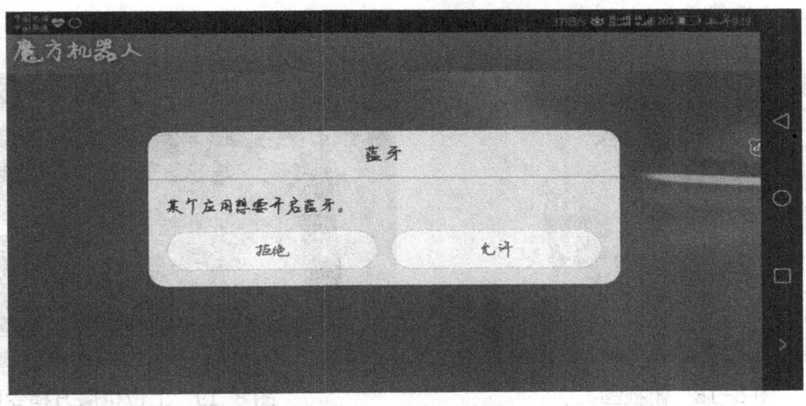

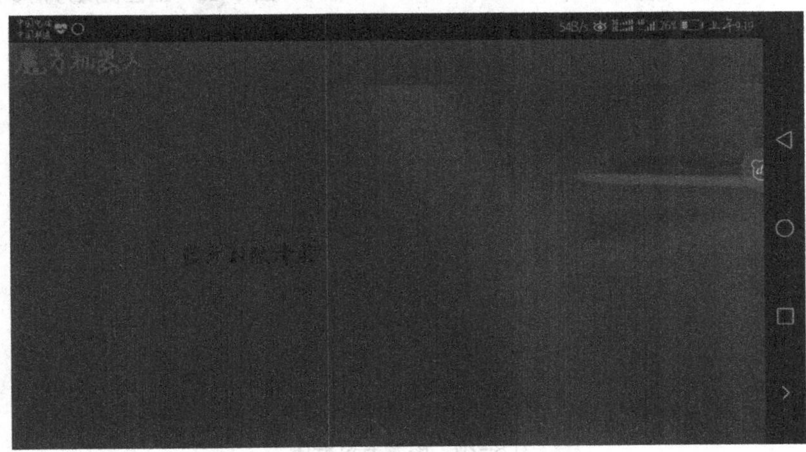

图 8-17　上位机使用图片

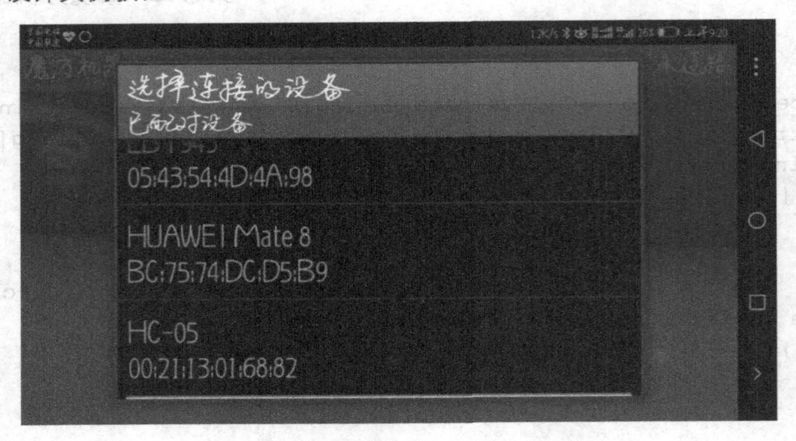

图 8-17　上位机使用图片（续）

4. 成品实物图

本项目完成后的实物如图 8-18~图 8-20 所示。

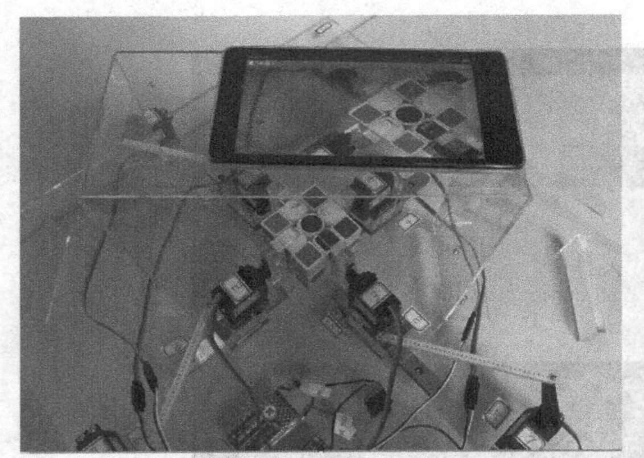

图 8-18　俯视图

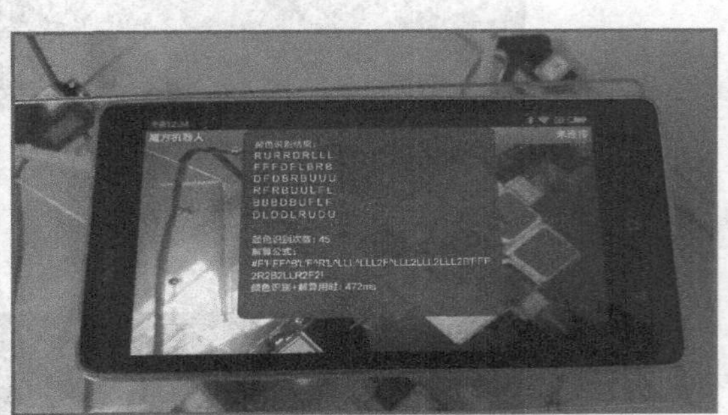

图 8-19　上位机魔方指令图

图 8-20　解魔方过程图

第9章 Arduino WiFi与手机通信相关项目

9.1 利用WiFi上传温度数据至服务器

9.1.1 设计思想

本节中我们将介绍基于 Arduino 控制板利用 WiFi 模块上传周边的温度至服务器端的方法。简单来说，可以通过连接服务器的任一客户端获取温度数据。这样，在任何地方都能查到想获取的温度。同理，也可以利用多种类型的传感器，查阅需要的其他信息。

9.1.2 材料清单

本节的材料清单如表 9-1 所示。

表 9-1 材料清单

序 号	名 称	数 量	作 用	备 注
1	Arduino 软件平台	1	提供平台	
2	服务器端	1	收集数据	
3	WiFi 模块	1 块	无线通信	
4	Arduino 扩展板	1 块	连接 WiFi	各种版本均可
5	USB 转串口 RS232	1 条	转换连接	
6	5V1A 电压适配器	1 个	提供电压	
7	天线	1 个	发送 WiFi 信号	可选
8	智能手机	1 部	提供 WiFi 热点	
9	客户端	1	查看数据	

9.1.3 利用 Arduino 和 WiFi 将温度数据传送至云端

本节的硬件实物如图 9-1 所示。

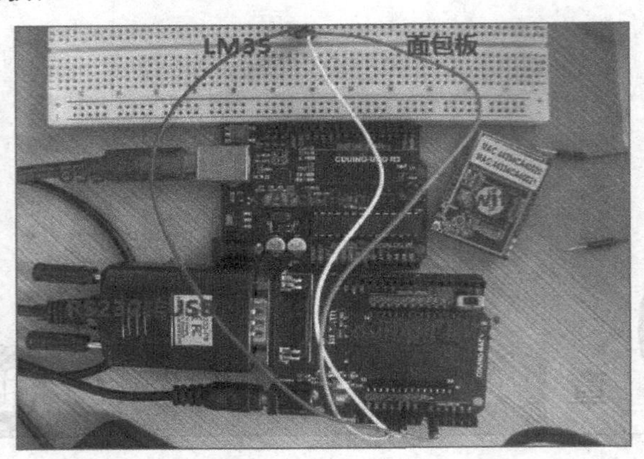

图 9-1　硬件实物图

1．工作原理

本节所涉及的 Arduino WiFi 项目的工作原理如图 9-2 所示。

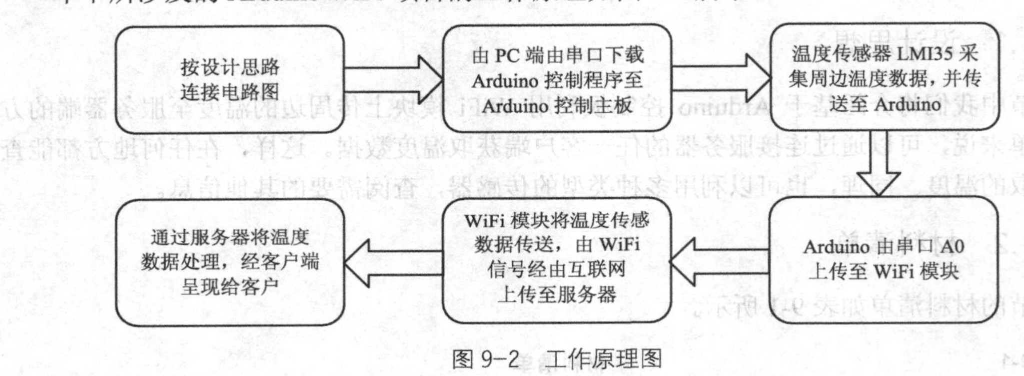

图 9-2　工作原理图

2．实验分析

（1）设计实验原理图。按照设计思路，画出实验原理图，如图 9-3 所示。这个原理图中，由于画法的原因，还缺少 Arduino 的扩展板和 WiFi 模块，但利用传感器 LM35 来采集数据的原理是一样的。

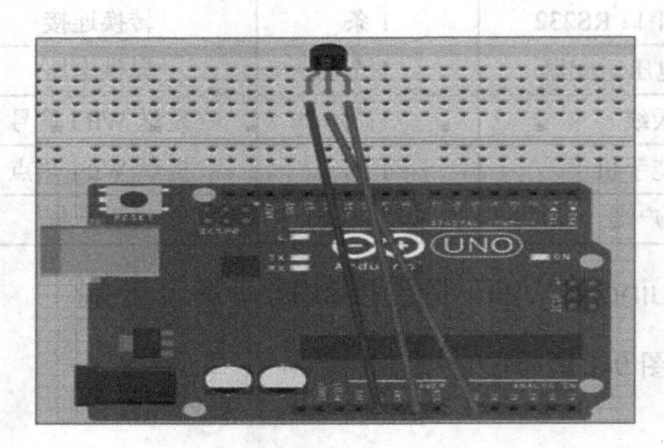

图 9-3　实验原理图

（2）实物连接。按照原理图，连接好电路，如图 9-4 所示。

图 9-4　实验连接图

（3）WiFi 网络连接。当连接 Arduino 主板时，就已经可以收到 WiFi 信号，但是为了稳定，最好用专用充电器连接 Arduino 扩展板。计算机将会搜索到 WiFi 模块发出的 WiFi 信号 HI_LINK_0021（或者 HI_LINK_XXXX）。双击连接 HI_LINK_0021WiFi 信号（默认密码 12345678）。若不是第一次使用，为了确保数据配置的正确性，需要将 WiFi 模块恢复出厂默认设置（按住 Arduino 扩展板上的 RESET 按钮 6s，然后断电重启即可）。这一步相当于打开手机的 WiFi 信号上网一样。此时的 WiFi 模块打开 WiFi 信号，连接手机的 WiFi 热点信号上网。

（4）建立 WiFi 热点。由于本次实验环境没有其他 WiFi，所以采用的是手机建立 WiFi 热点，用 WiFi 路由器也是一样的。打开手机的“WLAN 热点”，记住此时打开手机的 3G/4G 网络信号，以便温度传感器 LM35 采集的数据上传至云端的服务器。本次实验 WLAN 热点名称“HTCtest”，密码“12345678”。也可以用手机默认的用户名和密码。不过，为了输入方便，可以更改手机默认的用户名和密码。

（5）网络数据配置。当成功连接 WiFi HI_LINK_0021 网络后，打开浏览器，并输入地址 192.168.16.254，再输入用户名和密码（均为 admin）进入数据配置，如图 9-5 所示。

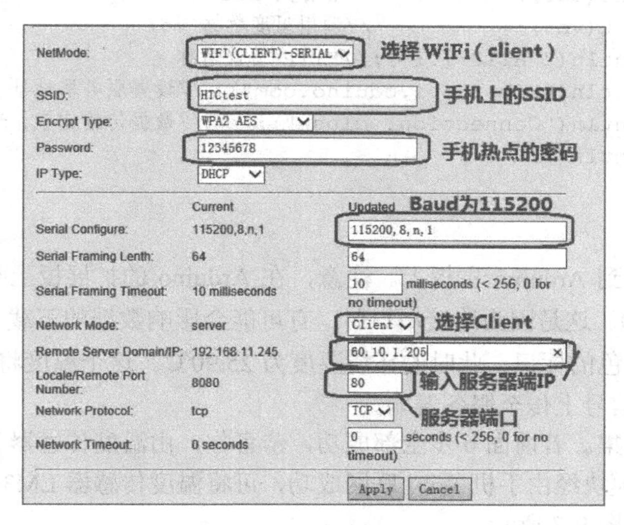

图 9-5　网络数据配置

注意框标记部分的设置，其他按默认设置即可。此处，有以下几点需要注意。

① 此时的 WiFi 模块相当于一个采集输送单元，将采集到的数据由 WiFi 模块送至服务器端。

② SSID 和 Password 指的是手机（或 WiFi 路由器）的 SSID 和 Password。

③ Remote Server Domain/IP 指的是要将采集到的温度数据存放的服务器 IP 地址。

④ Locale/Remote Port 是访问服务器的地址。

⑤ 配置完成后，单击 Apply 按钮。这时，再检查手机的“WLAN 热点界面”最下方的“管理用户处”，有“1 连接的用户”。此时，表示 WiFi 模块已经连接上了手机的热点，即连接上了 Internet。

（6）编写如下 Arduino 代码。

```
void setup()
{
  Serial.begin(115200);           //设置串口波特率
}
void loop()
{
   int n=analogRead(A0);          //定义 A0 口为接收电压信号数据
   float vol=n*(5.0/1023*100); //电压信号数据温度转换
   upload_sensor(vol);            //调用子函数
   delay(5000);
}
void upload_sensor(float vol)
{
   // send the HTTP PUT request: 核心代码 char buf[200];
   memset(buf,0,200); int ret;
   ret=sprintf(buf,"GET
   /upload.php?uid=ycf&ps=ycf&sensor_name=Arduino&data=");     //设置协议
   Serial.print(buf);             //暂存至 buf
   Serial.print(vol);             //调用温度数据 vol
   Serial.println(" HTTP/1.1");//HTTP 协议名称
   Serial.println("Host: api.cduino.com");//设置服务器地址
   Serial.println("Connection: close");     //数据传输完毕，连接关闭
   Serial.println();

}
```

将上述代码下载到 Arduino 主板上。注意，在 Arduino 的扩展板上有个开关，在下载数据时请拨至外侧（O）。这是因为连接串口时，有可能会影响数据的下载。同时打开串口，如图 9-6 所示，注意红色的标记。此时的环境温度为 25.90℃。这个温度将通过 WiFi 模块连接手机热点上的 WiFi 信号上传至服务器端。

（7）终端数据采集。若前面 6 步全部成功，恭喜你，由温度传感器 LM35 采集到的温度数据已经通过 WiFi 模块经由手机 WiFi 联网成功，可将温度传感器 LM35 采集到的温度数据上传至服务器端，如图 9-7 所示。

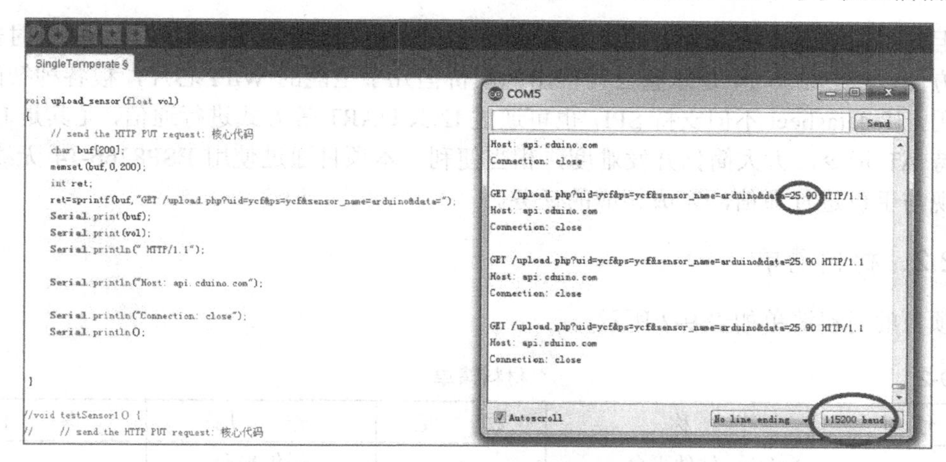

图 9-6　Arduino 串口监视器数据

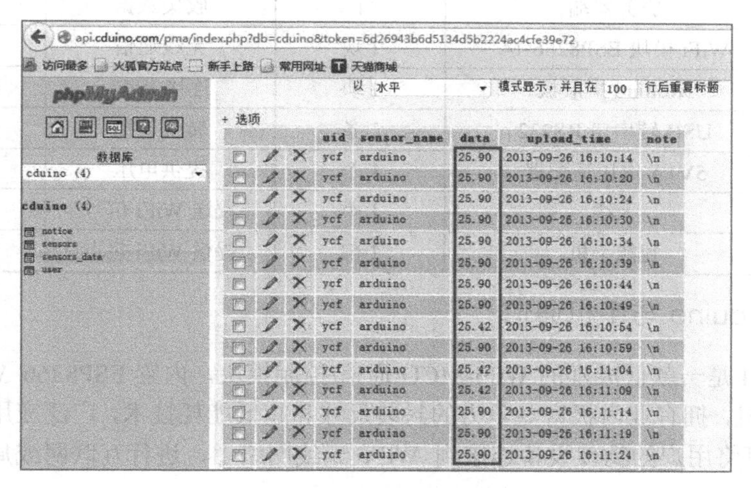

图 9-7　服务器端的温度数据

比较服务器端数据（见图 9-7）和用 Arduino 自带的串口监视器的数据（见图 9-6）会发现，用 Arduino 自带串口监视器采集的温度数据和云端服务器的温度数据是一致的，说明数据传送成功。在下一节将继续下一步工作，将云端服务器的数据展现出来。

3．要点与总结

（1）配置数据前，为确保数据能配置成功，需将 WiFi 模块恢复成出厂设置。

（2）注意配置数据的准确性，尤其是关于手机和服务器端的 IP 地址设置。

9.2　Arduino 与手机通信调试项目

9.2.1　设计思想

想要通过 Arduino 实现与指定手机的通讯录进行信息交互有很多方法，nRF24L01 的成本较低，但内部需通过 SPI 通信，略显复杂，而 RF 模块又过于专用，接入其他系统时需要转换，不方便。ESP8266-14 是乐鑫公司推出的廉价但几乎全能的 WiFi 芯片，被各种智能硬件广泛使用，其 datasheet 不但支持 SPI，也可通过 I2C、UART 等方式进行通信，尤其是 UART，直接支持 AT 指令，大大简化开发难度，相当便利。本项目通过使用 ESP8266-14 无线 WiFi 模块实现与手机进行通信，完成相应的任务。

9.2.2 材料清单

本项目的材料清单如表 9-2 所示。

表 9-2 材料清单

序号	名称	数量	作用	备注
1	Arduino 软件平台	1	提供平台	
2	服务器端	1	收集数据	
3	WiFi 模块 ESP8266-14	1 块	无线通信	
4	Arduino 扩展板	1 块	连接 WiFi	各种版本均可
5	USB 转串口 RS232	1 条	转换连接	
6	5V1A 电压适配器	1 个	提供电压	
7	天线	1 个	发送 WiFi 信号	可选
8	智能手机	1 部	提供 WiFi 热点	

9.2.3 Arduino 与手机通信

ESP8266-14 是一款低成本的 WiFi-MCU 通信/控制模块，内置 ESP8266 WiFi 通信 IC 和 STM8003 单片机，拥有业内极富竞争力的封装尺寸和超低能耗技术，广泛应用于智能家居和物联网领域；可将用户的物理设备连接到 WiFi 无线网络上，进行互联网或局域网通信，实现联网控制功能。

该模块内置了一个功能强大的 STM8003 的芯片，所有管脚全部接出来，其串口与 ESP8266 的串口相连。用户可以编写 STM8003 程序，通过 AT 指令控制 ESP8266 实现绝大部分智能灯家居和 WiFi 物联网功能。

ESP8266-14 内置 ESP8266 WiFi 通信 IC 和 STM8003 单片机，可以绕过单片机，直接通过串口使用 ESP8266-14 内置的 8266 模块，只是不能利用它的 GPIO 来做其他事情了，只能作为一个单纯的串口 WiFi 使用。不过这对于目前的应用场景，也足够使用。

第一步调试，需要知道这模块是否好用，一般需要用 USB_TTL 来接计算机查看串口消息。不过 Arduino 可以使用软串口，也可以使用 Arduino 当作 USB-TTL 来直连 PC。这样就可以节省单独购买 USB-TTL 串口调试板的费用。

代码很简单，就是把 D0,D1 端口中的内置上拉电阻使能。

```
void setup() {
  // put your setup code here, to run once:
  pinMode(0,INPUT_PULLUP);
  pinMode(1,INPUT_PULLUP);
}
```

```
void loop() {
  // put your main code here, to run repeatedly: }
```

然后把其他设备的 TX,RX,GND 接到 Arduino 板子上，和 USB-TTL 方法一样。这样，其他设备就可以直接通过串口与计算机相连了。计算机可以通过串口直接操作，Arduino 只是作为 USB 串口的模块存在。引脚图如图 9-8 所示。

在进行 USB_TTL 上传的时候，不要把 TX,RX 插到板子上，以免失败。

图 9-8 ESP8266-14 引脚图

按此方式接线方式如图 9-9 所示，接入 Arduino Mega 2560（或 Uno）。

图 9-9 接线方式

```
8266TX(PD6)<-> Arduino Tx0
8266RX(PD5)<-> Arduino Rx0
8266ESP_VDD<->Arduino 3.3V
8266GND<->ArduinoGND
Arduino VIN <->电池 7.4V      //为确保供电充足，有时通过 USB 口接计算机会供电不足
Arduino GND<->电池 GND
```

上面的插座是自己焊上去的，这个引脚不是标准的距离，比较费事，需要把引脚掰弯之后焊接，如图 9-10 所示。以上步骤完成后，如果通过串口能获取到信息，则证明芯片是好的，可以进行下一步。这里可以手动下一些 AT 命令对 ESP8266 进行控制测试。第二步接线方式与第一步的区别是：TX,RX 要反着接，以便 Arduino 给 ESP8266 发串口命令。

图 9-10　接线方式

```
8266RX(PD5)<-> Arduino Tx1
8266TX(PD6)<-> Arduino Rx1
8266ESP_VDD<->Arduino 3.3V
8266GND<->ArduinoGND
Arduino VIN <->电池 7.4V      //为确保供电充足，通过 USB 口接计算机有时会供电不足
Arduino GND<->电池 GND
```

手机设置为便携热点，如图 9-11 所示（如果用 ESP8266 作为热点，可能因为客户端没去连接它而休眠，所以使用手机作为热点）。

图 9-11　手机设置为便携热点

手机上安装“网线调试助手”，安装成功之后，在 tcp server 选项下，单击“配置”，弹出服务配置界面，默认 5000 端口，单击右边的“激活”，激活成功会显示手机的 IP 与端口，则在手机上创建了一个服务。此处所使用的手机的 IP 是 192.168.43.1：5000。

通过 Arduino 给 ESP8266 发串口命令，使其连接手机。

手机上会显示已有设备连接上，如图 9-12 所示。

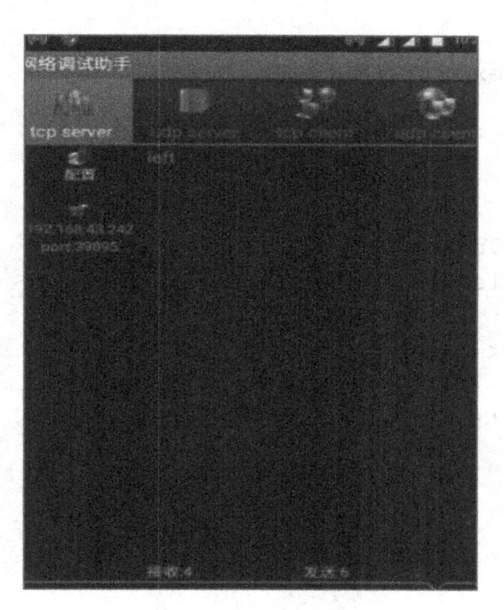

图 9-12　显示设备连接

连接好之后，输入 LEFTOK 会收到 Arduino 通过 ESP8266 传输回来的 left。完整代码如下。

```
#define WIFISerial Serial1
#define _cell Serial1

char CMD_LEFT[]="LEFTOK";
char CMD_RIGHT[]="RIGHTOK";
char CMD_BACK[]="BACKOK";
char CMD_FORWARD[]="FORWARDOK";
char CMD_STOP[]="STOPOK";
int chlID;    //client id(0-4)
int ReceiveMessage(char *buf)
{
  //+IPD,<len>:<data>
  //+IPD,<id>,<len>:<data>
  String data = "";
  if (_cell.available()>0)
  {

    unsigned long start;
    start = millis();
    char c0 = _cell.read();
    if (c0 == '+')
    {
```

```
while (millis()-start<5000)
{
  if (_cell.available()>0)
  {
    char c = _cell.read();
    data += c;
  }
  if (data.indexOf("OK")!=-1)
  {
    break;
  }
}
//Serial.println(data);
int sLen = strlen(data.c_str());
int i,j;
for (i = 0; i <= sLen; i++)
{
  if (data == ':')
  {
    break;
  }

}
boolean found = false;
for (j = 4; j <= i; j++)
{
  if (data[j] == ',')
  {
    found = true;
    break;
  }

}
int iSize;
//DBG(data);
//DBG("\r\n");
if(found ==true)
{
String _id = data.substring(4, j);
chlID = _id.toInt();
String _size = data.substring(j+1, i);
iSize = _size.toInt();
//DBG(_size);
String str = data.substring(i+1, i+1+iSize);
strcpy(buf, str.c_str());
//DBG(str);

}
else
{
```

```
        String _size = data.substring(4, i);
        iSize = _size.toInt();
        //DBG(iSize);
        //DBG("\r\n");
        String str = data.substring(i+1, i+1+iSize);
        strcpy(buf, str.c_str());
        //DBG(str);
        }
        return iSize;
      }
    }

    return 0;
}

boolean Send(String str)
{
    _cell.print("AT+CIPSEND=");
//     _cell.print("\"");
    _cell.println(str.length());
//     _cell.println("\"");
    unsigned long start;
  start = millis();
  bool found;
  while (millis()-start<5000) {
        if(_cell.find(">")==true )
        {
      found = true;
          break;
        }
     }
   if(found)
    _cell.print(str);
  else
  {
//     closeMux();
    return false;
  }


    String data;
    start = millis();
  while (millis()-start<5000) {
     if(_cell.available()>0)
     {
     char a =_cell.read();
     data=data+a;
     }
     if (data.indexOf("SEND OK")!=-1)
     {
         return true;
```

```
      }
    }
    return false;
  }

  void setup() {
    Serial.begin(115200);
    Serial.println("Goodnight moon!");
    WIFISerial.begin(115200);
    delay(1000);
    WIFISerial.println("AT+RST");
    delay(6000);
  //  WIFISerial.println("AT+CIPMUX=1");
  //  delay(3000);
  //  WIFISerial.println("AT+CIPSESVER=1,1001");
    WIFISerial.println("AT+CIPSTART=\"TCP\",\"192.168.43.1\",5000");
  //  delay(2000);
    WIFISerial.println("AT+CIPMODE=0");//
  //  delay(2000);
  //  WIFISerial.println("AT+CIPSEND");//
  }

  void loop() {
    char buf[500];
    int iLen = ReceiveMessage(buf);
    if(iLen > 0)
    {
      Serial.write(buf);
      if(!strcmp(buf,CMD_LEFT)){
        Serial.write("\r\nYes Sir Turn Left.");
       Send("left");
  //      WIFISerial.write("\r\nYes Sir Turn Left.");
      }
      else if(!strcmp(buf,CMD_RIGHT)){
        Serial.write("\r\nYes Sir Turn right.");
        WIFISerial.write("\r\nYes Sir Turn right.");
      }
      else if(!strcmp(buf,CMD_BACK)){
        Serial.write("\r\nYes Sir back.");
        WIFISerial.write("\r\nYes Sir Turn right.");
      }
      else if(!strcmp(buf,CMD_FORWARD)){
        Serial.write("\r\nYes Sir forword.");
        WIFISerial.write("\r\nYes Sir Turn right.");
      }
      else if(!strcmp(buf,CMD_STOP)){
        Serial.write("\r\nYes Sir stop.");
        WIFISerial.write("\r\nYes Sir Turn right.");
      }
    }
  }
```